修订版

经济伦理学

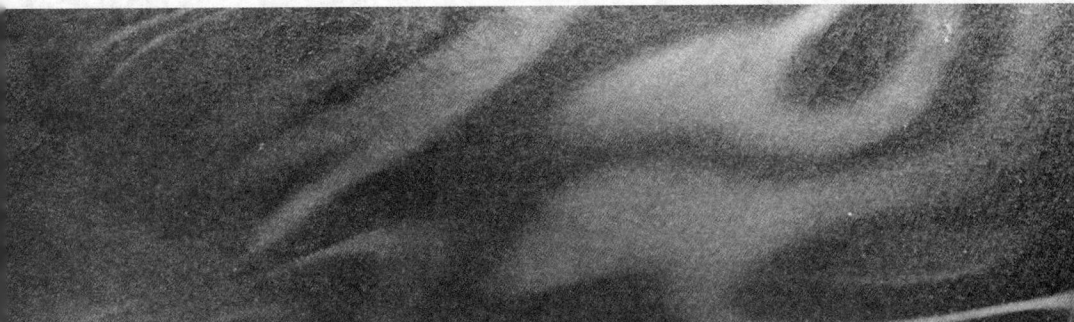

周中之　高惠珠◎著

U0652054

华东师范大学出版社

图书在版编目（CIP）数据

经济伦理学/周中之,高惠珠著. —修订本. —上海:华
东师范大学出版社,2014.9
ISBN 978 - 7 - 5675 - 2618 - 1

Ⅰ.①经… Ⅱ.①周 ②高… Ⅲ.①经济伦理学
Ⅳ.①B82 - 053

中国版本图书馆 CIP 数据核字(2014)第 231247 号

经济伦理学（修订版）

著　者	周中之　高惠珠
项目编辑	孙小帆
审读编辑	朱妙津
责任校对	王丽平
装帧设计	卢晓红

出版发行　**华东师范大学出版社**
社　　址　上海市中山北路 3663 号　邮编 200062
网　　址　www.ecnupress.com.cn
电　　话　021 - 60821666　行政传真 021 - 62572105
客服电话　021 - 62865537　门市（邮购）电话 021 - 62869887
地　　址　上海市中山北路 3663 号华东师范大学校内先锋路口
网　　店　http://hdsdcbs.tmall.com

印 刷 者　常熟市文化印刷有限公司
开　　本　787×1092　16 开
印　　张　14.25
字　　数　334 千字
版　　次　2016 年 3 月第 2 版
印　　次　2017 年 2 月第 2 次
书　　号　ISBN 978 - 7 - 5675 - 2618 - 1/F · 308
定　　价　32.00 元

出 版 人　王　焰

目　录

目
录

导　　论

　　经济活动是人类社会生活中最重要的活动,它直接创造了社会的物质财富,同时又为社会精神财富的创造提供了前提。经济活动是人类赖以生存的基础,整个人类文明的大厦是建立在经济活动之上的。然而,人类的经济活动必须遵循一定的道德规范运行,才能良性循环和健康发展。作为经济活动主体的人,在其决策和行动中,无不渗透着伦理精神。自古以来,经济与伦理密不可分,但经济伦理学作为一门学科至多不过具有一百多年的历史。如今,面对经济全球化的浪潮,经济伦理学对经济生活的影响日益增强,并不断显示其旺盛的生命力。要学习经济伦理学,首先要把握它的研究对象、内容、方法和意义。

第一节　什么是经济伦理学

　　20 世纪初,德国著名社会学家、历史学家和经济学家马克斯·韦伯致力于考察"世界诸宗教的经济伦理观",首先提出了"经济伦理"的概念。20 世纪 70 年代以后,由于政治、经济等原因,经济伦理问题成为世界公众关注的焦点之一,经济伦理学作为一门学科开始登上学术舞台。那么,什么是经济伦理学呢?

　　在英语中,与经济伦理学相对应的是"economic ethics"和"business ethics"。前者使用得较少,而后者使用得较为普遍。为了全面把握经济伦理学的概念,必须对"business ethics"中的"business"作一番词源学上的考察。根据陆谷孙主编的《英汉大词典》有关条目的解释,"business"有生意、工商企业、事务等含义。国内许多学者将"business ethics"译为"企业伦理学"、"商业伦理学"、"工商企业伦理学"都是有一定根据的,但都难以全面表达"business ethics"的含义。再后来,致力于此项研究的学者们倾向于将"business ethics"译为"经济伦理学"。从当代中国的国情分析,市场经济的发育还不够完全,企业作为完全独立的经济实体还有相当长的一段路要走。企业的决策和行为要进行伦理评价,但这种评价不能离开国家的宏观环境。单独研究企业伦理,要想获得突破是困难的。对企业的决策和行为进行的伦理评价,要放在国家宏观环境中。这样,对国家经济体制和经济政策的伦理评价和论证也是研究的重要内容,必须给予充分的重视。在社会经济活动中,个体作为微观经济活动的主体,在研究内容中也应有一席之地。从学科发展分析,只有进行多层次、多侧面的研究,学科才能有长足进步,并对社会产生较大影响。由此,将"business ethics"译为"经济伦理学"更符合中国的国情,更有利于学科的发展,因此更合适。当然,在经济伦理学学科中,企业伦理是非常重要的研究方向。换言之,从狭义上表述,"business ethics"即企业伦理学也无不可,但从广义上表述,应为经济伦理学。经济伦理学的狭义和广义之分也可从国外的资料中获得支持。在欧洲,有的学者已将经济伦理学分为两类,涉及消费者、雇员、股东伦理规范的为狭义经济伦理问题,涉及国家、社会、环境和经济制度伦理规范的为广义经济伦理问题。考虑到当代中国社会政治、经济的背景,以及为了经济伦理学在中国的更好发展,本书以广义经济伦理学立论。

近几年来,不同的学者从不同的角度对经济伦理学进行了界定。有的学者认为,"经济伦理指人们在经济活动中的伦理精神或伦理气质,而经济伦理学则是这种精神、气质和看法的理论化形态";有的学者认为,"经济伦理学是研究经济活动中的伦理规范的学科";有的学者认为,"经济伦理学要研究经济和经济活动中的所有价值和伦理问题"……尽管各人表述的侧重点有所不同,但在实质上完全可以统一起来。

所谓经济伦理学,是一门研究经济制度、经济政策、经济决策、经济行为的伦理合理性,并研究经济活动中的组织和个人的伦理规范的学科。

经济伦理学的内容可分为三大层面的问题:

第一,宏观层面上的伦理问题。(1)研究和阐述经济制度、经济体制、经济政策的伦理评价。例如,市场经济的伦理评价问题、社会福利政策的伦理评价问题。(2)研究整个社会经济活动的道德价值导向问题。例如,公正和效率、道义和功利等问题。

第二,中观层面上的伦理问题,其实质是企业中的伦理问题。(1)企业社会责任问题是企业伦理的核心问题。(2)企业内部的管理伦理问题。例如,国有企业中厂长经理和职工关系中的伦理问题、民营企业中雇主与雇员关系中的伦理问题等。(3)企业外部关系中的伦理问题。例如,广告伦理、公关伦理、商务谈判伦理、国际商务伦理等。

第三,微观层面上的伦理问题。包括:(1)个体在社会经济活动中承担的职业角色的伦理问题,例如经营管理者的道德人格问题、雇员的职业道德问题等。(2)个体对消费的伦理评价及消费道德规范。

以上三个层面在经济伦理学的体系中有着不同的地位和作用。宏观层面上伦理问题的研究是其他两个层面研究的前提和理论基础。由于我国正处于发展社会主义市场经济的过程中,迫切需要建立和完善我国的经济制度、经济体制和经济政策,因而它们的伦理论证成为必须首要加以探讨和解决的问题。只有解决了这一问题,才能更好地厘清中观层面和微观层面的伦理问题。中观层面即企业的伦理问题,这是经济伦理的主要问题。企业是经济活动的"细胞",搞活企业才能搞活经济。在当前中国,国有大中型企业的健康发展关系着中国经济发展的命运。研究企业伦理特别是研究国有大中型企业的伦理问题,是当代中国经济伦理研究的中心任务。微观层面的伦理问题在经济伦理学的体系中也有着重要地位。经济的发展是整个社会个体共同努力的结果,企业和社会要采取各种手段调动个人的积极性,刺激个体的活力。但作为个人来说,应当按照职业生活中的角色,自觉履行职业道德义务,恪守职业道德规范。改革开放后,中国将"发展生产力,实现共同富裕"作为经济活动的价值目标,提出正确引导消费,提高人民生活水平的主张。因此,对消费的伦理评价和新的消费道德规范是微观层面中的重要内容。

经济活动从其运行的过程分析,有生产、分配、交换、消费等环节。从研究每一个环节中的伦理问题入手,进而构建经济伦理学研究的框架,也不失为一条研究思路。但经济伦理学研究的具体进程表明,以宏观、中观、微观三个层面建立框架,与当前经济学的研究框架相吻合,各研究方向范围清晰,更利于学科的发展。

经济伦理学是一门交叉学科,它从伦理学角度对经济提出问题,这些问题并不以经济的合理性为满足,而追究它们是否具有伦理的合理性。这就是说,对人们的经济行为的评价,不仅要问"它们是否具有高效率和高效益",而且要问"它们是否合乎人道原则、公正原则和其他道德原则"。在现实的经济活动中,经济行为的选择并不总是和伦理原则相一致的,必须通过经济伦理学的研究和实践,使两者沿着尽可能统一的方向前进。将经济和伦理割裂开来,只讲其中一个方面,忽视、否定甚至取消另一方面,都是违背经济伦理学基本要求的。经济伦理学的原则不仅应同一般伦理学原则相一致,而且应得到经济学的支持,接受经济实践的检验。同时经济实践是在社会中实现的,因此,它又必须同社会伦理规范相一致。经济伦理学作为一门交叉学科,其基本目标是实现经济与伦理的尽可能统一,其基本任务是寻找伦理学与经济学的结合点,由此找到解决两者冲突的基础和原则。

国外学者认为,经济伦理学主要研究道德标准如何特殊地用于经济制度、政策和行为,是把我们关于善与正当的理解用于我们称作"经济"的制度、技术、交换、活动和追求中去。因此,经济伦理学是应用伦理学。但一些学者认为,经济伦理涉及伦理学、经济学和社会哲学的一些基本问题。如果说,涉及个人的经济行为和企业的经济行为规范的微观、中观问题可以视为应用伦理的话,涉及经济体制、经济秩序等宏观的问题就不能简单地归于应用伦理的范畴,即使微观和中观的问题,也离不开那些最基本的伦理原则和社会哲学问题。综合上述观点,不能不得出这样的结论:如果从狭义经济伦理学的定义出发,经济伦理学即企业伦理学,属于应用伦理学的范畴。但如果从广义经济伦理学的定义出发,其中观和微观部分属于应用伦理学的范畴,而宏观部分则在很大程度上属于理论伦理学的范畴。

顾名思义,经济伦理学是伦理学的分支,它的研究方法是伦理学研究方法在其领域中的具体运用。根据国内外学者的研究,经济伦理学研究的方法可分为以下三种:

第一种是描述的方法。这种方法运用社会学、心理学、人类学等领域的研究手段,描述经济生活中的道德现象,并揭示与伦理道德有关的人的本性问题。

第二种是元伦理的方法。这种方法运用分析哲学提供的手段,分析经济伦理学理论体系中的概念和范畴。

第三种是规范的方法。这种方法旨在确立经济生活中的道德原则和规范,指出什么是正当的、善的行为,帮助人们正确选择经济生活中的价值目标。

以上三种研究方法,各有所长。描述的方法使事实明了,视野开阔,元伦理的方法使概念清晰、推理正确,而规范的方法直接解决经济生活中的道德选择问题。在经济伦理学的研究方法中,这三种方法不是并列的,而是有主次之分。规范的方法是主要的方法,但描述的方法和元伦理的方法也是不可偏废的。明了的事实、清晰的概念、正确的推理,是确立和践履经济伦理学道德规范的前提。总而言之,经济伦理学的研究方法以规范的方法为主体,同时包括描述的方法和元理论的方法。

经济伦理学与经济学的关系如何?在中国古代,经济有"经邦"、"济民"之意。"经济"两字连用,首先出现于隋王通《文中子·礼乐》中。在印欧语系,此词源于希腊语"oikonomia",在古希腊色诺芬的《经济论》中,"经济"原意是家庭管理术,亚里士多德又赋予该词以谋生手段的含义。19世纪,日本学者借用古汉语中的词汇,把此词译作"经济"。它通常指社会经济制度和物质资料的生产、分配、交换和消费的活动。

经济活动是在一定的社会制度下进行的,经济问题涉及社会各阶级和各阶层人们的利益。因此,经济学作为一门社会科学是无法摆脱价值判断问题的。现在越来越多的经济学家承认经济学既是实证的,又是规范的。当然,在经济学研究中,既可以从实证角度研究,也可从规范角度研究,从而形成实证经济学与规范经济学两大派别。将两者比较一下,不难看出,它们研究的根本出发点不同,实证经济学研究"是不是"的问题,而规范经济学研究"应不应该"的问题。既然涉及"应不应该",那么规范经济学本身就不可避免地带有伦理分析的性质。正如1982年诺贝尔经济学奖得主、著名经济学家施蒂格勒所指出的:"经济学家在争论经济理论和经济行为问题时,很少提及伦理问题。……但是,伦理问题当然是无法回避的,因为在人们对各种政策进行评判时,必须要有一定的宗旨,这些宗旨就肯定会包含着伦理的内容,不过这类内容可能会藏而不露。"①

规范经济学以经济规范为研究对象,但经济规范不仅包括道德规范,而且包括法律规范。规范经济学通过包括伦理分析在内的方法,确立经济规范,保证经济的健康运行。经济伦理学与规范经济学在内容上部分重叠,但又有所不同。经济伦理学从伦理学角度对经济进行系统的研究,不仅提出规范问题,而且对经济制度和经济政策进行伦理论证,并提供经济活动中个体的精神动力。经济伦理学在研究中必须注意与经济法规的联系。为了有效地规范人们在经济活动中的行为,仅仅诉诸伦理规范即软性约束是不够的,还必须诉诸法律规范即硬性约束。美国经济伦理学教学指导委员会在其通过的经济伦理学教学指导原则中提醒人们注意这两者之间的联系,甚至认为,有的学校的经济伦理学课程"不需要与企业法课程分开上"。②

经济伦理学与伦理学的关系如何?两者是个性与共性的关系。伦理学研究整个社会生活中的道德现象,提出社会生活中的一般道德原则和规范,而经济伦理学研究经济生活中的道德现象,提出经济生活中的特殊道德原则和规范。伦理学道德原则是经济伦理学道德原则的指导,而后者是前者的具体化和补充。在经济伦理学的理论研究体系中,必须阐述一些最有影响的伦理学理论,并就这些理论对于解决经济生活中的问题的适用性作一定的评述。例如功利论和义务论。这两大理论对于经济伦理学有重大意义,它们在经济生活中如何运用的问题是必须认真加以研究的。经济生活中的激励机制以功利为基础,但如何将其与公正原则结合起来?义务论以尊重人为原则,又如何贯彻到经济活动中去?当然,经济伦理学的研究也丰富和补充了一般伦理学,使其原则进一步具体化、生动化了。

① [美]库尔特·勒布、托马斯·盖尔·穆尔编:《施蒂格勒论文精粹》,吴珠华译,商务印书馆1999年版,第390页。
② [美]约瑟夫·P·德马科等编:《现代世界伦理学新趋向》,石毓彬等译,中国青年出版社1990年版,第202页。

经济伦理学

第二节 现代经济伦理学的兴起

一、西方经济伦理学的发展轨迹

现代经济伦理学思想的发端可追溯到18世纪著名思想家亚当·斯密。亚当·斯密不仅是杰出的经济学家、自由市场经济理论的创始人,也是伟大的伦理学家。他一生写了两部具有历史影响的著作,一部是《国民财富的性质和原因的研究》,另一部是《道德情操论》。前者是以利己主义为出发点的经济学著作,而后者是以同情心即利他主义为出发点的伦理学著作。这两部著作引发的学术争鸣成为著名的"斯密难题",即经济与伦理之间相互关系的难题,它对经济伦理学的影响是深远的。

现代经济伦理学思想的先驱是20世纪德国思想家马克斯·韦伯,他在《新教伦理和资本主义精神》一书中,深入探讨了宗教伦理的社会经济功能,明确提出了"经济伦理"的概念。他认为,资本主义精神是新教伦理创造的,这种精神和道德力量甚至"比单纯鼓励资本积累重要得多……它是养育现代经济人的摇篮的护卫者"。这种观点充分肯定了伦理力量在经济发展中的巨大作用,为经济伦理学学科的形成奠定了基础。

现代经济伦理学作为一门学科的最终形成,是20世纪70年代至80年代在美国实现的。这种实现不是偶然的,而是有着深刻的社会经济、政治的背景。20世纪70年代,美国大公司的经济丑闻频频曝光,引起了社会的震惊和公众的极大关注。其中美国洛克希德公司的行贿案轰动美国,震惊世界,堪称丑闻代表。美国洛克希德公司过去和当时都是美国最大的军火合同商。60年代末,公司作出多样化生产的决定,开始生产和销售商用飞机。但是,出师不利,新设计的商用飞机没有给公司带来订单,公司濒临倒闭。70年代初,美国巨型飞机市场需求已饱和,竞争更加激烈。苟延残喘的洛克希德公司寄希望于国外市场,特别是日本市场。他们孤注一掷,发誓要拿下日本的订单。于是,洛克希德公司的总裁科奇安坐镇东京,亲自部署"战斗"。为了说服日本高层政界人士,科奇安一方面付给该公司在日本的秘密代理人700万美元,让他摆平这件事,另一方面还通过其他渠道,给日本政府官员200万美元。后来的调查表明,洛克希德公司行贿的对象还遍及荷兰、意大利、南非、土耳其等十多个国家。

几年后,洛克希德行贿案被曝光,日本、荷兰、意大利的政府首脑相继下台。洛克希德公司承认有罪,被控犯有四大欺骗罪和四大对政府作伪证罪。他们的总裁和董事长在强大的压力下,不得不引咎辞职。

洛克希德行贿案只不过是美国20世纪70年代和80年代,这个被称之为"臭名昭著年代"里轰动美国的诸多丑闻之一。据权威人士统计,约有300多家美国公司有这类贿赂行为。轰动性的丑闻内容还涉及其他方面,例如非法操纵市场和股票交易、随意处置有毒化学物质、严重污染环境、在生产有毒和危险产品中无视工人和顾客的生命安全等等。据当时哈佛大学工商管理学院的院长回忆:这个时期举国上下都在关注伦理问题。那时似乎每天早上的报纸都带给我们令人不快的消息,又一个工商巨头名誉扫地了。

在公司丑闻接连曝光激起的巨大反响中,经济伦理学讨论在 70 年代的美国开始兴起。1974 年 11 月,美国堪萨斯大学哲学系和商学院共同发起召开了首届经济伦理学讨论会,这次大会的论文和会议记录后来被汇编成书出版。它标志着经济伦理学作为一门学科的诞生。70 年代的美国,学术界首先就企业的社会责任进行广泛的探讨,并由此引发了"利润先于伦理"还是"伦理先于利润"的争鸣。一派学者认为,企业的社会责任就是增加其利润,企业作为一种经济实体对社会只具有经济责任,其他责任都服从于经济责任或包含在经济责任中。而另一派则认为,企业具有法人地位的同时也意味着它具有道德人格,而作为具有道德人格的企业,其社会责任是指经济责任以外的责任,如企业对环境的责任、对政府和公众的责任、对顾客和雇员的责任。还有一派学者试图调和这两种对立的观点,主张企业的社会责任就是企业在一个动态的社会系统中所应扮演的长期角色,它不能片面地归结为经济方面或非经济方面的责任。这种关于企业社会责任的讨论又引发出了企业与政府、股东、雇员、消费者之间各自的权利与义务的讨论。[①]

国外 70 年代经济伦理学的理论研究成果一方面表现在上述对企业社会责任问题的探讨中,另一方面表现在日美企业伦理模型的相互渗透和借鉴上。日本企业将日本的家庭伦理传统应用到企业的实践中去,从而使伦理道德成为调整企业内外关系、处理利益冲突的主要手段。日本的这种企业模式引起了美国企业界和学术界的广泛兴趣,并被美国人看作是成功之道而加以借鉴。同时,日本在发展市场经济的过程中,也注意借鉴美国企业中注重明确责权利的管理模式。

与此同时,经济伦理学在经验研究和实践应用方面也有进展。美国学者对企业经理人员的伦理道德观和企业伦理现状进行了多项调查,并试图把伦理因素引入企业的决策和经营管理的过程中。当时在美国部分企业和经理人员中兴起了"道德生成运动",该运动倡导伦理因素和利润因素融为一体,强调企业的社会责任,以改善企业在公众中的形象,帮助企业走出后"水门"时代的道德危机。

当然,国外 70 年代的经济伦理学研究还处于萌芽阶段,研究的地区仅限于美国和日本。但即使在这两个国家,经济伦理学确立的一些基本原则在总体上还没有引起企业界的真正重视,绝大多数企业和企业领导人对经济伦理研究持消极态度。80 年代以后,国外经济伦理学研究进入了全面发展的新阶段。经济伦理学从美国和日本扩展到了加拿大、西欧、澳大利亚和东南亚等地,各个国家根据本民族经济文化的特点,建立了不同的企业伦理模式。经济伦理学进入了各国的大学,开始成为一门重要的必修或选修课程。这门课程除了在大学的哲学系、社会学系和神学院开设外,主要是在大学的商学院或工商行政管理学院开设,以提高未来企业界领导人的道德素质,建立良好的企业伦理风气。美国有关委员会还正式通过了课程的教学指导原则,提出课程的内容包括三个方面:一是"阐述某些能够运用于企业伦理学实例的基本伦理概念";二是"阐述一些最有影响的伦理学理论并将这些理论对于解决企业中的问题的适用性作一定的评述";三是"列举一些哲学分析的实例",并规定"应安排一次有关企业伦理学准则的讨论"。

① 20 世纪 70 年代、80 年代、90 年代国外经济伦理学的发展根据吴新文撰写的《国外企业伦理学:三十年透视》(《国外社会科学》1996 年第 3 期)编写。

经济伦理学

在这一时期,经济伦理学的研究和交流机构纷纷建立,经济伦理学的专门刊物正式创刊。80年代,美国、加拿大和西欧的近30所大学建立了经济伦理学的专门学术机构或以经济伦理学为重要研究课题的应用伦理学研究中心。1987年,欧洲学术界和企业界合作建立了欧洲经济伦理学网络。该网络围绕经济伦理学的某一主题召开年会,邀请学术界和企业界人士参加,促进了学术界和企业界的交流和对话。

80年代国外经济伦理学在理论研究方面也有了较大的进展,这首先表现在关于公司道德地位的讨论深化了70年代对企业社会责任的讨论。公司是否具有道德地位,是解决企业社会责任问题的前提。一些学者认为,只有人才能作出行为选择,具有道德权利和义务,承担道德责任,公司不具有上述能力,因此公司本身无道德可言,道德准则不能用于公司,而只能用于公司中的人。另一些学者则持相反的意见,他们认为,既然公司是具有法人资格的独立的实体,那么它已被假定具有道德人格,因而应具有道德主体所应具有的权利,履行道德主体应尽的义务。而大多数学者认为,公司是一种特殊的实体,具有人为的道德人格,但它又与具有喜怒哀乐等情感的人不同,它是在许多个人的操纵和经营管理下运作的,没有人的参与,公司便无法运作,因此公司作为道德主体具有相应的权利、义务和责任。这一观点区分了公司和公司中的个人,并把公司法人伦理和公司中的个人伦理作为经济伦理学的两个不同层面。

其次表现在对经济伦理学的理论前提和理论基础进行了详细的探讨。经济活动与道德活动的关系如何,是研究经济伦理学的理论前提。西方近代主流经济学理论认为,经济活动与道德活动是两个不同的领域,在经济活动中人的最高动机是求利,而道德活动中人的最高动机是行善。许多经济伦理学家不同意这种观点,他们论证了经济活动和道德活动的本质统一,并把"伦理道德与企业活动是相容的"这一命题作为经济伦理学的理论前提。在讨论经济生活中的各种伦理关系时,经济伦理学家都从不同的伦理理论出发论证自己的观点,这些伦理理论主要是功利主义、义务论和德性论。当然,哪一种理论应作为经济伦理学的基础,不同的学者有着不同的看法,难以完全统一。

再次表现在学者们对不同阶层的人的经济伦理观的研究和建构了各种企业伦理模型。这些模型或从个人或从组织或从两者相结合的角度来说明伦理因素是如何影响企业的决策与行动的,从而为评价企业活动和进行企业决策提供了重要参考。

在经济伦理实践方面,20世纪80年代经济伦理规范在美国各大企业中得到广泛的应用,少数企业开始设立伦理委员会并聘请伦理学家作为企业的伦理决策顾问。企业界开始改变在经济伦理问题上的冷漠和消极态度,自觉意识到经济伦理的重要性。但从总体而言,80年代经济伦理学还没有得到国外企业界的广泛重视,企业界和学术界之间的鸿沟依然存在。

90年代后,国外经济伦理学取得了突破性的发展。由于东欧和苏联的剧变,全球经济一体化和区域经济合作进程的加快,世界经济呈现出新的特点。经济伦理学从对某一企业、某一地区的经济伦理问题的研究转向了对不同地区之间经济的比较研究和对全球经济伦理的研究,从单向研究转向了跨学科研究,经济伦理学开始向一门成熟的边缘学科、交叉学科迈进。90年代初,进行了两方面的比较研究:一是东西欧比较研究。西欧的学者关注东欧经济转型过程中的经济伦理问题,与东欧的学者就这些问题进行交流和对话,并对东西欧的企业伦理状况进行了比较研究。二是对日本和欧美的经济伦理模式进行了比较研究,并从全球角度探讨了经济伦理特别是日本的经济伦理对经济发展的意义。在研究方法上,90年代的学者更注重跨学科的研究方法。社会学、心理学、经济学、法学、管理学等学科中新方法的引进使经济伦理学的研究方法大大丰富,推动了经济伦理学的深入发展。

20世纪90年代,国外经济伦理学界开始讨论经济伦理学的性质、研究主题、方法和任务,这表明它正朝着作为一门独立学科的方向发展。有的学者强调学科的理论性,认为经济伦理学研究旨在帮助人们充分而系统地把握企业活动中的道德问题,证明不道德的企业行为为什么不道德,并指出这种不道德行为的可能选择是什么。但经济伦理学本身作为一门学科并不会使企业和企业中的个人更道德,经济伦理学的客观性应得到保证,它不能被用于捍卫企业伦理现状,也不能被用于对伦理现状进行攻击。有的学者主张,经济伦理学是一门实践学科,它通过激发道德想象、促进道德认同、整合道德与管理、强化道德评价等手段培养企业中个人的道德推理能力,最终达到澄清和化解企业活动存在的利益冲突的目的。绝大多数学者认为,经济伦理学作为一门理论研究和实践研究相结合的学科,一方面要反对那种认为企业活动与伦理道德无关的"非道德论",另一方面也要反对对企业和企业中的个人提出过分要求的"泛道德论"。

90年代,经济伦理学方面的课程、讲座、机构、出版物如雨后春笋般在东欧、北欧、中东、南美以及南非、印度、韩国等地纷纷问世,而在经济伦理学研究较为发达的地区,经济伦理学的教学、研究和交流工作也得到了全面的拓展。据统计,到1995年3月,国外经济伦理学的研究和研究交流机构已达300多个,经济伦理学方面的刊物有14种,经济伦理学方面的教材、专著有1000多种。

进入21世纪,经济伦理学获得了发展的大好机遇,同时也面临着严峻的挑战。第一个重大挑战是经济全球化提出的经济伦理问题。这主要表现在:在经济发展和国际经济交往中,如何确立经济伦理价值观和规范? 在全球化背景下,如何加强公司治理和提高公众对公司的信任? 著名的国际经济伦理学专家乔治·恩德勒指出,仁慈、公正、人权、责任和诚信,应该是全球经济活动中企业应该遵循的共同伦理价值观和规范,但同时也要尊重文化的差异和多样性。这是很有见地的观点。另外,不少经济伦理学专家强调在国际贸易中,必须贯彻公平原则,使经济的发展有利于更多发展中国家的发展,必须研究和推动世界贸易组织和其他国际组织在实现国际经济公平中的作用。

21世纪的最初十年,有两大事件对经济伦理学的发展影响深远,即安然事件和国际金融危机。2001年,美国的"安然事件"震惊全世界。安然公司是全世界最大的能源交易商,名列《财富》杂志"美国500强"的第七名。由于经济丑闻,它在短时间内轰然倒塌,在全世界引起了强烈的反响。有些经济伦理学专家甚至把安然事件作为21世纪经济伦理学发展史上的标志性事件。如何加强公司治理和提高公众对公司的信任一时间引起了国际企业界和经济伦理学界的强烈关注,并推动了经济伦理学对公司治理的研究。2007年以后,由美国的次贷危机引发的金融危机震荡全球。这次金融危机的产生和发展有着深刻的经济、政治和文化的根源。各个学科的学者对此进行了广泛的研究,而经济伦理学的研究更产生了广泛的影响,也推动了自身学科的发展。

第二个重大挑战是信息技术和生物技术的发展对经济伦理提出了一系列新课题。例如,隐私权与个人信息的保护问题、信息传播与知识产权的保护问题、生物技术与隐私权问题、转基因农产品问题等等。这些课题对社会生活的影响与具体科学的研究是结合在一起的。

二、中国经济伦理学的发展轨迹

中国是发展中国家,现代中国对经济伦理学的研究可分为三个阶段。

第一阶段,当代中国经济伦理学的前学科时期(20世纪80年代初期至90年代初期)。

党的十一届三中全会后,中国社会经历了巨大的转折。"以经济建设为中心"的治国思路取代了"以阶级斗争为纲"的左倾路线,中国进入了改革开放的新时期。中国的改革首先是从经济生活入手的,经济基础的变革必然引起道德观念、道德关系的变化,推动了人们对经济体制改革与道德价值观关系的深层次思考。改革大声地对社会的道德发问:如何评价长期以来在社会生活中占主导地位的共产主义道德? 经济改革时代应该确立什么样的道德价值观念及其规范体系? 学术界的争鸣涉及的核心问题是道德的理想性和现实性的辩证关系。多数学者在这一具有重大现实意义的理论问题上达成了共识:道德理想必须植根于现实,但道德理想的导向作用、激励作用也不能否定,要将道德的理想性和现实性统一起来。在改革开放时代,道德教育应该分层次,将先进性的要求与广泛性的要求结合起来。

以市场为取向的中国经济改革在进入80年代中期以后,随着社会主义商品经济的发展,义利问题凸现于社会生活。人是"经济人"还是"道德人"? 人的经济冲动是否符合道德性? 是否应受道德的制约? 古老的"义利之辩"被赋予了时代的新内容,同时也推进了学术界对现实的经济伦理问题的研究。无论是重义轻利、去利怀义还是见利忘义,都不能反映社会主义市场经济发展的客观要求。义利统一、见利思义,才是经济活动中应有的价值取向。这种义利统一的社会主义价值观蕴涵着当代中国经济伦理学形成和发展的逻辑起点,即经济活动不仅要追求经济的合理性,而且要追求伦理的合理性。

在这一时期,经济伦理问题受到了理论界广泛的关注,研究的成果也不少,但这种关注和研究是在哲学与伦理学的范畴中进行的。虽然它们为后来经济伦理学学科的形成提供了理论的准备,但与作为一门独立学科的经济伦理学的研究还有着重大的差异。

第二阶段,当代中国经济伦理学学科的形成时期(20世纪90年代初期至2000年)。

早在20世纪80年代中后期,有的学者就提出了寻找经济学和伦理学内在联系之点,从而建立一门新的学科的思想。东方朔在《经济伦理思想初探》一文中写道:"经济学和伦理学都涉及到一个价值准则问题,即确立某种类型的行为是否合宜的文化标准,因此,寻找经济学和伦理学的内在联构,把握经济行为的趋向和实质,并由此而提升为一种实践理性原则,这无疑给我们的理论研究开辟了一个崭新的世界。"[1]这个"崭新的世界"就是后来的经济伦理学学科。

1993年王小锡在《经济伦理学论纲》中明确提出了"经济伦理学"的概念,并勾画了这门学科的研究对象、研究方法和研究框架。他认为,"经济伦理学研究人们在社会经济活动中协调各种利益关系的善恶取向及其应该不应该的经济行为规定","应该从实践—精神的视

---

① 东方朔:《经济伦理思想初探》,《华东师范大学学报》(哲学社会科学版)1987年第6期。

角上把握经济运行过程与伦理道德的关联,以及经济伦理的内涵、作用、规则等",经济伦理学研究"劳动伦理、企业管理伦理、经营伦理、分配伦理、消费伦理"。[①] 尽管王小锡当时的研究还不够充分,但他的观点具有开拓性的意义。1995年陈泽环在《现代经济伦理学初探》一文中对现代经济伦理学的基本问题和基本原则进行了初步的探讨。[②]

在王小锡论文发表的前后,也有一批学者对经济伦理学的具体内容进行了卓有成效的研究。例如,刘光明的《商业伦理学》和温克勤的《管理伦理学》。这些著作是作为伦理学的分支出现的,但客观上为经济伦理学学科的形成作了理论准备。

经济学有实证经济学与规范经济学之分。实证经济学研究"是不是"的问题,规范经济学研究"应不应该"的问题,规范经济学不可避免地带有伦理分析的性质。90年代中期,中国著名经济学家厉以宁从规范经济学的角度撰写了《经济学的伦理问题》一书。作者在书中对效率与公平、产权交易、宏观经济政策目标、个人消费行为、个人投资行为、经济增长的代价、合理的经济增长率等七个方面作了伦理分析。著名经济学家茅于轼在《中国人的道德前景》一书中,以经济学家的睿智,结合我国经济改革以来出现的各种现象展开理性分析,进行深层次的道德评价。这两本著作的影响远远超出了它们的内容,在中国伦理学界产生了不小的震动:经济学家都已经注意研究经济伦理问题了,难道伦理学工作者能无动于衷吗?

在当代中国经济伦理学学科的萌芽和发育时期,国际著名经济伦理学家对中国经济伦理学的学科建设给予了热情的关注和帮助。国际经济伦理学会主席、美国圣母大学教授乔治·恩德勒自1994年以来多次访问中国,在中国的学术杂志上多次发表有关经济伦理学的学术文章,并受聘于中欧国际工商学院,讲授经济伦理学课程,成为众多中国经济伦理学研究者的好朋友。德国著名经济伦理学家彼得·科斯洛夫斯基领衔的德国汉诺威哲学研究所与中国社会科学院哲学研究所合作,1995年在北京召开了国际经济伦理学学术研讨会,并出版了经济伦理研究丛书,推动了中国经济伦理学学科的建立。在国际经济伦理学学术研究领域,有德国和美国两大流派,前者以思辨著称,有较强的哲学气息;后者以实证见长,有浓厚的经济色彩。两大流派在中国的交汇,无疑成了中国经济伦理学学科建立的催化剂。

90年代中期以后,随着研究的深入,如何确立经济伦理学的学科框架成为突出的问题。陆晓禾在全国率先比较全面地研究了西方经济伦理学,并在此基础上将西方经济伦理学学科"三层次"说的观点介绍给中国学术界。她指出,经济伦理学学科应按宏观制度层面、中观组织层面、微观个人层面建构学科框架。宏观制度层面研究"对资本主义、社会主义、混合经济、市场社会主义等社会制度的道德评价问题"和"经济条件、经济秩序、经济和金融以及社会政策方面的伦理问题";中观组织层面研究"在社会经济制度环境中运行的公司、企业或组织的性质和作用"以及它们之间的关系;微观个人层面研究"公司与公司内外的个人以及这些个人之间的伦理关系、行为规范和价值观念"。[③] 夏伟东认为,"经济伦理学的直接研究对象是经济活动,经济活动主要表现为生产、分配、交换和消费,因此,经济伦理学应当……以这四个领域的道德现象为界说或确定自己学科总框架的基本依据"。在生产领域,重点研究

① 王小锡:《经济伦理学论纲》,《江苏社会科学》1993年第2期。

② 陈泽环:《现代经济伦理学初探》,《上海社会科学》1995年第7期。

③ 陆晓禾:《论经济伦理学的研究框架和学科特征》,《上海社会科学院学术季刊》1998年第4期。

"什么样的生产目的才是合乎道德的"和"怎样进行生产才是合乎道德的";在分配领域,重点研究"根据什么原则进行分配才是合乎道德的";在交换领域,研究"什么样的交换形式是合乎道德的,什么样的交换程度是公平的";在消费领域,重点研究"从道德的角度审视有无能力消费,用什么方式消费,以及为什么消费"。[①] 周中之认为,"经济活动从其运行的过程分析,有生产、分配、交换、消费等诸环节。从研究其每一个环节中的伦理问题入手,进而构建经济伦理研究的框架,也不失为一条研究思路。但经济伦理学研究的具体进程表明,以宏观、中观、微观三个层面建立框架,与当前经济学的研究框架相吻合,各研究方向范围清晰,更利于学科的发展"。[②] 经济伦理学三层面结构的观点已为较多的学者所接受。

第三阶段,当代中国经济伦理学学科的大发展时期(2000 年至 2010 年)。

2001 年,中国加入世界贸易组织,这是中国社会发展进程中的重大事件,也是中国经济伦理学发展的重要契机。在经济全球化的背景下,中国的经济伦理学学科迅速发展,有关经济伦理的论文和著作不断问世,在理论界和社会生活中产生了广泛的影响。中国经济伦理研究的进展突出表现在三方面:

第一,经济生活中的诚信建设研究。诚信缺失是经济伦理领域中突出的问题,理论和实践相结合的研究是经济伦理学工作者的重大使命。学者们对市场经济条件下诚信建设的重要价值作了充分的阐发,并对治理这一问题的思路作了概括,这就是制度建设和道德引领相结合,并且通过现代信息系统给予技术的支持。但是,真正实现诚信建设的目标还需要进一步探索,并为之付出巨大的努力。

第二,企业社会责任的研究。企业不仅是一个经济实体,而且是一个伦理实体,需要承担社会责任。企业社会责任问题是企业伦理的核心内容,如何理解和把握这一问题、如何推动企业自觉履行社会责任在理论上和实践上都有重大意义。改革开放以后,对企业社会责任的研究成果不少。最近十年这方面的研究有了新的特点,即从一般的社会责任的规范研究转变到对标准的研究。"SA8000"标准是有关国际组织出台的社会责任标准,该标准体现了人道的原则。但中国的国情又与欧美国家不同,如何从中国的实际出发,制定与国际标准相接轨同时又具有中国特点的企业社会责任标准,理论工作者和实践工作者进行了热烈的探讨。

第三,消费伦理与生态文明建设的研究。消费伦理是经济伦理的重要组成部分,在不同的发展阶段又有不同的侧重点。在 20 世纪 90 年代中后期,中国消费伦理研究的侧重点是从如何拉动内需,推动中国经济的发展的角度研究消费伦理观念的变革及其规范体系的建设,而进入 21 世纪以后,研究侧重点转向了消费伦理与生态文明建设的关系。经济全球化使各国的经济交往更加频繁,同时消费主义的倾向也在中国这样的发展中国家迅速蔓延滋长,对生态环境造成了巨大的压力。面对生态环境被破坏后造成的种种恶果,中国的经济伦理研究工作者以强烈的社会责任感和使命感研究消费伦理与生态文明建设的关系,发表了不少有质量的学术成果。事实表明,消费伦理与生态文明建设的研究是 21 世纪经济伦理学学术研究新的生长点和亮点。

---

① 夏伟东:《经济伦理学研究什么》,《江苏社会科学》2000 年第 3 期。
② 周中之:《经济伦理学学科的建构》,《江苏社会科学》2000 年第 3 期。

21世纪初的十余年来,国内各高校和科研机构纷纷成立经济伦理学的研究机构。在此基础上,中国伦理学会建立了经济伦理学专业委员会(简称中国经济伦理学会),进一步推动了国内经济伦理学的研究和交流。《中国经济伦理学年鉴》自2007年问世,编选自2000年起的中国经济伦理学研究的资料,每年一本,每本40万字左右。主要内容为学者介绍、学术成果简介、学术活动、资料索引等。该年鉴受到各方好评,成为研究当代中国经济伦理学发展的重要资料。

值得一提的是,经济伦理学在这一时期开展了学术争鸣,繁荣了学术研究,例如关于"道德资本"论的争鸣。21世纪初,南京师大的王小锡教授提出了"道德资本"理论,并先后以九论道德资本之系列论文不断论证道德资本的存在依据和作用机理,受到国内外学者的广泛关注。王小锡教授认为,在现时代,就一般意义上来说,资本是一种力,是一种能够投入生产并增进社会财富的能力。道德就其功能来说,它不仅要求人们不断地完善自身,而且要求人们珍惜和完善相互之间的生存关系,以理性生存样式不断创造和完善人类的生存条件和环境,推动社会不断进步。这种功能应用到生产领域,必然会因人的道德水平的提高,而形成一种不断进取的精神和人际间和谐协作的合力,并因此促使有形资产最大限度地发挥作用和产生效益,促进劳动生产率的提高和利润的增加。因此,道德也是生产性资源,故道德也是资本。他还指出,道德在生产过程中成为资本,它一定是科学或理性的道德。

围绕"道德资本"这一议题,学界既有认同的,也有质疑的,这给学术争鸣注入了一股清新的活力。不同的观点主要有:鉴于马克思关于资本的本性和资本的本质的论述,道德是资本的观点,不仅将道德物化,而且亵渎了道德;资本是可以度量和簿记的,而道德资本中的资本不可以度量和簿记,同时,资本在遇到经济不景气时可以撤出,而道德作为资本无法撤出,并以此说明道德不可能成为资本;道德资本理论的提出会使道德资本化,并使道德陷入工具化的危险境地;道德资本理论的提出会使得资本不受约束,肆无忌惮地赚钱并败坏社会风气等等。

三、中西经济伦理学发展轨迹的比较

综观世界经济伦理学在21世纪的发展,比较中西经济伦理学发展的轨迹,我们不难找到其中的共同点:无论是西方发达国家,还是中国这样的发展中国家,经济伦理学学科的诞生和发展不是由少数学者的意志决定的,而是由经济活动发展的规律所决定的,是经济发展的必然要求,经济活动的实践推动着经济伦理学的发展。

美国有学者把市场经济活动的舞台比喻为"丛林",达尔文主义"适者生存"的"丛林",在那里没有准则,没有关心,只有贪婪和无情。美国著名学者罗伯特·所罗门批评了这个比喻,他认为,市场经济并非在原始丛林中而是在它所服务和赖以生存的社会中进行的,人类的经济活动同"丛林"比喻中的生活不同,首要的是合作,必须有"伦理呼吸"。实践证明所罗门的批评是对的。人类的经济活动要走出"丛林",才能有序发展,健康发展,遏制腐败,杜绝腐败,同时使经济活动更加符合人性的要求。尽管中国和西方的生产力发展水平不同,政治制度、经济制度、意识形态、文化传统不同,但在经济活动中要"争取伦理呼吸的空间"这一点上可以达成不少共识。因此,当国外学者在中国进行经济伦理学的学术演讲时,往往引起中国有关学者和企业家的兴趣。世界贸易组织的大门已向中国敞开,中国经济将在更大范围和更大程度上融入经济全球化潮流,因此,中西经济伦理学的学术交流显得更加重要。中国需要借鉴发达国家在建立完善市场经济伦理规则方面的有益经验,并使中国在经济交往中的规则更好地与国际接轨。

中国经济伦理学的发展与西方发达国家也有着许多不同。首先,中国经济伦理学的研究是在传统的计划经济向市场经济转型过程中形成和发展起来的,具有经济体制转型时期的特点,而西方经济伦理学的研究是在市场经济体制在他们国家建立了上百年之后,各项经济制度相对比较健全的条件下进行的。我们需要对计划经济和市场经济这两种经济体制进行正确的伦理评价。计划经济在历史上曾经起过重要作用,但随着社会的发展,它越来越不适应生产力的发展,市场经济取代计划经济是历史的必然。与计划经济相联的、障碍生产力发展的旧的伦理观念需要打破。而在中国建立什么样的市场经济体制,既有效益,又要使大多数人受益,不仅要从经济学上考虑,而且需要从伦理学上考虑。就是说,制度的伦理论证和伦理导向在社会转型时期显得较为突出。中国人在与他人进行经济交往时,必须按照"游戏规则"行事,这是不能忽视的。由于中国处于经济体制转型时期,许多旧的规则被打破了,而新的规则有的即使建立起来了,也不完善。许多人靠钻体制的漏洞和政策的空子发财,败坏了社会风气。遵守规则的观念被淡化了,必须加强这方面的伦理启蒙。伦理观念转变、制度的伦理论证、遵守规则的伦理的启蒙教育,当代中国经济伦理学的这三项重要内容突出地反映了经济转型时期的特点。其次,与西方发达国家相比,中国文化为经济伦理学提供了更为丰富的伦理资源。中国传统文化是伦理型的文化,源远流长。几千年来,围绕义利关系,各派思想家提出了各种如何处理经济与伦理关系的观点。这些观点在现代生活中,仍不失其价值。例如孔子提出"见利思义",提倡将道德与经济利益统一起来。现代中国经济伦理学学科的建设要充分利用这份宝贵的伦理遗产,继承、吸收和借鉴其中的精华部分,才能更好地在现实生活中发挥作用。

第三节　经济伦理学研究的意义

在人类走向 21 世纪的时候,中国正在从传统的计划经济转向社会主义市场经济。在这个对未来中国的发展具有重要意义的社会转型时期,经济伦理学的研究有着极其重要的意义。

一、有利于正确贯彻经济建设发展方针,推动社会的可持续发展

改革三十多年来,中国贯彻"以经济建设为中心"和"发展是第一要务"的方针,取得了一系列令世界瞩目的成就。在经济高速发展的时期,当我们为自己的成就而骄傲的时候,实践又在向理论发问:如何既考虑当前发展的需要,又考虑未来发展的需要,实现可持续发展?中国是一个发展中国家,面临着提高社会生产力,增强综合国力和提高人民生活水平的历史任务,同时又面临着相当严峻的问题和困难,如庞大的人口基数、人均拥有资源不足、资源利用效率低、环境污染和破坏严重等等,这些都对今后的经济发展和生活带来巨大的压力。以可持续发展思想为指导,从经济、社会、资源和环境相协调发展的高度制定国家发展战略和

相应的对策,是中国从现在起到更远的未来发展的自身需要和必然选择。在实施可持续发展战略中,必然涉及多方面的利益关系,它包括当代人和后代人的利益关系,企业利益和社会利益的关系,不同行业、不同地区的人们相互之间的利益关系。要调整和解决好这些利益关系,不仅要诉诸经济手段,而且要诉诸道德手段,使经济活动的主体从价值观念上认清自身的道德责任。

市场经济的利益机制除了促进经济发展的积极作用外,也有负面效应。每个经济主体都从自己的利益出发,会导致企业经营的短期行为,使企业较多地注意从交换中获取当时的最大利益。这也就是说,市场经济的利益机制可能使企业单纯从自身的利益出发,不顾及经济的总体效果,不能完全按社会利益从事生产和经营。宏观调控是抑制市场经济的负效应,实施可持续发展的重要手段,但宏观调控只有与解决人们的思想道德观念问题结合起来,才能获得成功。实施可持续发展的战略不仅需要经济手段和行政手段的支持,同时也需要道德观念的支持。从价值观层面上分析,可持续发展的战略是建立在经济与伦理相统一的道德基础上的。

经济伦理学所倡导的价值观以经济与伦理相统一为基础。对于任何经济活动,它不仅要问其是否具有经济的合理性,而且要进一步追问是否具有伦理的合理性。符合国家的利益、社会的长远发展就是义,就具有伦理的合理性。反之,就不具有伦理的合理性。经济活动的主体在"一只看不见的手"的推动下,追求自身利益的增值,这是每天经济生活中重复千万遍的事实。但对此类事实进行伦理评价的时候,不难发现有两种情况:一种是为了获得自身利益的增值,不惜破坏生态环境,损害国家和社会的长远发展;另一种是重视生态环境的保护,将自身的利益与国家和社会的利益、眼前的利益与长远的利益结合起来。显然,伦理评价否定的是前者,肯定的是后者。为了促进社会的可持续发展,必须要求企业以经济与伦理相统一的原则指导自身的发展,不仅要有效地实现企业的经济目标,而且不能忽视企业的社会责任,在特定的条件下,甚至要减少或牺牲一些企业的利益来履行社会的道德责任。经济、社会、资源和环境相协调的发展,从一定意义上说,是经济伦理问题。加强经济伦理学的研究,有利于人们在实现经济效率的同时,关注经济活动的伦理价值,从思想道德观念上为可持续发展提供保证。

二、有利于建立、健全和完善中国市场经济制度,更好地实现社会的公正

中国正处于社会转型时期,社会主义市场经济取代了传统的计划经济。建立、健全和完善中国市场经济制度,是当代中国的紧迫任务。要完成这一紧迫任务,经济伦理学承担着重要的使命。在市场经济的形成和发展过程中,伦理道德决不是消极被动的,更不是无所作为的;恰恰相反,它积极地能动地作用于经济生活。市场经济制度的建立、健全和完善,都是活生生的人所参与的,是具有一定的价值观念的人的活动所形成的。"经济学决不可能是一门完全'纯粹'的科学,而不掺杂人的价值标准。"[①]从社会主义市场经济的提出和建立来分析,经济制度的变更离不开人的价值标准。邓小平正是在"有利于发展社会主义社会生产力,有

---

① 〔英〕琼·罗宾逊等:《现代经济学导论》,陈彪如译,商务印书馆1985年版,第5页。

经济伦理学

14

利于增强社会主义国家的综合国力,有利于提高人民的生活水平"的价值标准基础上,提出了建立社会主义市场经济的科学论断。在价值标准中,伦理价值是基本内容之一。由于经济制度、经济决策都是由自觉的人所作出的,必然受到参与者伦理价值观念的影响,并在一定的伦理价值方针指导下进行。而经济制度和决策的实施也受制于人们的伦理价值观念。

经济伦理学的研究有利于在建立、健全和完善市场经济制度的过程中,不仅着眼于提高效率,同时也兼顾公平。中国是发展中国家,生产力还不是很发达,人民生活水平普遍低于西方发达国家。要解决人们的温饱问题,使全体人民都过上小康生活,并在不远的将来达到中等富裕的水平,必须大力发展生产力。但是中国又是一个幅员辽阔的国家,各个地区之间经济发展的水平不平衡。在当代中国,经济制度、经济政策不仅要有利于一部分人、让一部分地区先富起来,同时也要有利于避免两极分化,实现共同富裕。建立什么样的经济制度、经济政策,需要进行伦理的论证、伦理的研究,这样,才能为实现社会的公正提供基本的框架和切实的保证。当然,这种论证和研究应是全面的、辩证的。一种经济制度可能对道德产生正效应,也可能产生负效应。在一段时期内,凸现的是正效应,而在另一段时期,可能更多地凸现负效应。经济伦理学的制度研究是大有可为的,中国已加入了世界贸易组织,在一系列经济交往中的规章制度必须与国际接轨,必须体现国际经济活动的基本道德准则。但是中国又是一个具有优秀伦理文化传统的主权国家,中华民族具有与西方不同的道德价值观念。只有在国际经济活动的基本道德准则和中华民族道德价值观念相统一的基础上,我们才能更好地研究和解决中国市场经济制度的伦理问题。

三、有利于规范企业的行为和建立现代企业制度,形成良好的社会经济秩序

企业是最重要的市场主体,是市场的价格机制、供求机制、竞争机制发生作用过程的主要参与者和承担者,因此企业的状况如何、企业的行为如何,对市场机制和市场秩序产生着重大影响。就价格机制而言,它正常作用的前提是价格的变化要准确地反映供求关系的变化。但如果某些对市场价格具有影响力的企业采取不正当的价格行为时,价格的变动就不能真实地反映供求关系的实际情况,价格机制就会失灵,价格的变动就会造成许多虚假的信息和资源的错误流动。就供求机制而言,它正常作用的前提是供求双方都必须能够在市场上真实地表现出来,但是如果出现故意的抢购、套购或囤积等不正常情况,市场上就会出现被扭曲了的供给和需求,就会导致供求关系不正常,造成供求机制失效。就竞争机制而言,它正常作用的条件是竞争各方之间进行自由、平等、正当的竞争,只有这样的竞争才能使市场成为奖优罚劣、优胜劣汰的场所,才能推动各方不断改进技术、加强管理,提高效益。但这种自由、平等、正当的竞争秩序,却依赖于竞争各方对竞争规则的遵守。如果竞争各方采取种种不正当的竞争行为,那么自由、平等、正当的竞争秩序就会遭到破坏,竞争机制也会失灵。经济伦理学的研究可以使企业在追求利润最大化的过程中采取伦理道德上正当合理的目标和手段,在市场竞争中讲究自愿、平等、公平、诚实、信用的原则,尊重竞争各方的合法权益,遵守国家规定的各种竞争规则,从而规范好企业自身的行为。这样,就可以比较顺利地建立规范、有序、文明的市场经济秩序,使市场机制能正常地运作。

现代企业制度是社会主义市场经济体制中不可缺少的组成部分,它具有"产权明晰、权

责明确、政企分开、管理科学"等基本特征,其实质是理顺企业和政府、社会的关系,明确企业内部各方的权责利的关系,使企业成为自主经营、自负盈亏、自我发展、自我约束的法人实体和市场竞争主体。经济伦理是现代企业制度建设的"软件"和基础。这是因为经济伦理可以使企业超越自身利益的狭隘眼界,正确解决企业在社会中的定位问题,看到社会的整体利益和长远利益,看到人的发展的需要和社会的需要、人类持续发展的需要,从而正确处理企业发展和社会进步之间的关系,努力兼顾经济效益、社会效益、环境效益,实现企业和社会、环境之间的协调发展。经济伦理也可以为正确处理企业内部各种关系、各种矛盾提供必要的原则和方法,有助于企业内部的团结和形成凝聚力。把现代企业制度仅仅归结为经济原则、科学原则是片面的,这样就会忽视和抹杀人所特有的社会性、精神性、文化性,把人等同于物和其他各种资源,会造成对人的尊严等合法权利的侵犯。现代企业制度中的经济管理,不仅要讲经济原则,而且要讲伦理原则,尊重人、关心人、理解人,将经济原则和伦理原则统一起来。违反伦理合理性的经济管理,不仅会受到社会舆论的谴责和法律的制裁,而且这种经营管理所带来的效率和效益也不可能是持久的。①

四、有利于社会生活中的反腐败,搞好物质文明和精神文明建设

腐败是现代政治生活、经济生活中的一大毒瘤,它的主要表现形式是以权谋私、钱权交易、贪污受贿等。产生腐败的因素是复杂的,但其深层次的思想根源是价值观的问题。在处于社会转型时期的当代中国,腐败正成为严重的社会问题,其重要原因是道德松弛、理想信念失落,同时,企业采取不正当的经营手段也是不可忽视的原因。要解决社会的腐败问题,必须加强经济伦理学的研究。经济伦理学学科建立和发展的历史也表明,反腐败给经济伦理学的发展提供了契机。20 世纪 70 年代美国一些大公司行贿丑闻不断,引起了人们对经济伦理问题的极大关注,而社会的反腐败呼声又催生了经济伦理学学科的诞生。加强经济伦理学研究,有利于社会生活中的反腐败,搞好物质文明和精神文明建设。这是因为:

首先,经济伦理学的研究有利于区分社会生活中的市场形式和非市场形式,实现经济评价与伦理评价的统一。在发展市场经济的中国,许多人将等价交换等市场经济活动中的原则无限制地扩展到社会生活中的一切领域。他们看不到社会生活中人们的交往既有市场形式,又有非市场形式,看不到前者通行的是等价交换原则,而后者通行的并非等价交换原则。这样,就为钱权交易等腐败现象的滋长提供了温床。"一切都能通过金钱交换办到"即"有钱能使鬼推磨"的思想主宰了一些人的头脑,使他们走入了思想的误区,丧失了分辨腐败、抵御腐败的能力。即使在经济活动中,对于各种经营手段也要实现经济评价与伦理评价的统一。这就是说,不但要进行经济评价,即它是否能给企业带来最大的利润,而且要进行伦理评价,即它是否符合社会公正原则。经济伦理学的研究能够帮助人们走出思想误区,解除思想困惑,对于反腐败有着重要意义。

其次,经济伦理学的研究有利于在反腐败斗争中切实提高"软约束"的实效。为了有效地遏制腐败,必须建立严格的监督制度,使经济活动中的一些权力不被滥用。制度的监督是

① 详见刘国光:《加强企业伦理建设是建立社会主义市场经济体制的需要》,《哲学研究》1997 年第 6 期。

经济伦理学

反腐败的基础,是"硬约束"。离开了制度的监督,反腐败将会流于形式,但仅仅依靠制度是不够的,还需要"软约束"即道德约束。从制度执行的角度分析,制度是由人来执行的,离开了人的道德素质,制度就难以得到正确的解释和有效的执行。从中国现实的情况分析,在社会转型时期,经济制度新旧交替,制度空白、制度缝隙、制度漏洞还不同程度地存在,要建立、健全和完善制度,还需要一定的时间。经济伦理学不仅要求人们服从制度、规则,而且也探讨经济活动主体的德性问题,建造良好的德性世界。这就是说,要将"硬约束"和"软约束"结合起来,将规则伦理和德性伦理统一起来。例如,一些国有企业是腐败的高发区,这些企业的某些经营者和管理者利用手中掌握的经济权力化公为私,贪污受贿,使大量的国有资产流失。因此,国家需要强化国有企业的监督机制,但是在中国,国有企业中的现代企业制度如何建立,还有许多问题尚在探索中。制度监督的同时还要加强教育管理,提高企业经营者和管理者的道德素质,才能更好地反腐败。

第四节　当代中国经济伦理学发展的前瞻

2001 年,中国加入世界贸易组织,这是中国经济走向世界的具有里程碑意义的重大事件。它给中国经济带来了更大的发展机会的同时,也给中国经济伦理学的发展注入了强大的动力。中国的经济伦理学界要站在一个新的高度、新的视野中反思经济伦理学学科的建设,在经济全球化的浪潮中塑造中国经济良好的道德形象,为中国经济的健康发展,为建立良好的国际经济新秩序作出自己的贡献。当代中国经济伦理学遇到了前所未有的发展契机,这是因为:

第一,中国的经济活动迫切需要建立遵守国际经济活动规则的强有力的道德基础。

全球化的经济活动是建立在"遵守规则"的现实基础上的,一个国家不遵守国际经济活动的基本规则,就丧失了自身参加全球经济活动的基本资格。中国在加入世贸组织的谈判中作出两项承诺——按国际规则办事,进一步开放市场。其中最重要的、对中国经济以至政治体制产生巨大影响的承诺是"遵守规则"。如何在中国使经济活动的主体遵守国际经济活动的基本规则,促进改革开放的有序发展,从而有利于中国加入世界经济的主流?这不仅需要法律手段的调节,同时也需要道德手段的调节,健康有序的市场经济秩序需要有坚实的道德基础。三十余年来,我国的经济生活经历了巨大的变革。当计划经济向社会主义市场经济转轨时,旧有的体制完成了其历史使命,原有的反映计划经济体制要求的规则被冲破了,但这并不意味着规则不重要了。遵守规则和社会需要什么样的规则是两个不同的概念。中国在建立符合市场经济要求和国际经济活动惯例要求的规则的同时,迫切需要重塑遵守规则的道德信念。

第二,中国迫切需要加强对经济公正的研究和对跨文化经济活动中伦理问题的研究。

在经济全球化过程中,现行国际经济与贸易规则是不完善的,有待于进一步改进。因为包括世贸组织在内的许多国际组织制定的关于经济全球化的游戏规则,是在发达国家主导下形成的,因而更多地反映了发达国家的利益。从总体而言,当前的世界经济秩序是不合理的,对发展中国家的权益没有给予充分的保障。什么是公正合理的国际经济新秩序?如何建立公正合理的国际经济新秩序？这些问题不仅需要经济学家探讨，同时也需要伦理学家的参与。中国应该在世界经济舞台上发出伦理的声音，捍卫中国和发展中国家的利益，使经济全球化的游戏规则有利于减少世界的贫富差距和促进世界经济的健康发展。

经济全球化加剧了中西文化之间的碰撞，使伦理文化在经济活动中的作用日趋突出。我们不能"孤立地研究经济，而要考察经济和非经济方面的互动关系"。① 在不同的文化背景下，人们的伦理观念、价值标准和行为方式有着明显的差异。在经济活动中，无论是外部交往和内部管理，都需要人际之间的交流、沟通、理解和协调。这种交流、沟通、理解和协调是在一定的伦理观念、价值标准基础上进行的，它影响着经济活动的得失成败。简言之，伦理观念成为制约和影响经济效益的重要因素，决不能忽视。为了促进中国和世界经济的发展，减少伦理文化冲突给经济带来的负面影响，中国必须大力加强跨文化的经济伦理研究。

第三，中国迫切需要建立有中国特色的经济伦理学学科。

自 20 世纪 90 年代以来，有关国外的经济伦理学的理论已经逐渐进入中国，中国经济伦理学的代表分别出席了 1996 年在东京、2000 年在圣保罗举行的第一、第二届国际经济伦理学代表大会，与国际同行进行了交流，较多地了解了国际经济伦理学的最新动态。当然，中国的经济伦理学的学科建设要吸收和借鉴国外的理论，但要真正成为一门在中国的社会生活中有重要影响的学科，必须注意研究中国的国情，并从中国的国情出发。中国是一个古老的国家，有着悠久的历史和与西方截然不同的文化。简单地以西方的一些伦理观念来解决我国经济生活中遇到的问题，难以获得实践的支持。中国的市场经济体制是从计划经济体制中脱胎而来的，还带有不少这一体制的痕迹，在经济伦理学学科建设中，在对经济生活的伦理评价中，不能不注意这样一些难以回避的事实。

在未来的几十年内，中国的经济伦理学将会有一个大的发展。这些发展的生长点将植根于以下内容：

1. 经济制度的伦理评价问题

经济制度的伦理评价问题可以分为两大层次：国际经济制度的伦理评价和国内经济制度的伦理评价。在国际经济制度的伦理评价中，我们不得不注意到，当代国际经济制度是西方发达国家制定的，具有西方文化特殊和深厚的背景。对于那些在国际经济生活中已成为普遍原则的东西，我们必须超越狭隘的文化眼界，加以积极的伦理评价；对于那些不公正的国际经济制度，在给予否定性伦理评价的同时，也必须采取正确的步骤，联合世界上发展中国家的力量，为实现国际经济公正而努力。在国内经济制度的伦理评价中，要坚持从中国社会主义初级阶段的特点出发，坚持三个有利于的标准，将公正与效率统一起来，推动中国经济的发展和社会主义制度的完善。

2. 实践以诚信为基础的经济伦理规范问题

诚实守信是经济健康运行的道德基础，从理论上论证其重要性已相当充分，但将它转化为经济主体的自觉行为，却遇到了较大的困难。在中国经济体制的转型时期，法规制度的不完善，给一些见利忘义的不法之徒以可乘之机。转型时期经济学与伦理学的紧张关系根源于义利关系，那些见利忘义者在经济上获得了巨大的利益，削弱了人们对诚信的信仰。要解

① ［美］斯美尔瑟：《经济社会学》，方明、折晓叶译，华夏出版社 1989 年版，第 186 页。

决诚信问题,必须采取义利相互支持的思路,提高见利忘义行为的道德成本。国内一些城市实行个人信用记录制度,在信用上不检点的人,将付出更大的利益代价。这是一个很好的思路,必须在实践中不断加以总结和推广。

3. 企业经营管理人员的道德人格问题

"现代管理学之父"彼得·杜拉克在 1995 年出版的《创新与企业家精神》一书中,第一次指出美国经济已经从"管理的经济"转型为"企业家经济"。他认为"这是战后美国经济和社会历史中出现的最有意义、最有希望的事情"。中国的经济发展也将进入"企业家经济"时代。然而,在改革开放时期崛起的中国企业家群体往往被集体淘汰,其失败的原因是普遍缺乏道德感和职业精神。"中国企业家要真正成为这个社会和时代的主流力量,那么首先必须完成的一项工作——一项比技术升级、管理创新乃至种种超前的经营理念更为关键的工作——是塑造中国企业家的职业精神和重建中国企业的道德秩序。"①

4. 企业的社会责任问题

毫无疑问,企业是经济组织,但企业也必须承担社会责任。如何认识企业的社会责任?国际经济伦理学界曾进行过广泛深入的学术探讨,并由此引发了"利润先于伦理"还是"伦理先于利润"的争鸣。一派学者认为,企业的社会责任就是增加其利润,企业作为一种经济实体对社会只具有经济责任,其他责任都服从于经济责任或包含在经济责任中。而另一派则认为,企业具有法人地位的同时也意味着它具有道德人格,而作为具有道德人格的企业,其社会责任是指经济责任以外的责任,如企业对环境的责任、对政府和公众的责任、对顾客和雇员的责任。还有一派学者试图调和这两种对立的观点,主张企业的社会责任就是企业在一个动态的社会系统中所应扮演的长期角色,它不能片面地归结为经济方面或非经济方面的责任。随着中国经济的发展,企业的壮大和对社会影响的增强,必然要研究和讨论这一重要理论问题。

5. 消费伦理与中国的发展问题

消费是经济运行中的重要环节,对于经济的发展有着重要的推动作用。中国要成为经济强国,必须将经济的出口主导增长型及时转换到内需主导增长型模式上来,只有走内需主导增长道路,才能掌握经济发展的主动权。要刺激内需,就必须转变观念,建立以"适度消费"为原则的消费伦理观念。因为人们的消费需求不仅受消费能力的制约,而且受消费伦理观念的影响。如何通过建立与时代发展相适应的消费伦理观念,既推动物质文明的发展,又促进精神文明的建设,这是一个有着广阔研究空间的理论课题。西方法兰克福学派的哲学家马尔库塞和弗洛姆对现代西方社会的消费主义的批判,在当今中国发展经济的情况下,应该如何正确理解和评价,也是值得研究的学术问题。

6. 雇员个人的权利与义务的问题

雇员的权利与义务的问题在中国不仅涉及当事者的利益问题,同时也关系到整个社会的稳定问题。在雇主与雇员的关系中,后者明显是弱势群体。特别在当代中国,下岗人数的增加,劳动力市场供求关系明显有利于雇主。社会应该制定有关法规,界定劳动关系中双方的权利与义务关系,但同时也要通过道德教育与宣传,使雇员增强自我保护意识,维护在劳

① 吴晓波:《大败局》,浙江人民出版社 2001 年版,第 7 页。

动用工制度上自身的合法权利。另外,在如何理解保护商业秘密的规定、如何处理员工在工作时间使用电子邮件、如何对待性骚扰等问题上,道德手段都可以以其独特的形式和机制发挥作用。

第一章 经济伦理学的道德理论基础

经济伦理学研究的重要内容在于对经济活动进行全面的评价,即不仅要论证经济上的合理性,而且要论证伦理上的合理性。这种论证必须占有大量的、真实的、第一手的事实材料,但同时必须以一定的理论为指导,才能得出富有说服力的结论。伦理评价涉及价值观问题,具有复杂性。同一经济事实,运用不同的道德理论,可能得出截然相反的结论。为了对经济活动进行正确的伦理评价,我们必须研究和掌握在经济伦理学中必然涉及的道德理论,例如功利论、道义论、美德论等。

第一节 功利论与经济伦理学

功利论,亦称"功利主义"、"功用主义",是以实际功效或利益作为道德标准的伦理学说。从狭义上说,主要是指以边沁、穆勒为代表的西方功利主义,但从广义上说,它不仅包括以边沁、穆勒为代表的西方功利主义,也包括中国古代的功利主义、革命的功利主义。在所有的道德理论中,功利主义与经济学的联系最密切,相互影响也最大。研究经济伦理学的道德理论基础不能不首先分析功利主义,特别是西方功利主义。

一、功利主义的形成、发展和主要理论形态

西方功利主义学说是由英国著名伦理学家 J·边沁和 J·S·穆勒于 18 世纪末和 19 世纪初创立的,但思想渊源可追溯到古希腊。古希腊居勒尼学派和伊壁鸠鲁学派的快乐主义以感觉论为基础,把人生的目的、人的行为的动机归之于追求快乐,即"快乐是幸福生活的开始和目的。因为我们认为幸福生活是我们天生的最高的善,我们的一切取舍都从快乐出发;我们的最终目的乃是得到快乐,而以感触为标准来判断一切的善"。[1] 后来边沁把道德判断的标准归于人的苦乐感觉,这源自古希腊快乐主义学派。

边沁、穆勒的功利主义更直接地从近代伦理学说中得到启发。边沁从休谟的《人性论》中发现了"功利"这一概念,如获至宝,感觉到好像眼中的翳障除去了。特别值得一提的是边沁、穆勒的功利主义与法国唯物主义的联系。边沁和穆勒都读过法国唯物主义者爱尔维修

---

① 周辅成编:《西方伦理学名著选辑》上卷,商务印书馆 1964 年版,第 103 页。

的著作,边沁还明确承认他从爱尔维修那里得到很大的教益。爱尔维修强调人的"肉体感受性",把人的本性归之于"趋乐避苦",并提出了著名的利益学说,认定利益在社会生活中起支配作用,这种支配作用具有普遍性、必然性和不可违抗性。在边沁的学说中,我们可以很清楚地看到爱尔维修的这一思想。

边沁建立其功利主义的伦理思想体系,有一个基本的方法,就是从心理学的快乐主义推演出伦理学的快乐主义,从事实推出价值。边沁认为,"自然把人类置于两个至上的主人——'苦'与'乐'——的统治之下。只有它们两个才能够指出我们应该做些什么,以及决定我们将要怎样做;在它们的宝座上紧紧系着的,一边是是非的标准,一边是因果的链环。凡是我们的所行、所言和所思,都受它们支配"。① 这就告诉我们:苦乐统治着人类,是我们判断是非的标准,如果我们把所有的行为看作"果"的话,那么对快乐的追求就是行为的"因"。边沁指出,"功利原则承认人类受苦乐的统治,并且以这种统治为其体系的基础"。② 这就明确表达了边沁的功利主义是以感觉论为基础的。

边沁认为快乐是可以精确计算的,方法有七种:根据快乐的强度、持续的时间、确定性程度、感受作用的远近和快乐的增殖性、纯粹性和广延性。边沁苦乐计算的意义并不在于其本身,而在于引申出功利主义的结论。他认为,通过苦乐计算就能确认"该行为是增多还是减少当事者的幸福",从而判断该行为是善还是恶。如果一种行为带来的是最强、最持久、最确实、最切近、最广泛、最纯粹的快乐,那就是最大的幸福。边沁还认为,功利原则中除了求得最大的幸福,还要考虑幸福普及的人数,人数越多越好,求最大多数人的最大幸福是边沁功利主义的最高道德原则。这样,边沁从人的趋乐避苦的经验事实中推出了功利主义的道德价值观。

边沁的苦乐说是以个体的感受为基础的,然而他要把"最大多数人的最大幸福"作为价值目标,必然涉及个人与社会的关系。边沁独创"合成说",试图把两者统一起来。在边沁看来,社会利益"就是组成社会之所有单个成员的利益之总和",因为"社会是一种虚构的团体,由被认作其成员的个人所组成"。③ "合成说"填平了利己行为与利他行为之间的一切鸿沟,既然个人利益与社会利益是同一的,因此,增进了个人利益、个人幸福,也就是增进了社会利益、社会幸福。

边沁的功利主义理论虽然形式上逻辑严密,但在实际内容上矛盾不少,难以自圆其说。例如,他从"人们是什么样"的心理事实直接过渡到"人们应该是什么样"的道德规范,这在理论上有重大缺陷。"是什么样"的不一定就是"应该是什么样",从事实中不能简单地推演出价值来。20世纪伦理学家摩尔抓住这一点,对边沁的功利主义大加抨击,应该说有其合理因素。又如,边沁的"合成说"把人等同于人类,这在逻辑上也是难以成立的。恩格斯指出,边沁在个人利益和社会利益问题上,"犯了黑格尔在理论上所犯过的同样错误:他没有认真地克服二者的对立,他使主体从属于谓语,使整体从属于部分,因此把一切都颠倒了"。④ 再

① 周辅成编:《西方伦理学名著选辑》下卷,商务印书馆1987年版,第210页。
② 同上书,第211页。
③ 同上书,第212页。
④ 《马克思恩格斯文集》第1卷,人民出版社2009年版,第106页。

如,道德计算不区分快乐的质,简单比较快乐的量的大小,会导致十分荒唐的结论,那就如他所说,赌博和作诗具有同样的价值。道德计算在纯数学的意义上似乎应该肯定,但在实际生活中缺乏可操作性。

当然,不可否认,边沁的功利主义也有其重要的理论价值,因为"我们第一次在边沁的学说里看到:一切现存的关系都完全从属于功利关系,而这种功利关系被无条件地推崇为其他一切关系的唯一内容",①它"表明了社会的一切现存关系和经济基础之间的联系"。② 空想社会主义者欧文从边沁的体系出发去论证英国的共产主义,马克思主义通过空想社会主义而与边沁的功利主义有着间接的联系。

穆勒继承和发展了边沁的功利主义学说,并突出地表现在最大幸福原则方面、在快乐的量和质方面、在道德的自我牺牲方面。边沁的功利主义是粗糙的,在解释其最大幸福原则时,没有很好地说明利己主义的快乐论是如何过渡到利他主义幸福原则的。而穆勒利用了心理学的联想原理,试图弥补这一理论缺陷,联想原理告诉我们,两件事物最初是在现实中相继发生的,人们由此获得了一个联合观念,以后只要其中一件事发生,它就会在人们心理上引起对另一件事物的联想。穆勒认为,美德也是这样。一个人做出某种利他的行为,仅仅是为从这一行为中得到一些好处,而且实际上也得到了想要得到的好处。这样的行为发生多次以后,利他行为与快乐就会在他的观念中形成相继联想,这种联想会导致他把行为本身当作目的而忘记它的原来目的。随着联想的牢固或强化,他就会从利他行为中感到快乐。这样,利己通过联想心理实现了向利他的转化。道德联想实现的利己向利他的转化是脆弱的,穆勒也认识到这一点。他指出:"完全出于人造的道德联想,不免因为人的智育渐进,渐渐把它分析而使它消散。"③穆勒需要更有力的依据来为最大幸福原则辩护,他把目光从人的心理转向外部的客观原因。为此,他提出了社会感情论。

穆勒看到了人是在社会中生活的,有理智和社会感情是人与动物的不同点。社会感情有助于人们消除孤独生活的单纯利己本性而增长利他、互助精神,它是由于人们的共同利益和共同目标的需要而形成的。穆勒这样写道:"他们也深知自己可以与别人合作,提出公共的(不是个人的)利益为他们行动的目标(至少是暂时的目标),在他们合作的期间,他们自己的目的和别人的目的变成同一了;至少他们暂时觉得别人的利益就是他们自己的利益。"④简言之,在社会生活中,通过社会感情的纽带,利己与利他融为一体,这是共同利益、共同目标使其然。穆勒的这一观点实际是休谟情感论的翻版。

穆勒使功利主义学说中关于个人利益与社会利益的关系的解释较为精致些,但未根本改变边沁功利主义的利己主义实质。穆勒认为:"大多数的好行为不是要利益世界,不过要利益个人(世界的利益就是个人利益合成的);在这种时候,除了为自信,他并不因为利益这些个人而伤害别人的权利……所必需的考虑以外,就是顶有道德的人,他的心思也不必超出这些有关的个人之外。"⑤

---

① 《马克思恩格斯全集》第3卷,人民出版社1960年版,第483页。
② 同上书,第484页。
③ [英]穆勒:《功用主义》,唐钺译,商务印书馆1957年版,第33页。
④ 同上书,第34页。
⑤ 同上书,第20页。

边沁的"合成说"、"个人利益是唯一现实的利益"等在最大幸福原则方面的基本观点都被穆勒继承下来了,"不是要利益世界,不过要利益个人"这句话最典型地表达了穆勒功利主义学说的利己主义实质。如果说在最大幸福原则方面,穆勒对边沁是较多的继承,那在快乐的量和质方面,则是较多的修正。边沁只将快乐作量上的比较,而置快乐的质于不顾,受到世人的鄙视和谴责,甚至被人贬为"猪的哲学"。因为它无视人的特性,而像动物一样,沉溺于最大量的快乐。穆勒明确指出,"以为快乐只按数量估价,那就未免荒谬了",①其他东西在估计价值时,都从质与量两方面加以考虑,快乐又何尝不是如此呢? 穆勒认定快乐有质的差别,他说:"承认某些种类的快乐比其他种类更惬意并更可贵这个事实,是与功利主义十分相符合的。"②

穆勒甚至将快乐的质置于量之上。他说:"这种质量的优胜,超出数量的方面那么多,所以相形之下,数量就成为微不足道的条件了。"③他强调精神的快乐高于肉体的快乐,"做一只不满足的人比做一只满足的猪好;做一个不满足的苏格拉底比做一个满足的傻子好"。④需要精神快乐的人是高尚的人,满足于肉体快乐的人是低贱的人。从这一点上看,穆勒对功利主义的修正已走得相当远了。

边沁对自我牺牲持否定态度,他从"合成说"出发,认为"牺牲了个人利益,社会利益就少了一份,因而是不可取的"。而穆勒则不然,他肯定自我牺牲是人类最高尚的美德,"功利主义者应该始终坚持跟斯多亚派和超验派一样有合理的权利,认舍生取义的美德为他们学说中应有之义"。⑤ 穆勒认为自我牺牲有利于社会福利的增加,否则这种牺牲是不必要的。穆勒的功利主义学说的实质是利己主义,但是在一些具体问题上,也有利他的倾向,他关于自我牺牲的观点就是一例。

边沁、穆勒的功利主义在进入 20 世纪以后,面临严重的挑战。摩尔在《伦理学原理》中对功利主义的非难,使当代西方伦理学的方向发生了重大转折,以形式主义为特征的元伦理学风靡一时。20 世纪 50 年代前,元伦理学在西方伦理学界占统治地位。60 年代以后,即社会的道德危机日趋严重,规范伦理学又出现回归倾向。功利主义沉寂多年后又复活,被一些人认为是最有内容和生命力的规范体系。现代功利主义应运而生,分为许多学派,其中影响较大的是"行动功利主义"和"准则功利主义"。行动功利主义把其伦理学说说成是能够帮助个人在一定境遇中选择自己行动的具体体系,每个人只要是自己决定什么样的行动结果在这时对他是最好的、最有效的,那么,他就可认为这是符合道德的。准则功利主义把功利主义的效用原则和行为的道德原则结合起来,把对大多数人能产生最大的利益和幸福作为他们所提倡的一般规则的根据。无论是行动功利主义还是准则功利主义,虽然都对边沁、穆勒的功利主义作了某些修改,但根本原则没有变。

从某种意义上说,美国的实用主义是边沁、穆勒功利主义的延续和发展。实用主义着眼于生活、行动和效果,它从"功利出发",在认识与行动、真与善之间画等号。有的学者把实用

① [英]穆勒:《功用主义》,唐钺译,商务印书馆 1957 年版,第 8 页。
② 同上注。
③ 同上书,第 9 页。
④ 同上书,第 10 页。
⑤ 同上书,第 18 页。

主义归入 20 世纪功利主义思潮是有其理论根据的。

在中国思想史上，与边沁、穆勒功利主义最相近的是墨子的学说。墨子重利贵义，并认为义与利是相统一的，一行为之义与不义唯一的根据在于此行为之利与不利。有利便是应当，无利便是不应当。墨子更以人民之利为一切言行之最后标准，他讲的"言有三表"中，最重要的乃是第三表："发以为刑政，观其中国家百姓人民之利。"①墨子的利是指公利而非私利，不是一个人的利，而是最大多数人的利。这与边沁的利己主义有所不同。

后期墨家发展了墨子的功利说，特别强调"利"的重要性。他们把"利"贯彻到忠孝等各个方面。所谓"忠"，就是不利子、不顾家，利乎天下。所谓"孝"就是要"利亲"、利父母，"爱亲"就在于能"善利亲"。他们还提出了"利之中取大，害之中取小"②的原则，当一个人遇到强盗侵袭时，如果能"断指以免身，利也，"③当然，这种"害之中取小"是出于"不得已"。

中国古代功利主义是缘"义利之辨"这条理论线生长、延续、扩展的。墨子——李觏——王安石——陈亮——叶适——颜元代表了中国传统功利主义的主线。循着这条主线，我们可以把握中国古代功利主义的思想脉络。

李觏是北宋著名思想家，他强烈反对孟子对功利的排斥，他大声疾呼："焉有仁义而不利者乎？"李觏的功利思想为王安石变法作了理论准备，而王安石则将李觏的功利思想付诸实践，同时李觏的功利思想也是陈亮、叶适功利思想的先驱。

南宋时期，随着商业经济的发展，出现了一个中小地主兼营商业的阶层。陈亮、叶适是这一阶层的思想代表。他们重视商业，提倡致富，高举功利主义的大旗。陈亮肯定人都有追求物质欲望的本性，并认为道德与功利是统一的，他以事功之学即功利主义与朱熹的理学唯心主义即反功利主义展开了论战。陈亮的功利思想可概括为十六个字："功到成处，便是有德；事到济处，便是有理。"④叶适比陈亮论述得更清楚。朱熹、陆九渊割裂义利关系，从而强调仁义，否定功利。针对这种观点，叶适说："正谊不谋利，明道不计功，初看极好，细看全疏阔。古人以利与人，而不自居其功，故道义光明。既无功利，则道义乃无用之虚语耳。"⑤董仲舒的"正谊不谋利，明道不计功"为理学家所乐道，但叶适则直斥之为"虚语"。叶适的这段话极为精彩，可惜未作充分的发挥。

清初的颜元也主张功利主义，这和陈亮、叶适并无二致，他把董仲舒的上述这句话改为"正其谊以谋其利，明其道而计其功"。因为他认为："世有耕种而不谋收获者乎？世有荷网持钩而不计得鱼者乎？……这不谋不计两不字，便是老无释空之根。……盖正谊便谋利，明道便计功，是欲速，是助长，全不谋利计功，是空寂，是腐儒。"⑥

在评述了西方和中国的功利主义的发展和主要观点后，我们可对两者作一番认真的比较。无疑，两者在道德基础和道德标准上，都诉诸功利、诉诸效果。但由于产生的社会及文化背景不同，两者还存在显著的不同点，这表现在：

---

① 《墨子·非命上》。

② 《墨子·大取》。

③ 《墨子·大取》。

④ 陈傅良：《致陈同甫书》。

⑤ 《习学记言》卷二十三。

⑥ 《颜习斋言行录》卷下。

第一，西方传统功利主义有着较完整的理论体系，从感觉论到最大幸福原则，以及快乐计算、快乐的量和质等，功利主义的一些重要理论问题都得以阐发，并形成了有历史影响的专著，例如边沁的《道德与立法的原理绪论》、穆勒的《功用主义》。而中国古代的功利主义不像西方传统功利主义那样系统化，墨子、李觏、叶适等人有一些闪光的思想和有历史影响的论点，但还未形成完整的理论体系。其中一个重要原因是，中国古代功利主义的理论生长点是"义利之辩"，主要是从义与利的关系来阐述功利观的，理论的视角较狭隘。

第二，从理论内容来看，西方传统的功利主义较多地具有利己主义、个人主义的特点，而中国古代的功利主义的整体主义色彩较浓。边沁的"个人利益是唯一现实的利益"，穆勒的"不是要利益世界，不过要利益个人"，都反映了西方传统功利主义中利己主义的特点。当然，西方传统功利主义的著名命题"求最大多数人的最大幸福"也具有利他成分，但就实质和总体而论，利己主义和个人主义占上风。中国古代功利主义把功利解释为"天下公利"、"国家大利"，并在此基础上建立起家族功利主义。这种家族功利主义有时将扶持社稷视为公利，较突出的是南宋时期，陈亮、叶适以功利思想服务于抗金救国斗争，有一定的积极意义。中国古代功利主义者在阐发功利思想时，都将义利统一作为其基础，这就使中国古代功利主义具有准则功利主义的特点，即道德准则与效用原则并举。而西方传统的功利主义用道德计算方法确认某一行为之善恶，带有行动功利主义之色彩。

第三，西方传统的功利主义是建立在生产力水平较高的资本主义商品经济基础之上，而中国古代的功利主义则与生产力水平不高的封建的自然经济相联。英国的工业革命推动了资本主义经济的发展，它的第一个结果就是"利益被升格为对人的统治"。[①] 资产阶级把"最大利益"奉为最高原则，力图把国家制度与追逐私利的自由协调起来。而边沁、穆勒的功利主义正是适应了资本主义自由竞争的要求，把私人利益当作公共利益的基础。中国古代功利主义产生和发展的历史条件与西方传统功利主义迥然不同，中国封建自然经济的生产力水平难以与资本主义社会相比拟。为了维护和巩固封建自然经济关系，自秦汉以后，君主专制的中央集权制日益加强，伦理思想强调整体和服从。中国古代的功利主义以义利统一为基础，在封建的道德原则范围内谈功利，不能不带有封建整体主义即封建家族主义的特点。中西功利主义差异的根源必须从两者的不同社会条件特别是不同的经济基础中去寻找。

功利主义除了以边沁、穆勒为代表的西方功利主义，中国古代的功利主义外，还包括无产阶级的革命功利主义。毛泽东同志在《在延安文艺座谈会上的讲话》中曾对无产阶级功利主义作过经典的表述，他说："我们是无产阶级的革命的功利主义者，我们是以占人口百分之九十以上的最广大群众的目前利益和将来利益的统一为出发点的，所以我们是以最广和最远为目标的革命的功利主义者，而不是只看到局部和目前的狭隘的功利主义者。"[②] 毛泽东从文艺为革命事业服务的角度提出了革命功利主义，而邓小平将革命功利主义诉诸以经济建设为中心的实践，形成了以革命功利主义为主要特点的伦理思想。他高度重视物质利益原则，使经济改革有了道德基础。他重视动机，更强调效果，判断一切言行的是非标准主要应看实际效果，即"是否有利于发展社会主义社会的生产力，是否有利于增强社会主义国家

---

① 《马克思恩格斯文集》第 1 卷，人民出版社 2009 年版，第 105 页。
② 《毛泽东选集》第 3 卷，人民出版社 1991 年版，第 864 页。

的综合国力,是否有利于提高人民的生活水平"。① 邓小平的革命功利主义极大地促进了中国的经济改革和社会的发展,在中国 20 世纪的发展史上写下了光辉的一页。

总之,功利主义学派源远流长,有着丰富的内容和众多的理论形态。以下我们着重从狭义的功利主义即有比较完整理论形态和历史发展过程的西方功利主义的角度出发,阐发作为经济伦理学的道德理论基础的功利论。

二、功利主义是与经济伦理学关系最密切的道德理论

在功利论、道义论、美德论三大道德理论中,数功利主义与经济伦理学关系最密切。马克思指出,功利论表明了"社会的一切现存关系和经济基础之间的联系"。他还认为,在功利主义的代表人物穆勒的学说中,功利论甚至"和政治经济学是完全结合在一起了"。② 功利主义与经济伦理学的密切关系,不仅要从它形成和发展的历史条件分析,而且要从内容和实质上分析。

首先,功利主义论证了经济动机在道德上的正当性问题。人是有目的、有意识的社会动物,在从事任何活动中,都追求着一定的目的,受一定的动机的驱使。在经济活动中,经验明白无误地揭示了一个重复千万遍的事实,即人们的经济动机是建立在求利基础上的,离开了利益,经济活动是难以想象的。对求利的经济动机如何进行道德评价,一直是道德生活中的重要课题。古希腊的思想家柏拉图和亚里士多德区分了两种经济动机,一种是"符合身份的维持生计"的求利动机,而另一种是超出"符合身份的维持生计"的求利动机。他们认为,前者是正当的、善的,而后者是不正当的、恶的。中世纪基督教的思想家们围绕利息的正当性问题进行过争论,后来以放宽传统教义对利息的谴责而告终。新教伦理继承了基督教伦理中禁欲主义的道德信条,认为人应当吃苦耐劳,勤俭节约,清心寡欲。它告诫人们,努力工作并不是为了享乐,而只是要获得被上帝拯救的信心。这样,赚钱和发财不再是道德的对立物,人们在现世生活中谋求利益的经济活动及其取得的成就被视为是被上帝选中的标记,这就使经济的动机在一定程度上取得了正当地位。边沁、穆勒的功利主义继承了法国唯物主义思想家"利益支配着我们的一切的判断"的观点,在自然人性论即感觉论的基础上系统全面地论证了求利的经济动机在道德上的正当性。边沁认为追求功利,是趋乐避苦的人的本性的表现,是合乎人性的,因而是道德的。否定经济活动中的功利动机,与人性相悖,因而是不道德的。他痛斥那些"企图对这一点提出疑问的伦理学体系",是"徒事空谈,不究义理;只凭臆想,不顾理性"。③ 边沁对经济动机在道德上的正当性的论证在理论和实践上有其合理之处,这些合理之处为后来的思想家所肯定,并被继承。马克思说:"人们奋斗所争取的一切,都同他们的利益有关。"④他还认为:"'思想'一旦离开'利益',就一定会使自己出丑。"⑤这是对边沁功利主义中合理成分的肯定和继承。

在中国改革开放的实践中,经济动机的道德正当性问题曾引起过较大的争论。邓小平

① 《邓小平文选》第 3 卷,人民出版社 1993 年版,第 372 页。

② 《马克思恩格斯全集》第 1 卷,人民出版社 1960 年版,第 483、484 页。

③ 周辅成编:《西方伦理学名著选辑》下卷,商务印书馆 1987 年版,第 211 页。

④ 《马克思恩格斯全集》第 1 卷,人民出版社 1960 年版,第 82 页。

⑤ 《马克思恩格斯全集》第 2 卷,人民出版社 1960 年版,第 103 页。

高举革命的功利主义旗帜,坚持物质利益的原则,反对只讲牺牲精神的唯心主义。他在集体主义的基础上肯定了经济动机在道德上的正当性,以按劳分配、多劳多得的原则调动劳动者的积极性,极大地推动了中国经济的发展。随着社会主义市场经济的建立和发展,经济利益呈现出多样化的状态,经济动机在道德上的正当性问题成为社会普遍关注的问题。面对社会现实的挑战,经济伦理学必须对此在理论上作出科学的分析,给予经济活动和经济动机以恰当的评价。在这方面有两个重要课题:一是经济动机的正当性限度问题。道德对经济主体追求自身利益增值的经济动机的肯定不是无限度的,如何划清正当和非正当的界限?二是经济动机带来的道德和人际关系上的负面效应问题。在肯定利益驱动作用,发展经济的同时,如何避免人的精神价值的失落、人际关系的疏离?经济伦理学必须科学地运用有关功利的理论,研究和解决这些课题。

其次,功利主义提出了经济行为的道德规范问题。边沁、穆勒的功利主义以"求最大多数人的最大幸福"为最高原则,他们将公共利益归结为个人利益的"合成",并以此为基础,将公共善作为最高的道德原则。他们试图回答,在经济活动中,人们出自个人的经济动机的行为何以能纳入道德的轨道,使个人利益的追求同反映公共利益的普遍的道德原则相协调。边沁、穆勒认为,用"最大多数人的最大幸福"的道德原则来规范人们在经济活动中的行为是可能的,因为公共利益是由个人利益合成的,同时也是可行的。因此可以建立一整套道德制裁的理论。穆勒提出了用法律的、行政的、舆论的手段作为外在的制裁,同时通过教育等方法培育道德良心,形成内在制裁机制,使人们在经济活动中恪守道德规范。

为了保证经济活动的有序进行,必须确立相应的行为规范。例如,在市场交易中讲究信用,尊重当事人的权益等等。经济活动内在地需要伦理原则规范人们的行为,指导人们应该做什么和不应该做什么。而这种需要由于实践与理论的发展,变得更迫切了。在实践中,经济丑闻的不断出现,使越来越多的人呼吁社会必须加强规范企业的经济行为,而在经济理论中,制度主义学派认为,人们的经济动机,即主流经济学家所重视的"偏好"是在伦理反省中形成的,也是在社会的行为之间形成的。为使经济正常发展,必须用伦理来规范"偏好"。许多学者从宏观上论证,信任和道德所导致的社会整合有助于降低"交易成本",因而有助于经济的发展,而从企业角度分析,企业内部的团结和忠诚无疑推动了企业的经济发展。从这些论证和分析中不难看出,学者们对经济行为的道德规范所内含的伦理前提依然是功利主义的伦理原则。

再次,功利主义对经济制度作了道德辩护。英国著名经济学家罗宾逊夫人指出:"任何一种经济制度都需要一套规则,需要一套意识形态来为它们辩护,并且需要一种个人的良知促使他们去努力实行这些规则。"换言之,任何经济制度都需要道德辩护,特别是一种新的经济制度在产生和发展过程中,只有在伦理上得到了辩护,使社会成员认同其合理性和正当性,才能在现实生活中真正运行。英国古典政治经济学家亚当·斯密在阐述自由放任的市场经济理论的时候,力图证明在分工和市场的条件下,依靠"看不见的手"的作用,单个的私人的活动变成了公益的活动。边沁的功利主义主张社会利益"合成说",即社会利益就是"组成社会之所有单个成员的利益之总和",增进了个人利益、个人幸福,也就是增进了社会利益、社会幸福。显而易见,边沁的这一理论为自由放任的市场经济作了明确的伦理辩护。

功利主义的这种伦理辩护是将"效率"作为一种经济体制在伦理上的合理性的根据,与经济发展的内在要求相吻合。它在近几百年来产生了广泛的影响，不但是西方主流经济学的伦理前提，而且成为经济决策的一个主要的理论依据。但近几十年来，功利主义的效率论受到了各种批评。这些批评集中到一点就是功利主义基于效率论的伦理辩护，漠视甚至取消了公正的原则。西方功利主义的代表人物穆勒在《功用主义》中断言："（社会和分配的公正）已包含在功用原理，即最大幸福原理的本义内。"[①]但理论和实践昭示人们，功利原则、效率原则并不必然包含公正原则。片面地追求效率，不可避免地会产生社会的两极分化，违背人类的公正原则。经济不是社会的全部内容，作为一个理想的社会，不仅应该是高效率的，而且应该是符合公正原则的，是为绝大多数人谋利益的。只讲效率原则，不讲公正原则，事实上是用经济学代替了伦理学，经济伦理学也就不复存在了。20 世纪 70 年代以后，罗尔斯的《正义论》从功利主义的对立面——道义论的立场出发，对功利主义提出了责难，并提出了自己的分配正义的理论，在国际上产生了巨大的影响。尽管罗尔斯的观点与功利主义是从两种不同的价值前提出发的，但他的责难值得深思。

第二节　道义论与经济伦理学

　　道义论，又称"义务论"，主要指人的行为必须遵照某种道德原则或某种正当性去行动的伦理学说。与功利论相反，它强调道德义务和责任的神圣性和履行义务和责任的重要性，强调人们的道德动机和义务心在道德评价中的地位和作用。西方的神诫论和康德的伦理学都属于道义论的范畴，中国的儒家学说具有明显的道义论倾向。作为完整理论形态的道义论，首推康德的伦理学说。因此，在阐述道义论时，必须着重对康德义务论伦理学进行分析。

一、道义论的形成、发展和主要理论形态

　　义务作为一个道德范畴，往往同使命、职责、职分具有同等的意义。在西方伦理学史上，宗教神学把义务说成是上帝意志规定的，履行义务就是服从上帝。例如，著名的"摩西十诫"是上帝对摩西的启示，然后通过摩西向教民们宣传教规和道德戒律。教民们遵循"摩西十诫"，就是履行道德义务，服从上帝的意旨。柏拉图认为"每一个不同等级的人，应该根据上天所赋予的智慧和德性而做他们应当做的事"，中世纪的神学家正是根据柏拉图的这一义务观，建立了神诫论。

　　宗教神学从上帝那儿寻找义务的起源，而康德认为义务来源于先验的善良意志，是善良意志发出的命令，义务根源于人的内在理性。理性是康德义务论伦理学赖以建立的基础。在他看来，人固然是有感性欲望的动物，但人和动物的区别却不在于感性欲望，而在于理性。人的意志之所以是自由的，就在于它的本质是理性的。他说："人类，就其属于感性世界而言，乃是一个有所需求的存在者，并且在这个范围内，他的理性对于感性就总有一种不能推卸的使命，那就是要考虑感性方面的利益，并且为谋求今生的幸福和来生的幸福（如果可能

---

① ［英］穆勒：《功用主义》，唐钺译，商务印书馆 1957 年版，第 66 页。

的话)而为自己立下一些实践的准则。"①康德的这个实践的准则的作用就是限制和统治感性,但他又认为,人绝不能把理性用作满足感性需要的一种工具,否则,人"不能把他的价值提高在纯粹畜类之上"。② 理性还有一个较高的用途,"那就是,它不但也要考察本身为善或为恶的东西(只有不受任何感性利益所影响的纯粹理性才能判断这一层),而且还要把这种善恶评价同祸福考虑完全分离开,而把前者作为后者的最高条件"。③ 这样,康德把道德的根据和价值标准从主体外部转移到主体内部,从感性方面转移到理性方面,建立了以义务为中心的伦理学说。为此,他提出了三个命题:

"命题一:行为要有道德价值,一定要为义务而行。……

命题二:来自义务的行为,其所以有道德的价值,不是由于它所欲求的目的,而是由于决定这个行为的准则。……

命题三:由上述二命题引申,义务是一种尊重法则,而且必须照此而行的行为。"④

康德区分了行为的合法性和道德性,并从中提出只有"为义务而行",才具有道德价值。他认为,如果人们的行为仅仅是出于个人利益或个人爱好甚至天然感情,而外在方面及其结果符合道德法则要求的,那么这一行为就有合法性,但不一定具有道德性。只有当动机是为义务而义务的时候,这种行为才具有道德性。他说:"对于任何一种合于法则并不是为了法则的行为,我们能够说,它只在条文上合乎道德的善,而在精神上(意向)则不相合。"⑤例如,一个商人不卖高价,童叟无欺,并不是为了"义务",而只是为了自己的长远利益,尽管行为是合法的,符合"义务"或与"义务"相一致的,但这并非道德。又如,保存生命是一种义务,但同时也是一种自然需要,大多数人爱惜生命只是后者,所以并无道德意义。但如痛苦和灾难使人生成为负担,却仍然坚强地活下来,决不自杀,这就是为"义务"而不只是符合"义务"而生存,从而便有道德价值了。

康德是一个彻头彻尾的唯动机论者。他认为,义务是从"善良意志"发出的"绝对命令",它的要求并不涉及行动的内容及其后果,而只涉及产生行动的动机。在他看来,只要人们具备善良意志,有了良好的行为动机,即使没有任何效果的行为也是善的。例如,一个人看到小孩掉入水中,他只要是有意去救孩子,不管最终是否将小孩救了起来,他的行为都具有绝对善的价值。相反,如果一个人动机并不善良,那么,即使他的行为产生了一些客观上的效果,也绝不能说这行为就是好的。

康德的这种"为义务而义务"的动机论与边沁、穆勒的功利主义效果论是截然对立的。康德把他的形式道德的原则(或曰道德律令)称为"绝对命令"。这种"绝对命令"对任何有理性者都适用,任何有感性血肉存在的人都必须无条件、强制性地服从。而经验论幸福主义的道德原则被康德称为是以人的利益、幸福为基础的有条件的、相对的"假言命令"。

他认为,道德价值与人们的感性经验、现实利益毫无关系,因为感性经验,不管是哪种幸福、快乐、愿望,"低级的"也好,"高级的"也好,是一种主观任意的东西,可以随意比较和任意

---

① [德]康德:《实践理性批判》,关文运译,商务印书馆1960年版,第62页。
② 同上注。
③ 同上注。
④ 周辅成编:《西方伦理学名著选辑》下卷,商务印书馆1987年版,第356—357页。
⑤ 康德:《实践理性批判》,关文运译,商务印书馆1960年版,第73页注。

选择,不可能有普遍必然的客观性。他写道:"各人究竟认什么才是自己幸福,那都由各人自己所独具的快乐之感和痛苦之感来定,而且甚至在同一主体方面由于他的需要也随着感情变化而参差不齐。"①总之,对幸福的欲求、理解和享受,人各不同,时各不同,可以由种种偶然的经验条件所影响和决定,根本没有也不可能有普遍必然的客观内容和共同标准,因而,把追求幸福作为普遍必然的道德律令和伦理本质没有客观的普遍有效性,是不能成立的。

康德认为,只有形式——"成为普遍立法的形式本身",才是道德律令的最高原理。"立法形式"成了道德律令本身,它舍弃了所有"实质的"道德原理所具有的这样那样的经验性质和感官内容,而排除了利益、幸福的纯粹形式的道德才能具有崇高的价值,产生巨大的精神力量。他说:"德性之所以有那样大的价值,只是因为它招来那么大的牺牲,不是因为它带来任何利益。全部仰慕之心,甚至效法这种人品的企图,都完全依据在道德原理的纯粹性上,而只有当我们把人们视作幸福成分的一切东西都排除于行为的动机以外的时候,这种纯粹性才能确凿无疑地呈现出来。由此可见,道德愈是呈现在纯粹形式下,它在人心上就愈有鼓舞力量。"②从实质上说,康德排除经验、功利的形式道德,完全是一种先验主义的道德学说。

康德的道德律令、绝对命令包含哪些内容呢? 主要有三条道德律令:

第一条:行为必须具有可普遍性。他说:"要只按照你同时认为也能成为普遍规律的准则去行动。"③换言之,就是做人人都应当做的事。如果指导行为的原则不是一切人所应当奉行的,那么这个原则就没有普遍必然性,就不是绝对命令。

第二条:行为必须以人为目的。康德说:"不论是谁在任何时候都不应把自己和他人仅仅当作工具,而应该永远看作自身就是目的。"④这就是说,世界上的一切只对人才有价值,单纯的东西离开人就没有价值。康德这里说的"目的",不是通常所说的主观的目的。因为主观目的与行为的自然倾向和欲望相联系,必然是特殊的、偶然的,不具有普遍必然性的,因而只属于更高目的的手段或工具,只具有相对价值而不具有绝对价值,而客观的目的则与之相反,它是作为有理性的存在自身,具有普遍必然性,具有绝对的价值。"人是目的"实际上是说人作为理性存在者以自身为目的。换言之,人作为感性血肉的动物,只有相对价值;但人作为理性者的存在,本身就是目的。绝对命令所要求的普遍立法,其所以可能,正在于人作为目的是一律平等的。

康德"人是目的"这一伦理学命题反映了当时德国资产阶级的反封建要求。他打出的这个纯理性的、作为目的的"人"的旗号,实质上是向封建主义要求"独立"、"自由"、"平等"的呼声。封建统治阶级草菅人命,甚至随意发动战争,残杀人民,正是把人民"仅仅当作自己欲望的工具"。当然,我们在理解"人是目的"这一命题时,不能把"手段"和"目的"割裂开来,使之对立。这不仅在实践上是有害的,而且也违背了康德的本意。在《判断力批判》一书中,康德又指出:"一切都是目的,并且一切又相互地都是手段。"⑤

第三条:意志自律。"实践意志的第三项原则,作为自己和全部普遍实践理性相协调的

---

① 康德:《实践理性批判》,关文运译,商务印书馆 1960 年版,第 24 页。

① 康德:《实践理性批判》,关文运译,商务印书馆 1960 年版,第 24 页。
② 同上书,第 158 页。
③ 康德:《道德形而上学原理》,苗力田译,上海人民出版社 1986 年版,第 72 页。
④ 同上书,第 86 页。
⑤ 转引自[德]黑格尔:《康德哲学论述》,贺麟译,商务印书馆 1962 年版,第 61 页。

最高条件，每个有理性东西的意志的观念都是普遍立法意志的观念。"①用通俗的语言表达，就是自己为自己立法。所谓"自律"，是相对"他律"而言的。"他律"是指意志由环境、幸福、良心（内在感官）、神意等决定。康德认为，意志行为服从于这些外在因素是不道德的，因为它不是法由己出的"自律"。在他看来，人不是"只知服从"的物，也不是"只知立法"的神，而是服从自己立法的主人。道德律令是绝对服从又法由己立，它以人为目的而普遍有效。这就是"意志自律"，也就是自由。自由是三条道德律令指向的中心。

黑格尔和康德都是德国古典哲学的代表人物。黑格尔一方面发挥了康德义务论的思想，强调义务是具有独立人格的道德主体所应承担的责任。履行义务不仅不会限制自由，而且会使人实现人的本质，获得他人、团体或社会的认可，从而达到一种具体的、肯定的、积极的自由。另一方面，他批判了康德义务论的思想，认为伦理学中的义务论不应包括在道德主观性的空洞原则中，应把义务与现存的关系以及人们的思想、目的、感觉和福利联系起来，"一种内在的、彻底的义务论""是现实的那些关系在它们全部范围内即在国家中的发展"。他主张义务不仅是主观的，更是客观的，不仅是抽象的，更是具体的。他从哲学上论证了整体大于部分的原理，认为"成为国家成员是单个人的最高义务"，②个人对国家"有义务接受危险和牺牲，无论生命财产方面，或是意见和一切属于日常生活的方面，以保存这种实体性的个体性，即国家的独立和主权"。③

在现代西方伦理思想史中，英国的普里查德、罗斯等伦理学家继承了以康德为代表的传统义务论的基本原则，同时对传统义务论的观点也作了某些修正，特别是罗斯提出了一种多元论的规则义务论体系。他认为，存在着若干不同类型的道德义务，这些义务既不来自功利原则，也不来自康德的绝对命令，而是来自伦理道德的许多基本原则。一般说来，义务和正当性是显见的、简明的，但在实际经验中，各种义务和正当性都是"以一种高度复杂的方式混合在一起的"。一个人遵守国家法律，部分产生于感恩的义务，部分出自遵守诺言的义务，部分是由于法律代表了一般的善。因此，对义务的特性不能简单而论，应该区别"显见义务"和"实际义务"。"显见义务"是指人们能直觉到的普通常识性的义务，它包括义务、赔偿、感恩、公正、仁慈、自我完善、勿恶七种。而"实际义务"是指人们在具体的道德情境中需要用推理才能把握的义务。罗斯认为，这两种义务特征的区别在于，"显见义务"是一种一般意义上的"总体结果性的属性"，"实际义务"代表行为的一种"部分结果性的属性"。在一般情况下，"显见义务"是正确的、有约束力的，但现实生活是复杂的，各种"显见义务"会发生冲突。在这种情况下，人们通过比较和权衡各个"显见义务"，并最终确定履行哪种义务，而被确定的义务是"实际义务"。综观上述罗斯的义务论学说不难看出，他主张的是义务论的伦理学，但他开出的七条伦理义务中，后四条几乎与功利主义无多大区别，受到了后人的质疑。

美国当代著名伦理学家罗尔斯在完善传统社会契约论的基础上，建立了以社会基本结构的正义为最高理想、以正义的合理性为基本视角的义务论伦理学。他提出了两个正义原则：第一个原则是平等自由的原则，第二个原则是机会的公正平等原则和差别原则的结合。

---

① 康德：《道德形而上学原理》，苗力田译，上海人民出版社 1986 年版，第 83 页。
② 黑格尔：《法哲学原理》，范扬、张企泰译，商务印书馆 1961 年版，第 253 页。
③ 同上书，第 340 页。

其中,第一个原则优先于第二个原则,而第二个原则中的机会公正平等原则又优先于差别原则。这两个原则的要义是平等地分配各种基本权利和义务,同时尽量平等地分配社会合作所产生的利益和负担。罗尔斯对人的责任与义务作了区分,他认为前者与社会制度有着密切的关系,而后者与社会制度没有任何必然的联系;前者的履行是有条件的,后者的履行是无条件的。责任承担者与制度之间有一种合作关系、利益分配关系,要求一个人履行一个制度的规范所确定的他的职责必须有两个条件:一是这个制度是正义的,二是一个人自愿接受这一制度的利益安排。而义务在罗尔斯那儿主要是指"自然义务",即为他人做某种好事的义务和不做坏事的义务。这些义务在任何制度下都是有效的,具有约束力,人是没有选择余地的。罗尔斯的这些观点是对西方义务论伦理学的新发展。当然,罗尔斯的正义论"并不是纯义务论的,而是义务论与目的论的选择性综合,其主旨是义务论的、原则理想式的,而其内容表达又是目的论的、现实实践性的"。①

中国古代社会是以伦理为本位的社会,它强调人与人之间伦理关系的重要性,而这种伦理关系也就是"相互间的义务关系",在这个伦理社会中,"每一个人对于其四面八方的伦理关系,各负有其相当义务;同时,其四面八方与他有伦理关系之人,亦各对他负有义务。全社会之人,不期而辗转互相连锁起来,无形中成为一种组织"。② 义务关系是一条无形的纽带,把整个社会联结起来了。中国古代社会的义务关系是建立在孟子的"五伦"的基础上,即建立在父子有亲、君臣有义、夫妇有别、长幼有序、朋友有信的基础上的。这表明,个体的义务与他所处的各种伦理关系及其在社会生活中的角色是联系在一起的,在社会生活中担任什么角色,就必须承担相应的义务。在各种义务中,儒家伦理思想强调"修身、齐家、治国、平天下",把为社会作贡献作为个体应尽的义务,这对中国几千年社会的发展产生了巨大的影响。"先天下之忧而忧,后天下之乐而乐","人生自古谁无死,留取丹心照汗青","天下兴亡,匹夫有责"……这些脍炙人口的人生格言,正是儒家伦理思想哺育的结果,反映了志士仁人在义务观上的高尚追求。当然,也毋庸讳言,中国古代社会的义务观是建立在宗法血缘等级制基础上的,"三纲五常"中渗透着封建礼教,我们必须认真分析,取其精华,去其糟粕。

二、道义论在经济伦理学的理论与实践中的重要意义

道义论与功利主义在道德价值观上是截然对立的,但在经济伦理学的理论与实践中,它们几乎具有同等重要的意义。在一个健全的社会生活中,经济活动应当实现经济合理性和伦理合理性的统一,实现效率与公正的统一。功利主义促进效率的提高,而道义论推动公正的实现。经济伦理学的研究不仅要重视功利论的作用,更要重视道义论的作用。

首先,以康德为代表的道义论,为"以人为中心"的经济伦理观点提供了理论基础。企业管理中"以人为中心"的管理理念,包括三方面的内容,即强调企业是以人为主体组成的,企业依靠人进行生产经营活动,企业为人的需要而进行生产。而以康德为代表的道义论从两个层面为其作了论证:在人与自然的关系中,应以人为中心;在人的感性生活与理性生活、物质追求与精神追求中,应强调理性生活与精神追求。

---

① 万俊人:《现代西方伦理学史》下卷,北京大学出版社 1992 年版,第 723 页。
② 梁漱溟:《中国文化要义》,学林出版社 1987 年版,第 80 页。

以康德为代表的道义论,强调"人是目的"、"人为自然立法",是思想史上的一次"哥白尼革命"。边沁以苦乐是"人类的主人"的感性主义观点作为其功利论的前提,后人曾讽刺他的功利论混淆了人与动物的区别,是"猪的哲学"。而康德认为人是理性的动物,不能以因果律作为道德价值判断的根据,突出了人的主体性。在企业管理中,突出人的主体能动性,强调"以人为中心"是时代的潮流。随着新的工业革命的到来,机器将在越来越大的范围里代替人工,电脑也将代替一部分人脑的功能,但是设计、使用、维修机器及电脑的仍然是人。因此,在机器管理、电脑管理的背后是人的管理,只有抓住了人的管理,才能搞好机器、电脑的管理。企业在市场经济活动中的竞争,其实质是科技竞争,而科技竞争又是围绕人才问题展开的。国际经济学家在分析 21 世纪市场经济模式的角逐时,认为在未来的经济格局中,人力相对优势将取代传统的经济发展优势。绿色革命与材料科学革命的兴起已降低了经济发展过程中自然资源的重要性,今后只有掌握技术和拥有人才才是真正的优势。企业管理必须以人为中心,调动人的积极性,发挥人的聪明才智,才能增强企业的竞争实力。企业只有关心人、尊重人、理解人,才能使员工产生信任感、成就感、舒畅感、温暖感,从而增强企业的凝聚力。

功利论以利益作为激励个体经济活力的手段,但在企业管理中,物质激励与精神激励是相辅相成的。因为人的需求是多方面的,不仅有生存、享受等物质生活条件的需求,而且有事业感、荣誉感、自尊感、自我实现的精神生活的需求。康德的道义论完全排斥功利,失之偏颇,但其强调理想生活和精神追求的价值却有着深刻的理论价值和现实意义。调动经济活动个体的积极性,不仅要用物质的手段,还要用道德的手段,用理想教育、指导、示范、激励人们,以帮助人们形成良好的精神状态。从企业层面分析,企业内部人际关系的协调需要有共同的目标和高尚的境界,理想精神对于创造良好的企业文化,增强企业的凝聚力的作用是不可低估的。反之,一个企业人心涣散,理想精神失落,必然会影响企业的团结,从而对企业的发展产生不利的影响。

其次,康德为代表的道义论,强调"人是目的",要尊重人,这对于经济伦理学的理论与实践有着重要意义。"人是目的"是康德道德律令的重要内容,从中必然引申出不能把人仅仅当作工具和尊重人是一条基本原则的结论。在现实的经济活动中,企业的管理者和被管理者或雇主和雇员的关系,不仅是经济关系,而且是伦理关系。企业的管理者或雇主要尊重员工的人格,这是企业伦理的基本要求。把员工仅仅当作实现经济效益的工具,甚至不顾最起码的人道原则,侵犯他们基本的人身权利,是道义论所坚决反对的。例如,有些企业主为了获得超额的经济效益不惜随意延长劳动时间,不惜令工人在有毒、有害的环境里工作。有些企业主甚至以"防盗"为借口,将窗户全部用铁条焊得像动物园的铁笼子一样坚固,大部分厂门也被封死,而一旦发生火警,可怜的打工仔、打工妹只能在上天无路、入地无门的绝境中葬身火海。随着科学技术的发展,尊重人的原则也遇到了新的课题,面临着更为复杂的情况。例如,如何尊重员工的隐私权? 用现代电子技术监控员工在工作中的一举一动,是否侵犯了员工的人身权利? 未经许可,管理者或雇主是否有权阅读员工的电子邮件? 尽管内容不尽相同,但"怎样在企业关系中体现出对人的尊重"是企业伦理和企业管理在任何一个时期都不可回避的问题。从以上分析可看出,这个问题的焦点常常集中在如何界定员工的权利上。员工作为人力资源,与某种资金、土地、机器一起构成了生产要素,但员工是人,不同于资金、土地、机器等物质产品及其转化形态,主体的人有其基本的权利与义务。员工基本的权利与义务的实现又离不开一定的经济组织,这样,经济伦理学就必须研究如下问题:"用什么方法才能解决职业需要和人的其他义务之间的矛盾?道德原则对个人的要求又怎样体现?怎样让个人在大型组织中既能保持他或她的道德尊严,同时又不会造成某种无政府状态,使得组织人心涣散、效率低下呢?"①这里,就必须强调角色道德,而国外有的学者甚至把角色道德作为经济伦理学理论大厦的基石。从"人是目的"、尊重人、员工的权利与义务到角色道德,循着这一思路,我们可以清晰地了解道义论的"人是目的"的观点在经济伦理学中的意义。

再次,康德为代表的道义论,强调道德自律,这对于经济伦理学的理论与实践也有着重要意义。"自律"是康德哲学的专用术语,与"他律"相对。它要求道德主体按照自己的善良意志行事,而不受外在利益的影响和约束。尽管这种道德自律有着浓厚的理想主义色彩,但它在经济活动中的作用不可低估。从社会层面分析,中国正在建立和完善社会主义市场经济制度,一批批法律条文和经济政策相继出台,为规范企业和个人的经济活动提供了基本的框架。但法律规范不可能调节经济生活的所有方面和过程,它的制定和完善也需要一个过程。法律规范体系属于"他律"的范畴,而道德规范属于"自律"的范畴,只有两者相结合,才能使社会主义市场经济健康、有序地运转。从企业层面分析,市场经济条件下的企业要"自主经营,自负盈亏",同时也要"自我约束"。"自我约束"的实质是"自律"。有些企业重视自律,在企业经营活动中注意建立自身良好的信誉和道德形象,因而获得了持久的发展。而也有些企业忽视自律,败坏了企业的信誉和形象,虽然能获得暂时的发展,最终只能自食苦果。从个体层面分析,良好的职业态度和精神需要道德自律的支持,企业管理的规章制度只有转化为员工内在的、自觉的需求,才能更好地得以贯彻执行。

第三节　美德论与经济伦理学

美德论与功利论、道义论一样,都是道德理论的重要组成部分。功利论、道义论着眼于行为或原则的善恶上,而美德论则着眼于那些履行行为的、具有动机的、遵循原则的行为者,即道德主体。我们判断行为主体的道德价值,不仅要对他是否履行义务或他的行为是否产生了善的效果作出判断,而且要对他的"意愿性"作出判断。例如,行为主体作出了正确的道德选择,并履行了义务,并不必然地说明他是具有美德的。也许尽义务的人蔑视这个义务,并在不情愿的情况下履行他的道德责任。这也就是说,功利论、道义论不能取代美德论。功利论、道义论解决我们应该做什么的问题,美德论解决我们应该成为什么样的人的问题。美德论在道德理论中占有重要一席,是应有之义。美德论最重要的代表人物是古希腊的亚里士多德,而当代英美著名哲学家麦金泰尔阐述了亚里士多德美德论在现代生活条件下的意义,在国际上产生了重要影响。

---

① [美]约瑟夫·P·德马科等编:《现代世界伦理学新趋向》,石毓彬等译,中国青年出版社1990年版,第215页。

一、美德论的形成、发展和主要理论形态

在亚里士多德的伦理学中，"美德"也称为"德性"，但往往是指德性中的善德和善行。亚里士多德认为，美德分为两类：一类是理智的美德，是以知识、智慧的形式表现出来的；另一类是道德的美德，是以制约情感和欲望的习惯表现出来的。在亚里士多德看来，知识、理智是美德的必要条件，但不是唯一的条件，还必须有实际的训练，养成道德习惯，从而全面地形成美德。他说："行为的原因（不是指最后的原因，而是指致使的原因），是意志或审慎的选择，这种选择的原因，是欲望和我们对于所求的目的一切合理概念，因此，选择须有理性和思维的训练，也须有习性的趋向，因为正当和不正当的行为，若没有理智和道德的性格二者的结合，必都是不可能的。"①善行是理智的美德和道德的美德的结合。亚里士多德举例说，勇敢是一种美德，但具有勇敢知识的人就永远不会感到恐惧吗？他认为，勇敢的知识是必要的，但是勇敢的美德和勇敢的知识毕竟不是一回事。一个人要形成勇敢的美德，不仅要有勇敢的知识或理智，还必须在实践中反复训练，养成克服恐惧感的习惯。

亚里士多德在美德的形成问题上，强调实践的训练和习惯，这在西方伦理思想史上有着重要的影响。他所说的"实践的训练和习惯"是在社会生活中进行的。他提出："人如果离世绝俗，就无法实现善行，勇敢、节制、正义、明哲诸善德实际上就包含在社会的公务和城邦的活动中。"②他认为美德的形成和技艺的获得是一样的，从事建筑而变成建筑师，实行节制和勇敢而变为节制的、勇敢的人。在行为和习惯的训练中，亚里士多德还具体研究了语言、举止的道德要求问题，并提醒人们注意小节。因为小恶积集，遂成大恶，不仅改变了一个人的品性，而且危害国家。

亚里士多德强调训练和习惯的美德理论还有着深刻的哲学理论的支持。亚里士多德的老师柏拉图认为，在一切具体事物和行为活动之上，存在一种作为终极原因和目的的"善"的理念，即至善。它是唯一真实的，与现实生活格格不入的。而亚里士多德反对这一观点，他从现实的实际生活出发，主张一切具体的行动和职业活动，都是在追求某种目的，是在实现某种具体的善。至善是由各个具体的善积累而成，并且是在现实生活中通过德性的活动达到的。在具体的善和一般的善之间、在现实生活和道德理想之间，没有不可逾越的鸿沟。通过道德践行，可以由此达彼，成为善人。这样，亚里士多德为其美德理论作了深刻的哲学论证。

亚里士多德的美德论或曰德性论在 20 世纪的现代社会有了新的续篇。当代英美著名哲学家麦金泰尔在其名作《德性之后》中，面对当代西方的道德危机，站在亚里士多德德性论的立场上，对西方以功利和权利为中心的现代西方道德生活作了尖锐的批评，并在亚里士多德德性论的基础上，提出了他的德性论。

首先，麦金泰尔从"实践"概念入手，阐明了其德性概念的内涵。在他看来，人们在实践中所获的利益有内在利益和外在利益的区分。所谓外在利益就是在一定的社会条件下，人们通过任何一种形式的实践（并非某种特定实践）可获得的权势、地位或金钱。所谓内在利

---

① 周辅成编：《西方伦理学名著选辑》上卷，商务印书馆 1964 年版，第 311—312 页。
② ［古希腊］亚里士多德：《政治学》，吴寿彭译，商务印书馆 1965 年版，第 345 页。

益,是在追求某种实践活动本身的卓越的过程中获得的利益,它是某种实践本身内在具有的利益,一旦离开了这种实践,就无法获得。麦金泰尔以中世纪优秀的肖像画画家的例子加以说明。在绘画生活中,这些画家一方面可以得到外在利益,即名声、地位和权势,另一方面可以获得两种内在利益,即产品的卓越和在追求卓越的过程中艺术家所发现的一种生活的意义。

麦金泰尔以内在利益为关键词,将德性界定为"是一种获得性人类品质,这种德性的拥有和践行,使我们能够获得实践的内在利益,缺乏这种德性,就无从获得这些利益"。[①] 从这个定义可看出,在麦金泰尔那儿,实践和德性有着不可分割的联系。德性是实践的必要成分,没有德性,实践就不可能维持下去;没有德性,实践只是获得外在利益的"诡计"而已。他否定在西方社会有着广泛影响的富兰克林的功利主义德性观,并把现代大多数人的实践活动看作是并不能获得内在利益的活动。他从传统意义上对资本主义生产进行了深刻的批判,认为现代化的资本主义生产把人作为工具,劳动者无法在劳动中获得内在利益。

其次,麦金泰尔认为德性是与个人生活的整体联系在一起的,是人生的精神支柱。一个人的德性应当在不同的场合中表现出来,一个人德性的整体是从他的生活整体特征中体现出来的。现代社会已将个人生活分割成不同碎片,在不同的生活片段有不同的道德要求。自我已被消解成一系列角色扮演的分离的领域,生活整体的德性已没有践行的余地。然而,从人生的历程分析,作为整体的善仍然有其价值。作为精神支柱,它"使我们能够克服我们所遭遇的伤害、危险、诱惑和涣散,从而在对相关类型的善的追求中支撑我们,并且还将把不断增长的自我认识和对善的认识充实我们"。[②]

再次,麦金泰尔认为德性与传统是双向关系。一方面,德性是建构传统的要素。个人与历史的关联是通过传统实现的,而这种把历史关联条件提供给个人和维持实践传统的是德性。在这个意义上,麦金泰尔把德性看成是建构传统的要素。另一方面,传统是建构德性的要素。德性是在历史发展过程中形成的,它的大量内容是传统的积淀。德性与传统的双向关系表明,传统的维持就是德性的维持,而德性的维持也就是传统的维持。现代社会出现道德危机,根本原因是由于历史的变迁而拒斥了亚里士多德的德性传统。要解决道德危机,不能不重视亚里士多德的德性传统在现代生活中的价值。

二、美德论在经济伦理学的理论与实践中的重要意义

美德论着眼于道德主体的品行,把人的道德素质放在研究的中心位置,这在经济伦理学的理论与实践中有重要意义。它主要表现在:

首先,美德论强调道德的践行,把主体对善的追求与具体经济工作联系起来了,使它在经济活动中有很强的操作性。美德论所说的善是一般与特殊、具体与抽象相统一的善。在亚里士多德看来,各种技艺活动的目的就是生产各种物品,它的善就是生产各种物品。主体对善的追求,是落实在具体活动中的。从事经济活动的人们,努力做好本职工作,追求具体的善,才能达到至善。在现代经济活动中,经济组织内部分工日益精细,各个岗位的员工承

---

① [英]麦金泰尔:《德性之后》,龚群等译,中国社会科学出版社1995年版,第241页。
② 同上书,第277页。

担着不同的职责和任务。立足于本职工作的努力，才能使经济活动良性循环。美德论对于激发经济组织中员工的敬业精神，提高他们的职业道德素质，从而推动经济的发展有着重要意义。

其次，美德论追求卓越，是激励经济发展的伦理动力。美德论有着浓厚的理想主义色彩，它从"内在利益"上调动人的积极性，具有"外在利益"不可替代的优点。中国在从传统的计划经济转向社会主义市场经济的过程中，用"外在利益"调动经济活动主体的积极性，曾经起过重要作用，但随着实践的发展，用"外在利益"作为激励的唯一手段，日益显示出其弊端。要将"外在利益"的激励与"内在利益"的激励结合起来，将物质手段与精神手段结合起来，才能更持久地调动人的积极性，推动经济的发展。市场经济需要卓越的产品，而卓越的产品是由人设计、生产出来的，只有不断追求卓越的人才可能不断生产出卓越的产品。卓越产品的设计和生产也许在短期内并不会给设计者和生产者带来物质利益，但追求卓越的理想主义精神是他们的伦理动力。

再次，美德论对于提高当代中国企业经营管理者的素质有着重要意义。中国有众多的企业经营管理者，但其中高素质的却不多，这与中国经济的发展是不相适应的。作为优秀的企业经营管理者，不仅要有经济决策能力、管理能力，而且要有良好的道德素质。这事关企业的道德形象和企业的发展，甚至社会的风气和市场经济的健康发展。美德论着眼于从整体意义上提高人的素质，这对于中国建立高素质的企业经营管理者的队伍有重要的理论意义和实践意义。

第二章　经济制度伦理

经济制度伦理学是 19 世纪下半叶在经济制度的争议中发展起来的一个经济伦理研究的重要领域。它致力于探讨经济制度本身所蕴含的伦理问题，诸如经济制度所体现的道德追求、道德原则、道德价值判断以及对这一经济制度是否正当、是否合理的伦理评价等。经济伦理学通常将这一层次的研究归于宏观经济伦理研究。

第一节　经济制度及其伦理功能

一、何谓"制度"

在探讨经济制度伦理之前，我们需对"经济制度"这一范畴作一说明。

（一）国外制度理论关于制度定义的代表性观点

大致说来，比较有影响的制度理论对制度的界定有以下几种代表性观点：

第一种观点，把制度理解为一种公理化的"习俗"或"思想习惯"。美国制度经济学的先驱，曾任芝加哥大学和斯坦福大学教授的经济学家托马斯丹·本德·凡勃伦认为："制度实质上就是个人或社会对有关的某些关系或某些作用的一般思想习惯，而生活方式所由构成的是，在某一时期或社会发展的某一阶段通行的制度的综合，因此从心理学的方面来说，可以概括地把它说成是一种流行的精神态度或一种流行的生活理论……说到底，可以归结为性格上的一种流行的类型。"[①]

第二种观点，把制度解释为"集体行动"，这是美国著名的制度经济学家康芒斯在他的名著《制度经济学》中提出的观点。他认为："如果我们要找出一种普遍的原则，适用于所谓属于制度的行为，我们可以把制度解释为'集体行动控制个体行动'。"[②]他认为"集体行动"有两种基本形式：一是组织起来的集体所从事的交易活动，一是个体行动者之间所形成的互动过程。二者都对个体行为起着控制作用。这两种观点的共同之处在于它们都是老制度经济

---

① ［美］凡勃伦：《有闲阶级论：关于制度的经济研究》，李华夏译，中央编译出版社 2012 年版，第 139 页。
② ［美］康芒斯：《制度经济学（上）》，于树生译，商务印书馆 1962 年版，第 89—90 页。

学对制度本质的独特界定,都强调了风俗、习惯、精神态度等因素在制度中的作用。

第三种观点,把制度看作一种规则或规范。西方新制度主义经济学家对制度的解释基本持此观点。其中,以诺思的解释最具代表性。他认为:"制度是一系列被制定出来的规则、守法程序和行为的道德伦理规范。它旨在约束追求主体福利或效用最大化的个人利益行为。""制度提供了人类相互影响的框架,它们建立了构成一个社会,或更确切地说一种经济秩序的合作与竞争关系。"①

这一观点把对个人行为是否规范看作是制度的核心内容,在一定的意义上将制度视为一种社会规则。新制度经济学派 T·W·舒尔茨将制度定义为管束人们行为的一系列规则。他在《制度和人的经济价值不断提高》中将制度分为以下四类:(1)用于降低交易费用的制度,如货币、期货市场等;(2)用于影响生产要素的所有者之间配置风险的制度,如合约、公司、保险等;(3)用于提供职能组织与个人收入流之间联系的制度,如财产、激励等;(4)用于确立公共产品和服务的生产与分配的框架的制度,如学校、高速公路等。

新制度经济学派的观点显然已接近制度的本质,但脱离具体物质生产关系,将经济制度视为脱离生产力发展水平的人为规定是它们的共同特点。

与这类观点雷同的是社会学对制度的解释。众所周知,世界名著《新教伦理与资本主义精神》的作者马克斯·韦伯是位著名的社会学家,也是位经济学家。他认为:"一个规范团体行为的制度,应该叫做行政管理制度。一个规范其他社会行为并保障给行为者们提供通过这种规范所开创的机会的制度,应该叫做调节制度。"②在这里,规范性是制度的本质属性,但马克斯·韦伯也没有说明规范从何而来,以及规范的依据是什么。

(二)马克思主义制度理论科学揭示了制度的本质

马克思主义认为,对制度本质的理解,既不能从所谓人类精神的一般发展来理解,也不能从人的决断能力来理解,而要从它根源于物质的生活关系来理解。制度不仅仅是人的观念、意志、思维、要求的表现,而且是社会生产方式的反映,这一点,马克思、恩格斯说得很清楚:"整个社会的分工都是按照一定的规则进行的。这些规则是由哪个立法者确定的吗? 不是。它们最初来自物质生产条件,只是过了很久以后才上升为法律。"③"国家,政治制度是从属的东西,而市民社会,经济关系的领域是决定性的因素。"④这种具有契约形式的(不管这种契约是不是用法律形式固定下来)法权关系,是一种反映经济关系的意志关系。这种法权关系或意志关系的内容是由这种经济关系本身决定的。由此可见,马克思主义把经济范畴归结为由生产发展的一定水平决定的物质内容与反映一定经济关系的社会形式组成的统一体,"它要求在分析任何一个经济范畴时,自始至终地区分开它的物质内容和社会形式"。⑤ 经济制度范畴也不例外。因而马克思主义认为,经济制度可以区分为经济制度和经

① [美]道格拉斯·C·诺思:《经济史中的结构与变迁》,陈郁等译,上海三联书店、上海人民出版社1994年版,第225—226页。
② [德]马克斯·韦伯:《经济与社会(上)》,阎克文译,商务印书馆1997年版,第80页。
③ 《马克思恩格斯选集》第1卷,人民出版社1995年版,第163页。
④ 《马克思恩格斯选集》第4卷,人民出版社1995年版,第251页。
⑤ 颜鹏飞:《马克思主义经济学史》,武汉大学出版社1995年版,第36页。

济体制两大层次。经济制度即社会基本经济结构,它由三方面构成,即生产资料的所有制形式,各种不同社会集团在生产中的地位以及它们的相互关系,包括相互交换其活动或产品的关系和产品的分配形式。经济制度从本质上讲是所有制的各种不同形式。所有权(或者说控股权)决定着决策权和经营权,因而决定着生产、分配和消费权。

经济制度伦理,就研究对象而言,它所涉及的不是对个人的道德要求或道德评价,而是对经济制度或经济体制的道德评价,它所探究的是一定经济制度或经济体制的道德性问题。虽然,长期以来,我们可以从各种政治经济学的著作和伦理学著作中,看到人们对资本主义所作的道德批判和对社会主义所作的道德肯定,但是,从伦理层面看,这些或贬或褒,都还未上升到"制度伦理学"的高度,关于制度的道德研究,不能不说仍是个有待进一步开拓的领域。虽然在社会主义精神文明建设中我们在大力提倡社会公德,但细究起来,社会公德所提出的仍是对个人的道德要求,仍属于"个人道德"的范畴,而不属于"制度道德"这个层面,这在理论上不能不说是个缺陷。人,作为社会人,是在制度中生活的,如果制度结构不合理,甚至不道德,那么个人的道德行为就不可能有多大的社会作用,而只能作为独善其身的手段。反之,如果制度结构合理,富有道德精神,那么,即使某些人有不道德行为,社会的道德抗体也会对其有力抑制。所以,制度道德成为了伦理学研究的一个重要方面,经济伦理学也不例外。

制度伦理的具体研究内容是什么?它与适用于个体的伦理究竟有什么不同呢?概言之,经济制度伦理的研究内容主要包含三个层面:一是从既定的经济制度的本质规定和运作机制中透析出其体现的道德价值和道德规范。如马克思在比较市场经济体制与自然经济体制时认为,市场经济体制蕴含着"自由"、"平等"、"所有权"和"边沁(功利主义)"等伦理特征,这就是说,一定的经济制度内隐含着一定的道德观念与道德原则。二是用一定的尺度作标准,对一种经济制度作伦理评判。如邓小平曾说,制度问题是带根本性、全局性、稳定性的问题,制度好可以使坏人无法任意横行,制度不好可以使好人无法充分做好事,甚至会走向反面。他说社会主义制度总比弱肉强食、损人利己的资本主义制度好得多。这里讲的"好"与"不好",就是对制度所作的道德评价。三是探讨制度本身所蕴含的伦理追求和道德价值理想。如社会主义制度的最终目的是为了促进人的全面发展,因此,人的全面发展就构成了它的伦理追求和终极价值目标。

制度伦理是一种与个体伦理相区别的伦理道德体系。它与个体伦理的区别在于:第一,制度伦理与个体伦理的道德载体不同。前者依附于制度而存在,它是由制度内一系列分配权利和义务的原则所构成,并通过一系列的政策、法规和条例等制度环节表现出来,而后者则依附于个人或个人间的关系而存在,通过一系列成文的或未成文的有关人的行为规范而表现出来。第二,制度伦理与个体伦理的评价尺度不同。正如美国著名的现代伦理学家罗尔斯所说:"适用于制度的原则决不能和适用于个人及其在特殊环境中的行为的原则混淆起来。"[1]如果说评价个人的道德尺度是仁爱(仁慈、博爱),那么评价制度的道德尺度是公正。"正义是社会制度的首要价值,就像真理是思想体系的首要价值"[2]一样。比如,我们批判资

① [美]约翰·罗尔斯:《正义论》,何怀宏等译,中国社会科学出版社1988年版,第50页。
② 同上书,第1页。

本主义制度,颂扬社会主义制度,在道德评价的尺度上,主要并不是着眼于资本家个人的贪婪性,而着眼于资本雇佣劳动制度、资本的剥削体制的不公正性与不合理性。正是这个不公正、不合理的资本雇佣制度造成劳动异化,颠倒了劳动在整个社会生产过程中的"主体地位",摒弃了劳动者的主体性和自主性,破坏了体现劳动与财富分配的公正性。反之,社会主义制度则废除了雇佣劳动制度,确立了劳动者的主体性和自主性,推行按劳分配制度,从而体现了体制的公正性和道德进步性。第三,制度伦理与个体伦理在现代社会中的伦理功能不同。制度伦理侧重于从制度方面解决社会经济生活中的伦理问题,个体伦理则侧重于从个体方面解决社会经济生活中的伦理问题。如大家关注的腐败问题,除腐败者个人负有道德责任与法律责任外,从社会层面看,主要是由制度缺陷所造成,惩治的关键不仅在于个体道德教育,还在于健全制度。正如习近平总书记所说,要把权力关进制度的笼子里。

二、经济制度的特点

从马克思主义的制度理论看来,经济制度具有以下特点:

(一) 经济制度具有历史性

由于经济制度产生于一定的社会的物质生产方式,为一定的社会生产力水平所制约,因此,历史性是经济制度的一大特点,在不同的社会形态中,经济制度具有不同的内容,它会随着社会物质生产方式和生产力的变化而变化。正因为制度的历史性,决定了制度是有生命周期的,它的存在与否取决于经济发展的客观规律。人为地延长一种经济制度的寿命或者说催化某一制度的诞生都是违背客观规律的,都将受到惩罚。例如,对一个已经过时的不切实际的经济制度,采用消极态度去保留它,那就会丧失许多制度改革的机会,同时也会因其不适合新的经济态势而引发社会矛盾,导致社会动荡。

(二) 经济制度具有可选择性

制度的可选择性主要指在特定的社会发展阶段或特定的社会经济关系下,同时可以有不止一种的经济制度具有现实可能性。其中何种可能性转化为现实,主要取决于社会主体对经济制度的选择。同为资本主义,有美国模式、英国模式、德国模式,还有日本模式与韩国模式等。人们总是从自身的历史文化背景、自然、地理环境及自身当下的生活实践的需要等多种因素出发,来建构自己的制度框架。这种制度的可选择性,也是制度可设计性的理论基础。西方制度经济学派大多持制度设计的观点。他们甚至认为制度的形成本来就是由精英设计出来的。诺思对此十分明确地宣称:"制度是为人类设计的,构造着政治、经济和社会相互关系的一系列约束。是人类设计出来的形塑人们互动行为的一系列约束。"[1]但这种制度设计论观点忘记了制度可选择的范围是一个由数种现实可能性组成的可能性空间,这一可能性空间是由经济必然性所决定的,具有客观性。人不能离开了客观现实的制约而天马行空般进行制度设计。

---

① 〔美〕道格拉斯·C·诺思:《制度、制度变迁与经济绩效》,杭行译,上海三联书店1964年版,第64页。

（三）经济制度具有可改造性

这是从以上两点必然得出的结论。某一制度的内涵并不是僵死的，而是可以随社会发展与人的理性能力的发展增加或减少的。至于如何增减和增减多少，则在很大程度上取决于客观社会历史条件与人的主观能动性。总之，制度如何改造，往往取决于决定制度选择权的人的利益趋向和价值取向，不同利益的取舍，践行不同的价值取向，往往是制度改造者的原动力。

三、制度的伦理功能

可以从法学、伦理学、政治学等不同视角，考察制度的伦理功能。在经济伦理看来，制度的伦理功能主要表现为以下四大方面：

（一）经济制度具有规范功能

规范性是制度的最基本的功能。它体现了社会生产力状况和社会组织功能的秩序性、规范性。制度的这种规范性要求具有两个层面：一是就个体人而言，经济制度是保障经济人合法经营的重要前提的基础；二是就社会关系而言，经济制度是社会经济共同体和社会有机体之经济正常运行的基石。制度为人的自由与发展设定了一个既定的历史平台和框架，特定历史阶段人的自由和发展不可避免地要打上制度安排的烙印。制度把人的经济自由限定在规定的空间内，经济自由是以这种限制为前提的。制度伦理不仅告诉人们可以自由地做什么，同时也告诉人们禁止做什么和如何做什么。这里有两层含义：一是在规范限制下的自由是一定范围内的自由，因此，这是一种相对自由与具体自由；二是超出规定范围的自由，制度将予以制止。

（二）制度伦理可提高制度效率，并可降低制度创新的社会成本

一般说来，求利是每个投身于市场经济之海的人的基本天性，也是其投身经济活动的基本动机。因此，经济学不必担心每一个经济行为主体参与竞争的动力，而只须关注如何营造让每一个求利者能够自由参与并尽可能展开公平竞争的市场机制。也就是说，人们不必担心每一个游戏者参与游戏的动机和动力，只须关心如何建立一套公正的游戏规则。这也是现代新制度经济学和博弈论所特别强调的。而公正的游戏规则的建立，有赖于制度伦理的作用，制度伦理将对之提供必要的社会规范的限制。一个富于道德性的合理公正的经济制度，将大大提高制度效率。正如诚实守信之于交易行为，勤俭之于资本积累，团队精神之于企业的组织和发展一样，符合道德的制度不但会减少交易成本，而且还会大大降低额外交易成本的发生率。同样，制度伦理还是制度创新的内在变量，它也可以降低制度创新的社会成本，促使制度创新顺利完成。因为它是一种节省行政成本、交易成本的方法，个人用它来和外界协调，并靠它提供一种世界观，使决策过程简单化。所以，诺思说："一个社会的健全的伦理道德准则是使社会稳定、经济制度富有活力的粘合剂。"[①]虽然人们还不能精确地计算出一个有道德的合理公正的制度能给市场经济增加什么，但至少可以证明这样的制度能给市场

---

① ［美］道格拉斯·C·诺思：《制度、制度变迁与经济绩效》，杭行译，上海三联书店1964年版，第64页。

经济活动减少什么——减少了不必要的人际摩擦和程序损耗,这样就可以降低市场的"交易成本"或"额外交易成本"。制度伦理的这种"减少效应",实际就是对经济增长的"推动效应"。

(三)制度伦理是确保社会"分配正义"的"第三种调节"方式,可以促进和完善社会的公平分配

"分配正义"是社会正义的核心内容之一,制度伦理通过限制经济活动中潜在的缺陷和可能的风险,从制度上规范人们的经济行为和经济活动,使其起点尽可能公平,经济活动的各类成本尽可能合理,最终实现真正合理高效的经济目标,并使分配的正义得以实现。对市场经济的道德审察和伦理批判总是必要的,而制度伦理就是规范社会基本经济活动的基本手段之一。现代市场经济被公认是制度化、秩序化和普世化(全球化)的经济,制度伦理通过这种规范活动,起着政治和法律的调节手段不可替代的第三种调节的作用。

(四)制度伦理是引领现代经济生活秩序的主导力量

制度伦理是一种与传统的以修养论道德为特征的单向义务型关系有质的区别的、符合市场经济内在要求和发展趋势的新型伦理。在由传统的自然经济社会和计划经济社会向现代市场经济社会转换的过程中,原来的生活方式的相对稳定与生活空间相对狭窄的状况,已让位于由社会生活空间的高度开放性和生活秩序的高度流动性造成的"陌生人社会"。在这种历史条件下,传统的以个人行为为直接评价和约束对象的个人伦理其维持社会生活秩序的主导规范的地位就让位于以全体社会成员为评价和约束对象的、对所有成员"一视同仁"的新型伦理,即制度伦理。这种非个体、非情感化的制度伦理是整合、引领现代经济生活秩序的主导力量。这一主导作用,是通过否定性作用和肯定性作用两个方面实现的。所谓否定性作用,是制度伦理首先要否定那些源于自然经济、小生产方式和血缘宗法关系基础上的陈旧的依附性道德。因为人们"不再生活在一个义务以身份为基础的社会里,而是进入了一个义务以契约为基础,而且一般又以与没有家庭关系的人的市场关系为基础的社会。……为兑换以货币来表示的契约,劳动与物品方面的诚实服务甚至必须给予完全陌生的人"。[①]应该说,在这一层次上,制度伦理的否定作用对市场经济的发展而言,同时亦具有肯定性质。所谓肯定性作用,是指体现市场经济本身内在要求和发展趋势的制度伦理,对市场经济所需的道德秩序加以肯定和引导,诸如在制度上使欺诈者必自欺,无信者必自损,守信者必得益,通过制度大力肯定公正、平等、诚实、守信的经济伦理原则。应该说,这种肯定同时包含对不完善的市场行为和市场规则的否定。制度伦理成为引领人们遵守现代经济生活秩序的主导力量。

第二节　制度伦理的评价尺度

当代经济伦理学家科斯洛夫斯基在其伦理学名著《资本主义的伦理学》一书中指出:"事

---

① [英]W·阿瑟·刘易斯:《经济增长理论》,周师铭等译,上海人民出版社1994年版,第179页。

实上经济不是脱离'道德的',经济不仅受经济规律的支配,而且也是由人来决定的,在人的意志和选择里总有一个由期望、标准、观点以及道德想象所组成的合唱在起作用。"①这说明,经济制度背后总是由道德原则作支撑的,经济效率总是与一定形式的目的论与效果论联系在一起的。公正或正义原则,作为一般伦理学的核心范畴,正是被视为关于个人行为和社会制度的目的论与效果论的基本原则,因而它必然加入"合唱",使经济制度和道德尺度联系在一起,使其自身成为制度伦理的评价尺度。

一、经济伦理的公正概念

"公平"或"公正"是个古老的范畴,自古以来一直是思想家思考的对象。古希腊学者亚里士多德是最早从经济着眼思考公平的学者。他的思考既明智又直观:"公正就是比例,不公正就是违反了比例,出现了多或少。"②"例如拥有量多的付税多,拥有量少的付税少,这就是比例;又如劳作多的所得多,劳作少的所得少,这也是比例。""公正就是在非自觉交往中的所得与损失的中庸,交往以前和交往以后所得相等。""不正义正是在于不平等——因为一个人打了另一个人,这个人被那个人打了,或者一个人杀人而另一个人被杀,受害与行为是以不平等的份额分配的,而法官的努力在于以刑罚的手段,从攻击者那里拿走他们攫取的某种东西,使他们恢复平等。"亚里士多德的追随者又进一步把公正归结为:"(1)同样地(平等地)对待在有关方面相同(平等)的人;(2)不同地(不平等地)对待在有关方面不同(不平等)的人,这种不平等对待与他们之间的差别性(不平等性)成比例。"③这就是所谓"公平形式原则(一般原则、总原则)"。从上述亚里士多德的论述中可以看出:公平是一种分配原则或裁判原则。"公平是比例","是所得与损失的中庸"。这就是说,公平最一般的涵义是等利或等害相交换,那么不公平就是不等利不等害的相交换。在上述例子中,"付税"是等利交换,而法官动用刑罚,则是原告与被告之间的等害交换。"给同样的人以同样的待遇,给不同的人以不同的待遇","善有善报、恶有恶报",这就是公平。正如古希腊思想史专家、法国人罗斑所指出:"在古希腊思想中,企图把人类生活及其行为的律令,加以整理并做成普遍适用的概念的那种努力,……我们可以在《荷马史诗》和赫西俄德的作品中找到。……所谓公正,就是确切而适当的法度、均衡和正直,是与粗鄙的情欲、欺骗及统治的野心相对立的。"④

自从马克思主义产生之后,马克思、恩格斯以历史唯物主义的眼光,对公平概念作了新的阐释,使这一概念不仅从"比例"关系中合乎逻辑地推导出来,而且从实践着的现实的社会关系中引申出来。恩格斯说:"公平则始终只是现存经济关系的或者反映其保守方面,或者反映其革命方面的观念化的神圣化的表现。"⑤在马克思主义者看来,公平是对人们之间的社会关系的度量,它是从社会经济关系中引申出来的,表示一种社会关系具有某种利害相等的性质。尽管公平观念就其最一般的意义而言,是指等利、等害相交换的行为,但对于何为利、何为害的理解,在不同的经济关系中,人们的理解也是不同的:"希腊人和罗马人的公平

① [德]P·科斯洛夫斯基:《资本主义的伦理学》,王彤译,中国社会科学出版社1996年版,第3页。
② [古希腊]亚里士多德:《亚里士多德全集》,苗力田译,中国人民大学出版社1992年版,第101页、第279页。
③ [美]彼彻姆:《哲学的伦理学》,雷克勒等译,中国社会科学出版社1990年版,第336页。
④ [法]罗斑:《古希腊思想和科学的起源》,陈修斋译,商务印书馆1965年版,第23页。
⑤ 《马克思恩格斯选集》第3卷,人民出版社1995年版,第212页。

认为奴隶制度是公平的;1789年资产者的公平要求废除封建制度,因为据说它不公平。在普鲁士的容克看来,甚至可怜的专区法也是对永恒公平的破坏。所以,关于永恒公平的观念不仅因时因地而变,甚至也因人而异。"①由此可见,在马克思主义经典作家看来,公平概念不是抽象的,而是具体的,不是一成不变的,而是发展变化的。经济领域的公平反映了社会生活中人们的利益关系和利益格局,反映了人们对权利和义务、地位和作用、行为和意志之间某种相适应的和谐关系,与人们的行为取向和经济活动是息息相关的,这是马克思主义关于公平的一般看法。公平(公正概念)在经济学领域的运用,主要指社会分配领域的公平合理性,更具体地说,是指社会经济利益的公平分配问题。社会的经济利益有广义和狭义之分。从广义看,它涵盖各种社会资源的配置,这包括财富的分配、声望的获得、权力和权利的占有、教育机会、职业选择,乃至人本身的生存方式;从狭义看,它主要是指经济生活中物质资源、物质财富的分配问题。因此,经济学领域的公平(公正)范畴,既是对社会资源分配状况所作的一种道德评价,又是调节人们之间的社会关系包括财富分配关系的一种伦理规范,使不同的利益主体在社会交往活动中能按双方都能接受的规则和标准来采取行动和处理他们之间的关系。

但是,最新的经济学研究又对上述的公平(公正)范畴提出了质疑。有的学者认为,人们不能把公平的理解狭隘地局限于经济利益,甚至是经济收入的分配范围,公正的真正含义应该是机会平等。只有通过健全的制度安排,给每一个人提供平等的参与机会,使他们获得参与竞争的公平起点,才算是真正的公正。因此,一些经济学家认为,所谓公正,与其说是利益或收入的公平分配,不如说是机会的公平分配更恰当一些。这一看法突破了从收入分配或消费品分配范围来理解公正的传统性认识,深化了对"公正"范畴的认识。因为如果把对"公正"的理解局限于经济利益或经济收入的分配,极易导致平均分配。而收入分配方面的平均主义不仅违反了市场经济的基本规律,导致市场经济的无效率,而且在道德上也是不公正的。其理由在于:从经济学的角度看,收入是一种市场分配的结果。每个参与市场竞争的人,由他(她)作为生产要素的供应者向市场所提供的有效生产要素的质与量来决定自己所获得的收益,因此,这种收益具有某种原始的正义性或客观性,具有一种"应得"的性质。而分配上的平均主义则会剥夺他们创造劳动的部分成果,并将这些成果给那些逊于他们的人,这将助长人们的"利益均沾"心理与剽窃心理,使充满竞争和活力的经济市场变成一潭死水。但机会均等是不是公正概念的全部含义呢?答案也是否定的。其一,在大多数经济学家看来,机会均等只能规定起点的公平,它无法解释经济过程和结果的公平问题。其二,从严格的意义上说,机会均等属于权利的范畴。而作为伦理学范畴的公正,其根本性质应是社会道义论的,其基本含义首先应指社会权利与义务的公平分配与安排。其三,无论作为经济学概念还是作为伦理学概念,公正问题都不能不涉及物质利益的分配问题,关键不在于涉及收入分配的问题,而在于以何种原则来考察、衡量和实行分配。

二、罗尔斯与诺齐克的社会公正模式

在现代制度伦理中,以罗尔斯为代表的公正道义论与以诺齐克为代表的权利资格论是

---

① 《马克思恩格斯文集》第3卷,人民出版社2009年版,第323页。

经济伦理学

两种极具典型性的社会制度公正模式。

1971 年,美国哈佛大学教授约翰·罗尔斯出版了他的巨著《正义论》。此书一经发表,立即引发了一场关于社会制度"正义"的大辩论。罗尔斯的主要对手是他在哈佛大学的同事罗伯特·诺齐克。这场辩论持续时间之长、影响面之广以及产生的学术文献之多,在西方伦理学史上也是罕见的。到 20 世纪 80 年代,一大批思想家脱颖而出,他们在反对以罗尔斯和诺齐克为代表的新自由主义的过程中,又形成了以麦金泰尔为代表的社团主义。对罗尔斯与诺齐克等人的理论的了解,有助于我们深化和发展对经济制度伦理关于"公正"范畴的理解。

罗尔斯的"正义"的主题和对象是社会的基本结构。在罗尔斯看来,人们不同的生活前景受到一个社会政治体制和一般的社会条件、经济条件的严重影响和制约,也受到人们在出生伊始即具有的不平等的社会地位和天赋的深刻而久远的影响。而且,恰恰这种对人一生影响最大的不平等是个人无法自我选择的。这些最初的不平等就应是制度伦理的"正义"原则所应用的最初对象。"正义"原则就是要通过调节社会制度来处理和解决这种出发点方面的不平等,一个社会要尽量排除自然、历史方面的因素对人们生活前景的影响。这样,罗尔斯就企图确立一种指导社会基本结构设计的根本道德原则——正义原则。罗尔斯认为,正义原则"提供了共享社会基本结构中的各种权利和义务的方式,并规定了社会合作的利益与职责的适当分配"。① 罗尔斯在比较了历史上几种主要社会制度类型(如"天赋贵族制"、"天赋自由制"以及"自由平等制"和"民主平等制")以后,通过概括以洛克、卢梭、康德为代表的契约论,提出了他自己的社会正义原则。这一原则最终表述如下:

"第一个原则"

每个人对与所有人所拥有的最广泛平等的基本自由体系相容的类似自由体系都应有一种平等的权利。

"第二个原则"

社会和经济的不平等应该这样安排,使它们:

(1) 在与正义的储存原则一致的情况下,适合于最少受惠者的最大利益;

(2) 依系于在机会公平平等的条件下职务和地位向所有人开放。

第一个优先原则(自由的优先性)

两个正义原则应以词典式次序排列,因此,自由只能为了自由的缘故而被限制。这有两种情况:

(1) 一种不够广泛的自由必须加强所有人分享的完整自由体系;

(2) 一种不够平等的自由必须可以为那些拥有较少自由的公民所接受。

第二个优先原则(正义对效率和福利的优先)

第二个正义原则以一种词典式次序优先于效率原则和最大限度追求利益总额的原则;公平的机会优先于差别原则。这有两种情况:

(1) 一种机会的不平等必须扩展那些机会较少者的机会;

---

① [美]约翰·罗尔斯:《正义论》,何怀宏等译,中国社会科学出版社 1988 年版,第 2—3 页。

（2）一种过高的储存率必须最终减轻承受这一重负的人们的负担。①

从上述基本内容中，可以看到以"词典式"排列的两个原则表明了二者在优先性方面的差异，而两个优先原则又确立了"自由的优先性"，和在此之下的正义对效率和福利的优先性。接受优先性原则支配的上述两个正义原则所体现的一般社会正义观念，可以理解为："所有的社会基本善——自由和机会、收入和财富及自尊的基础——都应被平等地分配，除非对其中一些或所有这些社会基本善的一种不平等分配有利于最不利者。"②

值得说明的是，在罗尔斯的理论中，这些原则是实现公正的社会制度安排或分配的先决前提，而人们按这些原则缔约合作并不是一种实际的历史行为，而是在假定的"原初状态"中选择的结果，是许多"有理性的"、"相互冷淡的个人"在"无知之幕"背后的选择。以罗尔斯的逻辑，上述两个正义原则将是人们自由选择的必然结果。所谓"原初状态"与"无知之幕"是罗尔斯为说明这种选择的必然性而作的假设。以罗尔斯的解释，处于"原初状态"的人是一些自由、平等的、有理性的而相互冷淡的人，他们置身于中等匮乏的社会，并且站在"无知之幕"背后，就是说每个人都不知道自己今后会怎样，对自己的具体命运无法知晓，因为每个人都不了解自己将有何种自然禀赋和心理气质、何种出身背景、何种社会机遇，而仅仅知道社会、经济的一般事实，当这些人为自己的切身利益而从各种可能的原则中进行选择时，罗尔斯以符合人之常情的直觉判断和推理为依据，认为必然会选择他所提出的两个正义原则。推理之一，在于处于原初地位的有理性的选择者，不会去选择那些可能的却不可接受的后果或难于坚持的原则，而选择罗尔斯的两个正义原则，人们不仅可以保护自己的基本权利，而且可以避免最坏的结果，即避免在自己生命的旅程中不得不"为了别人能享受到最大利益而默认对自己自由的损害"。推理之二，在于人们都有维持自尊的需要，自尊对于维系社会合作的稳定性也极为重要。当人们选择罗尔斯的两个原则，就可以使"每个人的利益都被包括在一个互利的结构之中，这等于通过制度公开地肯定了每个人的努力，对人们努力的公开肯定将支持着人们的自尊。推理之三，在于社会的稳定性需要足够的支持力量才能得以维系，选择罗尔斯的两个原则，就能保障人们的自由，因为它能得到社会的公开承认并唤起人们按照它去行动的正义感，从而具有足够强大的支持力量。罗尔斯通过上述推理，说明了处于对自己未来一无所知的"原初地位"的人们，都会选择他的原则，以此证明这一理论的正确性与合理性。诉诸共同的正义感及理论和人们直觉道德判断的一致性，是罗尔斯的方法的特点。但罗尔斯正义理论的最重要之处不是它的方法，而是它的实质内容，即两个正义原则的全部含义。

罗尔斯这一体现公正道义论的制度模式一提出，即遭到了他的同事诺齐克的质疑，针对罗尔斯理论以假设为前提，诺齐克的批判分为基础性批判和实践性批判两个层面。从基础性批判看，诺齐克认为"原初状态"和"无知之幕"的假设违反了常识。实际上，任何东西一旦来到世上，就已经与人们对它的拥有权联系在一起了。而罗尔斯却错误地假定所有的物品在来到世上之初是没有被占有的，而只是等待以某种正义观念为基础对其加以分配。从实践性批判看，诺齐克认为以罗尔斯所设想的两个正义原则所建立的那种类型国家，将不断干

① ［美］约翰·罗尔斯：《正义论》，何怀宏等译，中国社会科学出版社 1988 年版，第 292 页。
② 同上注。

经济伦理学

涉个人事务。因为"最少受惠者的最大利益"的设想,将为了结构的正义而必然会要求一些人被剥夺一定比例的财产,以保证不至于产生一些不利于结构正义理想的结果,即保证不至于产生一些触犯差别原则的结果。针对罗尔斯,诺齐克提出了以权利资格论为特色的体现社会公正的制度模式。诺齐克通过对国家、国家权力的起源、作用和限度等问题的合法性的证明,把洛克等人"天赋人权"的假设转换为"人权资格"的证明。在诺齐克眼中,国家或社会都不具备"实体存在"的特性,因而没有也不该有任何超越个人目的之外的所谓普遍目的或整体利益,它们存在的全部意义只在于其作为保护个人权利或资格的基本条件或工具意义。这即是诺齐克的所谓"最低限度国家"或"超低限度国家"。这种个人资格的天赋价值与国家或社会的低限度地位决定了社会正义或公正的根本价值标准只能是个人资格和权利的合法保护与充分自由。为此,国家必须采用"补偿原则"和"行为禁止原则"来履行其对个人资格的保护。强调权利资格是诺齐克公正模式的核心,诺齐克认为个人权利高于一切。在分配问题上,他认为仍然是权利问题,即个人权利的分配问题。这种分配的公正与否,并不在于对市场结果的再分配,而在于人们获取和实现其权利的资格是否正当合法。如果人们获取权利与权益的资格是正当合法的,那么任何剥夺或限制其权利的做法就是不正义的。他说,分配问题归根结底是财产的占有资格问题,为此,他指出财产占有正义的基本论题有三:

第一是"财产的原始获取,即对尚未拥有的物质的挪用"。与之相应的规范便是"获取的正义原则"。第二是"财产的转移",它涉及人际自愿交换、捐献、馈赠,或与之相反的巧取豪夺、欺诈拐骗等财产或财富的转移形式。与这一过程相应的正义要求是"转让的正义原则"。第三是"对财产占有不正义的校正",它主要指纠正财产占有转移中的不正义状况,特别是因历史原因所造成的不公正的占有状况,这就需要有关不正义占有状况的充分事实根据和准确信息,以作出公正的判断;并使用合法的校正原则,即所谓"校正的正义"。在这三个论题和与之相应的原则中,前两个更为基本,它们甚至在某种意义上规定了第三个论题及其正义原则。诺齐克宣称:"下列的归纳定义就将完全包括持有正义的领域。1.一个人按照获取的正义原则获得持有物,他对那个持有物是有权利的。2.一个人按照转让的正义原则从另一个对持有物有权利的人那里获得持有物,他对那个持有物是有权利的。3.除非是通过对1和2的(重复)应用,无人对一个持有物拥有权利。"[1]诺齐克总结道:"财产占有的正义理论之一般纲要是:如果一个人按照获取正义原则和转让正义原则,或按照不正义之校正原则(由前两个原则指定)而有资格占有这些财产,那么整个占有格局(分配)就是正义的。"[2]由此可见,在诺齐克那里,社会分配正义与否,并不像罗尔斯主张的那样,在于该分配是否符合某种正义原则,而在于它是否以个人占有财产的权利或资格为基本准绳。他认为,只有按权利或资格进行分配才是唯一合法因而也是正义的分配。诺齐克认为罗尔斯模式化的正义原则系统,既不考虑社会财富的来源,也不考虑个人获取和拥有其财产资格的历史原因,甚至把这些有关个人的信息当成社会成员达成原则体系时必须预先搁置或遮盖起来的东西(如"无知之幕"与"原初地位"的设置),不仅抹杀了个人之间的差异事实,而且还因其平等主义的普遍诉求,必定会侵犯甚至牺牲个人的基本权利。

---

① [英]乔纳森·沃尔夫:《诺齐克》,王天成等译,黑龙江人民出版社1999年版,第126页。
② Robert Nozick:*Anarehy*,*State and Utopia*,New York:Basic books,1974,P59。

罗尔斯与诺齐克两人所提出的社会正义模式是针锋相对的,关键之争是平等对权利。罗尔斯认为正义总是意味着平等,从而不平等是应该而且能够加以纠正的。诺齐克则主张正义与平等无关,正义在于资格与权利,而不平等不等于不正义。对于罗尔斯,作为平等的正义是首要的,至于"最少受惠者"如何会处于"最少受惠"的状态,这无关紧要。相反,对于诺齐克,坚持个人权利是首要的,至于不平等的社会文化条件和自然天赋如何再生产了不平等,这与权利无涉。由此可见,这两人作为现代资产阶级伦理学家,虽然在关于"两个正义原则"与关于财产占有、转让、校正的三个原则的阐述中,不乏真知灼见,但他们都不可能触及造成"不公正"的社会根源:私有制。而"马克思主义所了解的平等,并不是个人需要和日常生活方面的平均,而是阶级的消灭。这就是说:(甲)在推翻和剥夺资本家以后,一切劳动者都平等地摆脱剥削而得到解放;(乙)在生产资料转归全社会公有后,对于大家都平等地废除生产资料私有制;(丙)大家都有按各人能力劳动的平等义务,一切劳动者都有按劳取酬的平等权利"。① 虽然罗尔斯正义原则中的机会均等思想是对传统的等级秩序和人身依附关系以及各种"特权"的彻底否定,但对于一个在贫困线上挣扎的成年公民,哪怕再有才智,也是无力竞争议员席位的。诺齐克关于财产的三个正义原则,虽然是对各种超经济强制性掠夺的否定,但其"拥有的正义",就可有不同的解释。究竟资本家拥有工人创造的剩余价值是正义行为还是工人向资本家夺回这部分劳动成果是正义行为,不同的阶级自然有不同的解释。正如邓小平所指出:"资本主义无论如何不能摆脱百万富翁的超级利润,不能摆脱剥削和掠夺,不能摆脱经济危机,不能形成共同的理想和道德,不能避免各种极端严重的犯罪、堕落、绝望。"②

三、社会整体发展中的公平与效率

德国著名的经济伦理学家科斯洛夫斯基说:"我们不想生活在一个'公正的'社会中,在这个社会里什么也买不到;我们也不想生活在一个'有效率的'、'富裕的'社会里,这个社会把它的金钱用于道德上受到指责的目的。"③因此,对公正与效率关系的探讨是研究制度伦理的重要内容。

何谓效率?《辞海》对效率的定义是:"效率指消耗的劳动量与获得的劳动效果的比率。"在经济学领域,效率是一个出现频率极高的关键词。经济学主要在两种意义上使用效率,一是指经济效率,一是指生产效率,前者是指经济资源的有效利用程度,后者是指单位时间里的投入产出之比,也就是要用尽可能低的成本,生产出尽可能多的产品。如果将之再抽象化,效率也可以被理解为人的活动与其所实现的目的之比。

公平和效率的关系在历史的长河中表现为复杂的状况。从社会整体发展而言,其既有统一的方面,又有矛盾的方面。从社会整体发展的角度看,公平与效率是统一的。因为人们从现实生活中尤其是从物质生产实践中抽取他们的公平观,其目的不是为别的,而是为他们所代表的或是存于其中的社会生产方式服务,是为了使这种生产方式能创造出更高的劳动

① 《斯大林全集》第 13 卷,人民出版社 1956 年版,第 304 页。
② 《邓小平文选》第 2 卷,人民出版社 1994 年版,第 167 页。
③ [德]P·科斯洛夫斯基:《资本主义的伦理学》,王彤译,中国社会科学出版社 1996 年版,第 52 页。

生产率，也就是说，是为了提高效率。这一公平与效率的统一，也是由历史唯物主义关于社会存在决定社会意识、经济基础决定上层建筑原理所阐明的。随着人类社会由野蛮向文明的演进，随着文艺复兴以来人道主义思想的传播，以及法制社会的逐步建立，社会公平的领域在扩大，社会不公平的领域在缩小。但是，人们不能不看到，建立在私有制生产方式基础上的社会，由于其存在着剥削而无法克服公平与效率之间从根基上产生的内在冲突，这使其往往以社会关系形式上的平等(在等级制中，连形式上的平等都没有)掩盖实际上的不平等，这在资本主义社会表现得最为突出与典型。如果说市场经济模式(即商品经济的成熟形态)曾经是近代经济高效率的源泉的话，那么建立在资本主义私有制基础上的资本与劳动的分离，以及资本对劳动的榨取，乃是社会不公平的真正根源。社会经济生活中公平与效率的这一既对立又统一的关系，已为许多西方经济学家和经济伦理学家所认识。他们纷纷对此进行研究，著书立说，企图找到解决的办法。他们的探索虽然是认真的甚至是真诚的，但西方社会科学研究中固有的缺陷，往往限制了他们的眼界。比如他们无法摆脱对资本主义私有制的偏爱，他们往往脱离现实的生产领域和生产关系领域来思考问题，但他们的研究仍有很多可取之处。当代西方经济哲学家关于公平的研究，值得我们注意。

一是新自由主义经济学家哈耶克的观点。他强调市场效率，反对利用国民收入的再分配来人为制造平等。哈耶克认为，平等虽然是值得争取的目标，但真正的平等是机会平等，而不是收入或财产的平等。他在《法律、立法与自由》一书中写道："由特殊干预行动对自发过程中造成的分配情况的纠正，就某个原则同等地适用于每个人而言，从来不可能是公正的。"①所以，他反对利用国民收入的再分配来人为地制造平等，他认为这样做是一种更大的不平等，因为它通过国民收入再分配把一部分人的收入和财产分给另一部分社会成员，这不仅会损害效率，而且还会影响人们的劳动积极性，进一步造成效率的损失。所以，哈耶克主张国家就是要运用立法手段创造自由竞争的条件，保证机会平等，从而保证效率。显然哈耶克是主张效率第一的，他的理论甚至他的口气都活生生地再现了一个资本主义市场经济中成功者的心态，他是完全站在私有财产制度一边的。

二是新剑桥学派经济学家与福利经济学家们的观点。他们明确主张"公平优先"。这两个经济学派较为客观地看到了资本主义制度的某些弊病。他们认为资本主义制度的分配格局是不公正、不合理的。福利经济学家庇古认为，在资本主义制度下，所有权极其不平等造成资本收入的极其不平等，进而造成整个收入的不平等。财产和收入的不平等必然引起资源配置的失调以及经济运行机制的混乱，从而缺乏效率。很清楚，庇古认识到了分配不公将会引起效率的下降。新剑桥学派也看到了这一点，他们与哈耶克一味强调自由竞争造成效率不同，他们认识到收入分配问题并不是纯技术性的问题，而是和人与人的关系有关，收入分配直接涉及人们之间的物质利益的分割和利益冲突，在不同的经济制度下收入分配是不同的。所以，在研究方法上他们把收入分配理论和经济增长联系起来考察。在这一点上，他们比哈耶克更接近真实。新剑桥学派经济学家和福利经济学家都主张实行使收入均等化的分配政策以促进经济增长。具体做法是一方面限制垄断组织的利润，一方面提高小业主、职员和工人的收入。所以，"公平优先"是他们主张的特色。

---

① [英]哈耶克：《法律、立法与自由》，邓正来等译，中国大百科全书出版社2000年版，第146页。

三是美国经济学家阿瑟·奥肯的观点。奥肯的可贵之处是他看到了市场经济内部公平和效率之间的矛盾。他在《平等与效率——重大的权衡》一书中指出：平等是现代文明的价值观念，市场经济是一种以赏罚来鼓励人们发展生产提高效率的制度，它创造了有效率且高效率的经济。但在很多情况下，平等与效率不可兼得。一方面，市场上的胜利者将使用货币来猎取原本属于民众应该公平分享的权利，而失败者的权利和机会会受到一定程度的侵害，这就出现了不公平现象；另一方面，为了求得公平而采用的减轻经济不平等的范围和程度的经济政策，却有损于生产者的积极性，人为地干预了市场的结果，从而使整个社会在市场竞争中所产生的经济效率降低，这就出现了低效率现象。对此，奥肯提出了一个折中的方案，他指出："在有些时候，为了效率就要放弃一些平等；另一些时候，为了平等，必须牺牲一些效率。但无论哪一方作出牺牲，必须以另一方的增益为条件，或者是为了获得别的有价值的社会目的。"①奥肯采用了"交替论"的办法来处理公平与效率之间的矛盾。他提出应当在有效率的经济中促进平等，在生产领域应以效率为先，因为只有这样，才能促进社会生产率的提高，增加社会财富，而社会财富总量的增多是达到较为平等分配的前提。在生产领域之外，在分配领域内则应把平等的原则贯彻下去，通过政府功能去消除不平等。众所周知，在私有制的范围内，代表"金钱大特权"的资产阶级政府是不可能通过政府功能去真正消除不平等的，尽管这种不平等可能由于政府的福利政策而有所缓和。在生产领域完全以效率为先，不顾公平，提高效率也可能成为空想，因为不公平的分配会降低效率，不解决公平问题，在生产领域中的效率问题就可能流于空想。不过，奥肯区分生产领域与分配领域来探讨公平问题，这一对具体问题作具体分析的方法，还是可借鉴的。

　　由此可见，西方经济学家虽然各自作了自己的努力，并得出了不少合理的结论，但是囿于意识形态的局限，他们不可能超越资本主义市场经济的视阈，给予这一对矛盾以合理科学的解决。不过，他们的工作，构成了通向真理的认识之链上不可缺少的一环。

　　从我们对西方经济伦理学理论的分析中可以看出，无论是公平优先还是效率优先，都不是一种良策。因为从历史唯物主义和唯物辩证法的眼光看：公平必然导致效率，效率也必然要求并推动着公平的建立、维持和变革。在此，再一次用得上马克思主义的辩证思维，正如矛盾的斗争性离不开同一性，矛盾的同一性离不开斗争性，是同一性和斗争性相结合推动事物的发展一样，公平离不开效率，效率也离不开公平；公平引出效率，效率带动公平，公平与效率在经济发展的任一点上，都共同发生着作用，而不存在谁先谁后的问题。在解决公平方面的问题时，不忘关照效率，在解决效率方面的问题时，不忘关照公平，只有这样，才能克服公平和效率问题上的形而上学，坚持辩证思维。

　　从实践方面看，人的行为的积极性以及由这种积极性引发的人的创造性，是一切效率的源泉。但人的积极性又从何而来呢？虽然民间有"重赏之下，必有勇夫"一说，但人的积极性、创造性就其合法性和持久性而言，只能来自社会的公平机制。如前已述，公平的一般含义是等利、等害相交换，社会公平的根本问题是权利与义务的等量交换。一个公平的社会是"按照贡献分配权利，按照权利承担相应的义务"。社会越公平，每个人的贡献与获得就越一致，每个人的劳动积极性也就越高。反之，社会越不公平，每个人的贡献与获得就越背离，每

① ［美］阿瑟·奥肯：《平等与效率》，王本洲译，华夏出版社2010年版，第122页。

个人的劳动积极性就越低。这是微观水平上公平与效率的关系。从宏观水平上看,社会是由一个个的个人相联合而组成的,当社会中每个人的积极性增高时,其身上的消极因素就会被消解,正向方面的增高就会带来负向方面的减低,这边增高一分,那边就会减低一分。从社会全局看,社会公平会使社会中的消极因素总体减弱,从而使社会运作的总体效率得到提高。由此可见,公正与效率完全一致并呈正相关的变化。

从效率方面看,首先效率是推动公平发展的历史动力。物质利益原则决定着任何社会都把效率作为一种基本的追求目标。历史上每一种社会公平的建立和演变都源自效率的要求。奴隶主不杀奴隶,并非出自良心发现和同情怜悯,而是奴隶能够为他带来物质财富,从建造宫殿、陵墓,直到为他繁殖新的劳力;封建制度变奴隶为农民,也并非出自良心发现,而是这样更能调动农民的劳动积极性,减低"管理成本"而提高剥削量;资本主义雇佣劳动关系的建立,是因为这样能适应大机器生产而为资本家带来巨大的剩余价值。所以每一种较在它之前的社会相对进步的社会公平形式的出现,从根本上说,并不根源于"理性的创造"、"模式的设计",而是由效率推动使然。其次,效率为公平提供着物质基础,使一定的公平形式得以建立与维持。不论在什么制度下,没有效率,任何一种公平形式都会丧失其存在的物质基础。原始社会的公平——绝对的平均分配,是与原始生产力的极端低下、效率极低相适应的,那时个体离开集体就无法生存,只有绝对的平均分配,才能维持"种"的延续;奴隶社会的公平形式,是在生产力有了一定程度的发展,社会出现了一定数量的剩余产品——效率较原始社会有了提高,但还无法摆脱大规模集体劳动的状况下应运而生的;封建社会的公平形式,是生产力发展到使个体劳动成为可能,一家一户的自然经济得以立足——效率较奴隶社会有了提高,但风雨飘摇的小农经济仍需有所依附的状况的产物。至于资本主义社会形式上的"公平",则完全是商品生产与商品经济的需要,商品只有在摆脱了等级制与各种人身依附关系的情况下才能流通起来,只有等价交换才能使买卖公平。再次,效率也是衡量公平本身的历史尺度。我们评判一种社会制度是否公平,关键不是看它是否符合某种原则、某种主义等人为的标准,而是看它是否能激起巨大的劳动热情,带来持久的社会效益。任何社会长期低效率的背后必然是公平的丧失和破坏。

所以,以历史唯物主义的眼光看,公平和效率是内在统一的,没有公平的效率只能是超经济强制下的效率,这种效率不可能成为一种社会制度的基本支柱。虽然,社会上可能有人用种种不正当的途径提高效率,但是,任何不公平的效率都是不能长久维持的,也是现代一切合法政府所不允许的。要获得效率,唯一合法的途径和能够达到持久效果的办法是建立一个公平的社会,以调动人们的劳动积极性、创造性、工作热情和责任心。而从另一方面说,没有效率的公平只能是一种乌托邦式的公平,它虽然可以在某种特定的历史条件下激发起某种热情,但它同样不能作为一种社会制度的现实伦理基础。

第三节　社会主义市场经济的道德之维

在探讨市场经济的道德合理性之前,我们须对什么是市场经济作一了解。

一、何谓市场经济

在经济学领域,对市场经济的界定主要有两个不同的角度。一是从基本经济制度着眼解释市场经济,如美国《现代经济学词典》(由美国著名经济学家戴维·皮尔斯主编)中,对市场经济的定义是:"根据生产者、消费者、工人和生产要素所有者彼此之间自愿交换而形成价格来作出关于资源配置决策和生产决策的一种经济制度。这样一种经济的决策是分散化的,即是,独自地由这种经济中的集团和个人而不是由中央计划工作者来作出决策。""市场经济通常还是包含生产资料和个人所有权的一种制度,即市场经济是资本主义经济。"① 二是从经济运行机制的角度来定义市场经济。美国《现代经济辞典》的定义是:市场经济是"一种经济组织方式,在这种方式下,生产什么样的商品,采取什么方法生产以及生产出来以后谁得到它们等问题,都依靠供求力量来解决"。② 世界著名经济学家萨缪尔森则将市场经济定义为:"一种个人和私有企业制定关于生产和消费的主要决策的经济。价格、市场、盈利与亏损、刺激与奖励的一套制度解决了生产什么,如何生产和为谁生产的问题。"③ 尤其是萨缪尔森特别强调市场的重要性,他认为"在全世界,各个国家正在发现市场作为配置资源的一种工具的力量"。④ 他称之为这是"市场的再发现"。在以上两种不同视角的定义之中,他们都认同市场经济是以市场机制为基础、调节资源配置方式的经济组织形式。事实上,这一点也就是市场经济的本质。在党的十四大报告里,就是把社会主义市场经济定义为以市场起基础作用的资源配置方式的。在2013年11月召开的党的十八届三中全会通过的《中共中央关于全面深化改革若干重大问题的决定》中,又提出"使市场在资源配置中起决定性作用"的重大理论观点,可见,社会主义市场经济是中国特色社会主义的必由之路。

二、市场经济的一般伦理效应

人们应从什么角度、以什么尺度来评价这一已被世界各国广泛采用的经济组织形式或曰经济模式的道德合理性与道德性呢?科斯洛夫斯基认为,一种经济制度的道德性,只能从事物的本质也就是经济的职能和人的自我实现的可能性中得到论证。⑤ 确实,我们可以从市场经济的经济效率、市场分配的相对公平合理以及市场经济对人的全面发展或自我实现等方面去探究市场经济在道德上的合理性。

1. 从社会生产效率看,市场经济是人类社会迄今为止最有效率的经济模式

效率是经济学的核心范畴之一,也是衡量一种经济模式是否具有合理性的基本尺度之一。马克思在《共产党宣言》中谈到"资产阶级在它不到100年的阶级统治中所创造的生产力,比过去一切世纪所创造的生产力还要多,还要大"。⑥ 实际上他不但肯定了工业革命的成就,也肯定了资本主义市场的效率。马克思将之形容为"仿佛有魔法似的"。市场经济之

① [美]萨缪尔森等:《经济学》(上),胡代光等译,首都经济贸易大学出版社1996年版,第14页。
② 胡代光、周安军主编:《当代国外学者论市场经济》,商务印书馆1996年版,第38页。
③ [美]格林沃德主编:《现代经济辞典》,商务印书馆1981年版,第275页。
④ [美]萨缪尔森等:《经济学》(上),胡代光等译,首都经济贸易大学出版社1996年版,第3页。
⑤ [德]P·科斯洛夫斯基:《资本主义的伦理学》,王彤译,中国社会科学出版社1996年版,第6页。
⑥ [美]萨缪尔森等:《经济学》(上),胡代光等译,首都经济贸易大学出版社1996年版,第3页。

所以能有比迄今为止任何经济组织形式更高的效率,原因在于两个方面。第一方面,市场经济本身为满足经济主体自由平等的要求以及自由竞争提供了适宜的经济活动机制。"价值规律面前人人平等",这使得参与竞争的经济主体可以摆脱因政治权力、生活传统、种族性别、信仰差异等社会政治、文化因素所具有的先定束缚,使得参与其中的每个人获得通过竞争并追求其利益目标的机会,竞争使他们尽力发挥其聪明才智与创造力以追求利润和收益的最大值,这是市场经济对经济主体能力、才智、积极性最具魔力的激活作用。另一方面,市场经济通过市场机制(价格机制、供求机制和竞争机制)的协调功能,能实现资源较为有效合理的配置,从而将提高投入产出比,使社会生产要素或资源得到最佳配置和利用。当然,进入19世纪中叶以后,市场经济的高效率与现代科技的高速发展也是直接相关的。科技的发达不仅大大改善了生产工具的生产效能,降低了消耗,而且提高了生产者的各种生产能力。但市场经济本身的机制和作用,无疑是经济高效率的体制之源。从这一点看,市场经济模式确有其道德上的合理性。

2. 从实现社会公正的目标看,市场经济是人类社会迄今为止较以往经济模式离公正最近的经济模式

市场经济相对于自然经济与计划经济而言,不仅能促进资源"量"的扩张,更重要的是还能提高资源的使用效果。市场经济通过价值规律的作用达到均衡或平均化的价格体系与利润分配机制来确保市场面前人人平等。任何非经济的力量原则上都不能直接限制或改变这一市场中"看不见的手"的力量。也就是说,在市场经济条件下,生产者的生产效益(利润)、劳动者的劳动收益(工资报酬)、商品的市场价格等等,都是首先由市场来决定、分配或调节的。市场本身所具有的这一人格化特性与价值规律这一"看不见的手"的客观化力量,使得市场分配或市场调节具有原始的正义性。

特别需要指出的是:市场经济的运行机制内在地要求着平等。在商品交换的过程中,相互对立的双方仅仅是权利平等的商品所有者,占有别人的商品的手段只能是让渡自己的商品,而不能通过其他手段获取别人的商品。而让渡与诈骗、掠夺、进贡最不同的在于让渡必须是自愿的,而要做到相互自愿即愿卖愿买,则彼此必须是平等的,而且是等价交换。马克思说商品、货币是天生的平等派。所以,离开了平等的等价交换的原则,商品生产和商品交换也无从谈起。价值规律的重大意义,就在于它提示了商品等价交换之所以成为可能的秘密,即它们都凝聚着无差别的人类劳动。这一秘密被认识、被揭示,并成为"市场公平"观念的终极根源。马克思说:"价值表现的秘密,即一切劳动由于而且只是由于都是一般人类劳动而具有的等同性和同等意义,只有在人类平等概念已经成为国民的牢固的成见的时候,才能揭示出来。而这只有在这样的社会里才有可能,在那里,商品形式成为劳动产品的一般形式,从而人们彼此作为商品所有者的关系成为占统治地位的社会关系。"[①]同时,市场经济的竞争机制也内在地要求着平等(市场经济是通过竞争来实现社会资源的优化配置的,竞争是市场经济的基本特征。竞争就其实质来说,就是各经济主体为了自身的生存和发展的需要,通过市场的优胜劣汰而展开争斗和竞赛。竞争是市场经济的基本特征,也是其活力所在)。而要使竞争有效地展开,就必然要求各经济活动主体在市场竞争中处于平等地位,这就好比

---

① 《马克思恩格斯全集》第23卷,人民出版社1972年版,第74页。

体育比赛，要求竞赛者处于同一起跑线上，且竞赛规则相同。这就要求平等的法律、平等的税赋、平等的贷款、平等的利率……总之，遵循平等的竞争规则。这是市场经济中人的市场行为和经济活动的最基本的原则，因此，也是市场经济运行中最基本的经济秩序。

当然，市场经济中的平等原则与历史上其他阶段的平等原则具有不同的内涵，具有自己的历史规定性。它既不是指在人类社会初期人们共同劳动、共同占有和共同消费的那种原始粗陋的利益平等，也不是绝对平均主义所提倡的结果的平等，虽然实际执行并非完全如此，但在理论上，市场经济主张机会的平等与规则的平等。所谓机会平等，就是每一个人在市场竞争中和其他场合都享有同样的参与机会、被挑选的机会和获胜的机会，这就好像在运动场上大家都有资格参加比赛，谁也不受歧视。按罗尔斯的表述，各种职务和权力地位向所有人开放；按法国大革命时流行的一句话，即"前程为人才开放"。按西方经济哲学家米尔顿·弗里德曼的说法为："任何专制障碍都无法阻止人们达到与其才能相称的，而且其品质引导他们去谋求地位、出身、民族、肤色、信仰、性别或任何其他无关的特性都不决定对一个人开放的机会，只有他的才能决定他所得到的机会。"[①]如新自由主义经济学家、诺贝尔经济学奖获得者哈耶克所说的那样，在市场经济中，"重要的是人们在市场上应当能够自由地按照能找到的交易对手的价格进行买卖，任何人都能够应该自由生产、出售和买进任何可能生产或出售的东西，重要的是从事各种行业的机会应当在平等的条件上向一切人开放，任何人或集团企图通过公开或隐蔽的力量对此加以限制，均为法律所不许可"。[②] 这就是"机会均等"概念的实质与要义。所谓规则平等，具体讲，就是在市场经济条件下，各经济活动主体能机会均等地按照统一的市场价格取得生产要素，能够机会均等地进入市场参与各种经济竞争，能够平等地承担税赋以及其他方面的种种负担，总之，即享有平等的市场经营权。其次，市场经济的游戏规则具有客观性和普遍性，它既不因人而异也不因事而异，其规则变化只服从市场经济本身的内在需要。再次，市场的分配或市场调节虽然只涵盖交易领域，但等价交换的原则使市场价格体系只有通过市场交易活动才能确立起来。虽然它最终还是要受到政府调控、国家干预或道德调节的影响，但这些影响也只能发生在市场过程之后，而不是在此过程之前或过程之中。对于市场价格体系的形成而言，总是作为原发性的过程在前，作为反馈措施的调节在后。这是因为市场的原初分配是按各生产者向市场提供的有效生产要素的多少来进行的，不会受任何非生产因素的影响，它遵循的是一种以市场效率为客观标准的分配原则。总之，正是市场经济所具有的这一天然平等性质，使其具有了充分的道德合理性，经济公正是一般社会公正的物质前提。

3. 从实现人的发展目标看，市场经济以其特有的市场化扩张力量，极大地推动了人类社会的普遍交往和全面发展

市场经济，顾名思义，市场是其生命线。为开拓市场，市场经济的各类经济主体都会不惜工本，向一切"未开垦的处女地"进军。正是凭借市场经济的普遍化力量，人类的交往程度和交往范围才有了空前的拓展。市场随着铁路、高速公路、航路及网络的延伸扩大而延伸扩大，出现了日益广泛而深入的跨集团、跨地区、跨国界的经济贸易，形成了较为充分的人际、

① ［美］米尔顿·弗里德曼等：《自由选择——个人声明》，胡骑等译，商务印书馆1982年版，第135页。
② ［英］哈耶克：《通向奴役之路》，王明毅等译，中国社会科学出版社1997年版，第108页。

经济伦理学

群际和国际经济交换活动。这不仅加速了物质资源和经济资本的广泛流动,促进了生产、提高了效益,而且还使各地区各民族的人们能分享相互的劳动成果与科技产品。商品不仅是天生的平等派而且也是天生的科技进步与消费质量的促进派,这一由市场经济带来的经济成果在全球范围的普及化,最终必将为人类实现普世幸福创造物质前提。这一点也是市场经济的道德性的重要方面。

上述市场经济道德正当合理性的三个主要方面,还只是在某种理想化意义上说的,它并不必然变成现实。因为这里还存在一个生产资料所有制问题,在生产资料私有制的条件下,为追求超额利润而实行无节制放任主义的市场经济,不仅不会持久地创造高效率,还会因社会普通人有支付能力的消费能力下降而必然引发经济危机。市场的"分配公正"作为"第一次分配",还只是原初的、有局限性的,它并不考虑"无产者"的利益,并不能确保有资格进入市场的所有"游戏者"具有真正意义上的"起点公平"。现仅就"起点公平"作一简要分析。经济学家詹姆斯·M·布坎南指出:"'起点平等'即使作为一种理想,也不真正意味着第一个人在进入每个竞争时在所有四个因素方面(指出身、运气、努力和选择)与其他人都平等。"[①]这就是说,机会平等也掩盖着不平等,正是这些被掩盖的不平等因素,造成了人们之间收入的不平等,也即导致财富分配的不平等。具体来说,被机会平等掩盖的不平等因素,可以有以下三个方面的情况:一是天然生产条件的不平等,如自然人身体体质方面的差异、遗传天赋等造成的劳动力之间的差别,这是难以克服的。二是社会物质条件的不平等,如家庭环境、财产占有、就业条件、教育条件等等,这些经过人为的努力是可以改善和克服的。三是现实生产条件的不平等,如是在穷山恶水的自然地理环境中生产,还是在草木繁茂,自然条件优越的环境中生产,是一无所有、白手起家,还是具备了良好的继承下来的生产条件。这三种情况可以概括为起点不平等,毫无疑问,在市场竞争中,纵有机会平等和规则平等,但起点不平等,也必然导致结果的不平等。事实上,这些客观的不平等因素会被市场机制放大或缩小,正如布坎南在著作中指出的,那些选择、运气等随机因素和偶然因素会扭曲竞争的结果,因为"机会平等"、"规则平等"的市场公平原则已内在地包含着某些非劳动因素和偶然因素决定结果的合法性。这就是市场风险所在,也是市场的魅力所在。因为,在按市场公平原则实行的市场竞争中,收入分配也必然是市场化的,那就是各经济活动主体的全部收入要从市场上获得,要通过市场的平均利润率来决定产权收入,通过企业间的竞争及风险机制来决定经营收入,通过资金供需矛盾运动决定的利息率来决定资金收入,通过劳动力供需矛盾决定的平均水平以及劳动过程中劳动能量的释放程度来决定劳动者的工资收入。这就可能出现如下情形:商品生产者的个人收入分配不仅取决于生产,而且取决于交换;不仅取决于劳动者个人劳动量的支出,而且取决于市场的需要和变动。后者在收入分配中往往起支配作用。一些人占有财富份额大,但并不一定是他主观努力的结果;一些人占有财富的份额小,也不一定是他不努力的结果。这一切都是在市场原则下发生的,这使得各经济主体的贫富差异成为可能,而且这种贫富差异还将被带到下一轮竞争中去。市场经济的内在逻辑使市场公平的原则在其符合规律的运动中将会导向一个似乎事与愿违的结果:经济的不平等。这种

① 〔美〕詹姆斯·M·布坎南:《自由、市场与国家——80年代的政治经济学》,平乔新等译,上海三联书店1989年版,第190页。

状况就是在起点平等的条件下也可能发生,因为诸如决策、运气、努力、偶然因素等等的作用,都会使结果发生扭曲与变形。

三、我国社会主义市场经济的伦理实践

正是由于上述种种复杂情况的存在,中国特色社会主义实行社会主义市场经济才更有必要。社会主义市场经济由于实行以公有制为主体的混合所有制经济体制,在实践上可以对市场经济的负面效应进行较为有力的遏制。在践行制度伦理方面,中国特色社会主义的大实践已载入史册。

1. 加强制度建设,"把权力关进制度的笼子里"

在市场经济前加上"社会主义"的限制词,就是给予市场经济以社会主义的价值目标,使市场经济这一经济运行手段,真正为社会主义价值目标服务。

一般说来,当前影响事实公平的主要因素之一是政治特权,即通过政治特权的滥用来不公平地猎取公共利益,而制度漏洞及制度的不健全正是造成权力滥用的客观因素之一。加强制度建设,就是要"把权力关进制度的笼子里"。十八大之后,尤其是十八届三中全会通过的《中共中央关于全面深化改革若干重大问题的决定》(以下简称《决定》),使中国特色社会主义加快了制度建设的步伐。《决定》从坚持和完善基本经济制度、加快完善现代市场体系、加快转变政府职能、深化财税体制改革、健全城乡发展一体化体制机制、构建开放型经济新体制等几个方面对改革进行了部署。在关于坚持和完善社会主义基本制度方面,《决定》提出:必须毫不动摇巩固和发展公有制经济,坚持公有制主体地位,发挥国有经济主导作用,不断增强国有经济活力、控制力、影响力;必须毫不动摇鼓励、支持、引导非公有制经济发展,激发非公有制经济活力和创造力。为此,《决定》强调了建设和完善产权保护制度。同时,在利用社会主义制度的有利条件反腐败方面,也重拳出击,按照习近平总书记提出的反腐要坚持"苍蝇"、"老虎"一起打的原则,斩断特权参与分配,解决权贵"垄断机会"的问题,中共中央出台关于改进工作作风、密切联系群众的八项规定,在此大形势下,使社会公正得以全面践行。

一般说来,完整的社会公平价值标准由"获得公正"、"转让公正"与"校正公正"三个基本环节组成。所谓"获得公正",是指进入市场交易的财富来路"清白",市场交易后所得的财富也"清白"。"转让公正"是指交易过程的公正,即财富的交换是通过自由交易的通则进行的,其间没有欺诈与剥削。"校正公正"是指财富在第二次分配中其分配原则也是公正的。这三个层次的公正,成为一个发挥综合作用的整体,成为既在宏观领域调节因促进效率所引起的不公正的贫富差距,也在微观领域制止种种既不公正又无效率的不正当致富行为的伦理准则。

2. 坚持市场经济的社会主义性质,推动"形式公平"进一步向"事实公平"发展

按照马克思在《哥达纲领批判》中所阐释的公平观,人类真正追求的崇高境界是"事实上的平等",即把个人体力与智力的差异及个人家庭情况也考虑在内的真正的平等。针对我国改革开放三十多年来,个人之间、地区之间、城乡之间贫富差距逐渐拉大的现实情况,中国特色社会主义关于社会公正的伦理实践,已经在社会安排时把相对弱势群体的利益放在前列,以最大限度地提高其成员的福利,让更多的人分享到改革的成果。十八届三中全会的《决定》提出了必须健全体制机制,形成以工促农、以城带乡、工农互惠、城乡一体的新型工农城乡关系,让广大农民平等地参与现代化进程,共同分享现代化成果的重要战略思想,并由此

提出了一系列举措,以推进城乡从形式公平向事实公平发展。如提出赋予农民更多财产权利,保障农民集体经济组织成员权利,赋予农民对集体资产股份占有、收益、有偿退出及抵押、担保、继承权,保障农户宅基地用益物权,改革完善农村宅基地制度,探索农民增加财产性收入渠道。在推进城乡要素平等交换和公共资源均衡配置方面,《决定》提出要维护农民生产要素权益,做到"三个保障",即保障农民工同工同酬,保障农民公平分享土地增值收益,保障金融机构农村存款主要用于农业和农村,同时要求健全农业支持保护体系,允许企业和社会组织在农村兴办各类事业,统筹城乡基础设施建设和社区建设,推进城乡基本公共服务均等化。这些政策举措关注到了我国现阶段相对落后的农村地区的实际情况,这些措施的落实,将使城乡差别得到实际的事实的缩小,使全社会在事实公平方面迈进一大步。

3. 基于"差别原则",通过再分配制度提高社会公正水平

所谓"差别原则",是罗尔斯公正理论的一个重要组成部分。如前所述,罗尔斯的"差别原则"是指所有社会基本善的一种不平等分配要有利于最不利者,而在罗尔斯理论中,"最不利者是指拥有最低期望的收入阶层",即贫困弱势群体。罗尔斯用他的"差别原则"这个不平等原则作为最大的平等原则改变了原来分配正义的思路,它告诉人们,一种不平等的分配在什么情况下是正义的这一现实性维度。这对我国的伦理实践是极有启发的。改革开放以来,尤其是十七大、十八大以来,中国特色社会主义关于社会公正理论的伦理实践,正是通过再分配制度的不断改进,提高了社会公正水平。针对当前社会保障领域存在的基础养老金统筹层次低、转移接续难、人口老龄化等问题,《决定》提出,建立更加公平可持续的社会保障制度,坚持社会统筹和个人账户相结合的基本养老保险制度,完善个人账户制度,实现基础养老金全国统筹,完善社会保险关系转移接续政策,健全社会保障财政投入制度等。从目前看,用基于"差别原则"的再分配制度维护社会公平主要有三大行动。

一是通过援助性、济贫性行动,改进救济性分配。救济性再分配,主要针对特殊的困难群体,如老弱病残者、长期失业和下岗人员及特困职工等。救济性再分配是为了确保低收入群体能够正常体面地生活。这些群体如果没有政府的帮助,他们的生活将十分困难,而且,一部分人的特困,也违背了普遍受益、共同分享这一社会主义的原则。近年,随着经济形势的好转,各地各级政府对社会弱势群体普遍实施了援助性与济贫性行动。

二是通过社会福利行动改进保险性再分配。一般说来,社会福利的目标是"在某些范围内使个人和家庭相信,社会经济方面的突发事件不会对其生活水平产生破坏性的严重影响,这包括满足不断产生的需求,还包括预防首次出现的危险,并且要帮助家庭和个人在面对无法预防的损失和伤残的情况时作出最佳调整"[1]。保险性再分配以依法增加收入安全为主旨,它包括医疗保险、失业保险及养老保险等。

三是通过合理的税收行动改进公正性再分配。调节贫富差距的主要税种当前有所得税和遗产税。通过对高收入群体多征税和让低收入群体少缴税的做法,来缩小两大群体之间的差距。特别是征收优势群体的累进税和遗产税,是通用的维护社会公平的做法。从公正性再分配的视角而言,这些税收有两大作用,一是用于公益性支出,二是调节收入差距,这都有利于维护社会的和谐稳定。

---

[1] 庞永红、肖云:《再分配"逆向调节"之分配正义考量》,《伦理学研究》2013年第6期。

第三章　生　产　伦　理

　　生产活动是最基本的经济活动,是其他一切经济活动的基础,因此,生产伦理也是经济伦理的基本组成部分。迄今存在过的人的联合体,不论是自然地形成的,或者是人为地造成的,实质上都是为经济的目的服务的,但是这些目的被意识形态的附带物掩饰或遮盖了。这就是说,各个时代,不同的人的联合体,有着不同的生产伦理。本章将对此逐一作一考察。

第一节　古代生产伦理

一、中国古代生产伦理

　　中国古代的生产伦理,孕育于以孔子为代表的儒家学说所倡导的入世精神,以及"利用、厚生"、"以农为本"的经济思想之中。这些思想一方面适合于当时以农耕为主的生产力发展水平,另一方面也为造就人们勤奋耕作、不怕艰辛的生产伦理创造了可能。《论语》中,孔子在回答主张消极无为避世隐居者时说:"鸟兽不可与同群,吾非斯人之徒与而谁与? 天下有道,丘不与易也。"[①]此言的隐意是:人类总不能回到山林中与鸟兽同居,如果天下不需要改变,大自然不需要改造,已经合理了,那么人类生存在世界上还有什么意义,还有什么作为呢? 孔子责难那些隐者"欲洁其身,而乱大伦"[②],背弃了自己的社会责任。孔子反对饱食终日、无所事事,他说:"饱食终日,无所用心,难矣哉!"[③]与《论语》同样为我国古代重要文化典籍的《左传》,提出了"三事"之说,把物质生产活动作为人生大事之一。《左传》文公七年记载晋郤缺的言论说:"六府、三事,谓之九功。水、火、金、木、土、谷,谓之六府;正德、利用、厚生,谓之三事。""六府"之说是在"五行"观念的基础上强调农业生产的重要性。而"三事"之说中的"利用"、"厚生"则是指便利器用、丰富生活,讲的是物质生活。春秋时期,除了"三事"之说以外,还有"三不朽"说,即"立德、立功、立言","立功"主要指物质生产活动。《易大传·系辞

---

① 《论语·微子》。
② 《论语·微子》。
③ 《论语·阳货》。

上》载:"备物致用,立成器以为天下利。"对于物质生产的重要性,还可以在孔子"先富后教"①的思想中反映出来。这一思想日后在儒家的另一位宗师孟子那里得到了进一步的发挥。孟子在向齐宣王讲述其"仁政"思想时说:"明君制民之产,必使仰足以事父母,俯足以畜妻子,乐岁终身饱,凶年免于死亡,然后驱而之善,故民之从之也轻。"②很明白地说明了给老百姓地产以从事物质生产的重要性。这些思想,都肯定了从事物质生产的道德正当性。

中国古代以儒家为代表的生产伦理,以"生财有道"、"劳作有时"为基本规范。所谓"生财有道",是指人们的生产行为,应守各自的等级名分,不同名位身份等级只可从事与其身份相称的经济活动,重名分而抑僭越。具体表现为:

1. 认为各社会等级应严守各自的"生财"之路,视僭越等级去谋财取利为非"法"

儒家认为:"仕者不稼,田者不渔,抱关击柝,皆有常秩,不得兼利尽物。""如此则愚智同功,不相倾也。"③《论语》中记载,樊迟向孔子请教"学稼"、"学圃",被孔子斥为"小人";子贡做买卖尽管卓有成效,孔子却说他"不受命",即不听从命运的安排。儒家尤其反对食禄之君子"违于义而竞于财,大小粗吞,激转相倾",而主张为君者不可与民争业争利,为仕者不可兼利农工商业,为百姓者不可弃业游食或谋取非分之利。

2. 认为各行各业应该严格社会分工,视不同职业之间的争业竞利为非"礼"

在《周礼》中,儒家提出"以九职任万民",这九种职业是:"一曰三农,生九谷;二曰园圃,毓草木;三曰虞衡,作山泽之材;四曰薮牧,养蕃鸟兽;五曰百工,饬化八材;六曰商贾,阜通货贿;七曰嫔妇,化治丝枲;八曰臣妾,聚敛疏材;九曰闲民,无常职,转移执事。"④显然,从事九种职业的人只有在各自的职业范围内"生财"才是正当的,合乎"礼"数的,如果放弃本业而觊觎他业之利,则是为"礼"所不容,这其中尤其反对弃农经商。儒家认为,"古者事业不二,利禄不兼,然诸业不相远而贫富不相悬也"。⑤ 他们还主张把社会分工世袭化,以免人们见异思迁,相互竞业逐利。在上述九业中,儒家认为农业为生财富国足民之本业,而商业为末业,如弃农经商,以末生财,将会致使人们道德堕落,国蹶民贫,只有重本抑末,才是"生财"之正道。

3. 认为每一种职业都必须严守其职业道德,视苟且谋利为非"德"

在儒家看来,恪守职业道德的"生财"活动都具有道德合理性;反之,则就不是正当的生财之道。《礼记·王制》篇规定了共计16种物品或情况不能上市,这些物品是"圭璧金璋"、"命服命车"、"宗庙之器"、"牺牲"、"戎器"、"用器不中度"、"兵车不中度"、"布帛精粗不中数"、"幅广狭不中量"、"奸色乱正色"、"锦文珠玉成器"、"衣服饮食"、"五谷不时"、"果实不熟"、"木不中伐"、"禽兽鱼鳖不中杀"。从这些禁令中,可以看出倒卖、禁卖和出卖质量不好、缺斤少两的东西都不能说是正当的生财途径。东汉的王符则以"本末"来解释何为正当的"生财之道",他说:"夫富民者以农桑为本,以游业为末。百工者以致用为本,以巧饰为末。

① 《论语·子路》。
② 《孟子·梁惠王上》。
③ 《盐铁论·错币》。
④ 《周礼·天官·大宰》。
⑤ 《盐铁论·贫富》。

商贾者以通货为本，以鬻奇为末。三者守本离末则民富，离本守末则民贫。"①在儒家看来，农人稼穑织纴以供衣食，"市商不通无用之物，工不作无用之器"，②无论务农还是经商、做工，都须坚持正确的生财之道。

如果说"生财有道"是关于生产内容、目标方面的道德要求的话，那么"劳作有时"则是生产态度方面的道德要求。勤勉于耕织、劳作有时而反对懒惰淫佚，这是中国古代生产伦理的又一重要内容。儒家认为："动不违时，财不过用，财用不匮。"③他们主张"君子勤礼，小人尽力"，④而小人尽力要在勤勉，"民生在勤，勤则不匮"。⑤ 他们还劝告百姓"于事也，辞佚而就劳，于财也，辞多而就寡"⑥，"无以淫佚弃业"⑦。如此强调劳作有时，一是在于农业生产季节性很强，"阴阳消息，则变化有时矣。时得而治矣，时得而化矣，时失而乱矣"。⑧ 二是出于道德上的考虑，认为勤劳则善生，懒惰则恶生。在儒家看来，勤劳不仅是一种美德，而且劳苦勤勉本身还能陶冶、培养出一种"善"的高尚道德情操；相反，懒惰不仅是不道德的，甚至过于安逸的生活还会生恶。在《国语·鲁语下》中记有公父文伯之母敬姜的一段话："夫民劳则思，思则善心生；逸则淫，淫则忘善，忘善则恶心生。沃土之民不材，淫也；瘠土之民莫不向义，劳也。"因此，她主张自天子、诸侯、卿大夫及士人都应勤勉于本职业，"自庶人以下，明而动，晦而休，无日以怠"。儒家的这一劳作有时、勤勉刻苦的工作伦理，在先秦思想家那里得到了进一步的发挥。孟子曰："故天将降大任于斯人也，必先苦其心志，劳其筋骨，饿其体肤，空乏其身，行拂乱其所为，所以动心忍性，增益其所不能。"⑨他认为，像舜、管夷吾、孙叔敖和百里奚等贤人就是劳苦造就的。被梁启超誉为"思想界一线曙光"的墨子的"非命"思想，也是以鞭挞怠倦和懒惰，力倡"力"和"强"的精神斗志投身于农业生产和一切经济活动为其精髓的。《墨子·非命》篇中写道："今也农夫之所以早出暮入，强乎耕稼树艺，多聚菽粟而不敢怠倦者，何也？曰：彼以为强必富，不强必贫；强必饱，不强必饥，故不敢怠倦。"在这一点上，墨子与孟子是相通的。

中国古代这些生产伦理，直接塑造了中华民族吃苦耐劳的民族性格。要勤劳不要懒惰，成为人们世世代代相传的道德箴言，几千年来，在这一观念的指导下，人们日出而作，日落而归，勤勉地耕耘在这片华夏大地上，由此积淀出中华民族的传统美德。

二、西方生产伦理

（一）西方古代生产伦理

西方传统的伦理学说，是以古希腊的柏拉图和亚里士多德为代表的。追求智慧、勇敢、正义和节制，是其伦理精神的主要内涵。亚里士多德在《政治学》一书中指出："人如果离世

① 《潜夫论·务本》。
② 《盐铁论·本议》。
③ 《国语·鲁语上》。
④ 《左传·成公十三年》。
⑤ 《左传·宣公十二年》。
⑥ 《盐铁论·世务》。
⑦ 《说苑·说丛》。
⑧ 《说苑·辨物》。
⑨ 《孟子·告子下》。

绝俗，就无法实行其善行，勇敢、节制、正义、明哲诸善德实际上就包含在社会的公务和城邦活动中。"在他看来，社会生产实践和世俗生活离不开上述"四主德"的引导。古希腊快乐主义者、伦理学家伊壁鸠鲁对"四主德"又进行了新的阐释，他认为："智慧就是按照个人的意志选择道德行为，算计自己的利益；节制就是服从理性的支配，追求自然而必要的欲望，以达到灵与肉的统一；勇敢就是能忍受当前的痛苦以求得将来更大的发展；公正就是彼此和谐快乐，共同遵守社会契约，把社会生活过得更好。"

以"四主德"伦理精神为核心的西方古代经济伦理，其生产伦理强调人们应当遵守其身份所规定的行为规范，而把人们超出"符合身份的维持生计"以外的经济动机视为不正当的。超出身份限制的经济行为只能"在生活的康庄大道之外的旁沟暗角里搞些冒险活动"，诸如寻找金银财宝、修丹炼金、有组织地掠夺、玩弄迷信牟利等非法手段。在古代社会，生产只是奴隶与自由民的事，奴隶主自然是坐享其成的。

在中世纪的欧洲，由于商业和手工业的发展，在古代村落公社衰落的同时，从公元 9 世纪起，在自由城市与海滨等地，逐渐产生了一种新的经济组织——行会。行会是为了保护本行业利益而互相帮助、限制内外竞争、规定业务范围、保证经营稳定、解决业主困难而成立的一种组织。它具有垄断性、职业技术性、地区性、时间性等特点。行会作为一个相对独立的社会单位，它制定了自己的规章制度，其中相当一部分是行会道德准则。在生产方面的道德准则如：要求行会会员"保证产品质量、反对弄虚作假"，这一条是行会的道德义务、社会责任和职业荣誉所在。行会规定"硝皮匠、桶匠和鞋匠所制作的东西，必须是'公正'的；手艺工人用的木料、皮革和线，必须是'实在'的；烤的面包必须是'公道'的，等等"。手工业者都"对货物质量负责"，"都抱有不卖次货的雄心"，因为一旦出现"技术上的缺点和掺假行为"，就会"破坏公认的信誉"，损害行会利益。又如要求行会会员"诚实守信"，行会要求每个人都应忠于他的盟友，"无论何人不得拿走他们当中任何一个人的任何一样东西，或者向他索取财物"。如果发现他有过失，就应按照自己认为是正当的行为对他"进行帮助和提出忠告"。当一个会友对另一个会友或其他人失信时，就会"被驱逐出会"，被大家看作是没有价值的人。又如要求行会会员"敬业乐业，保守技术秘密"，行会的"每一个人必须对他的工作感到愉快"，都要热爱自己的行业。而且，行会对手工技术也有严格的要求，为了掌握技术诀窍，徒弟一般必须"经过七年学徒期间，并且以一件成活证明了自己的知识和能力之后"，才可成为"师傅"。许多手工行业是"秘密行业"和"秘传行业"，不向外人公开技术秘密或技术诀窍，这是有关成员应尽的"忠实的义务"。当时的手工业行会对其会员的生产条件、营业条件、招收学徒的数目、劳动时间，产品的规格、数量、价格及使用的工具等，都有严格的规定，商品销售与原料采购亦统一办理。以上列举的这些有关生产的道德准则，体现了行会宝贵的职业精神，这正是中世纪手工劳动受到高度重视的原因所在，手工业者是以其向社会提供了诚实的劳动而博得荣誉的。行会的职业精神，使其成员既重视集体经验，继承前辈的技术传统，又发挥个人的积极性，进行自由、自主的创造。那些流传至今的中世纪的宏伟教堂和公共大厦，都是行会手工业者集体智慧与每个参与者独创的产物。精美绝伦的贵金属的镶雕、铸造技术、铁的精炼等，都是当时各种技艺行会的创造。中世纪所取得的成就，为资本主义的到来做了准备。

（二）新教生产伦理

资本主义的生产伦理，在马克斯·韦伯的《新教伦理与资本主义精神》这一名著中有着精彩的阐述。韦伯已看到了新教的生产伦理（责任伦理）对经济生活的作用，并对此作了充分肯定，甚至将这一原本属于意识形态对于经济基础的反作用夸张成为"决定性作用"。他说："因为，虽然经济理性主义的发展部分地依赖理性的技术和理性的法律，但与此同时，采取某些类型的实际的理性行为都要取决于人的能力和气质。如果这些理性行为的类型受到精神保障的妨害，那么，理性的经济行为必会遭到严重的、内在的阻滞。各种神秘的和宗教的力量，以及以它们为基础的关于责任的伦理观念，在以往一直都对行为发生着至关重要的和决定性的影响。"[1] 韦伯认为，以新教为代表的资本主义生产伦理，集中体现在以下三点：

其一，通过"命运预定论"，引导人们积极从事现世的生产活动。所谓"命运预定论"是指在加尔文教中，认为"按照上帝的旨意，为了体现上帝的荣耀，一部分人与天使被预先赐予永恒的生命，另一部分则被预先注定了永恒的死亡"，而人只有通过其在尘世的成功才能证明他受到上帝的恩宠，是上帝的选民。在加尔文教的教义中，要成为一个上帝的选民，"圣事无法帮助他"，"教士无法帮助他"，"通过魔力获得恩宠是不可能的"，"宗教发展中的这段把魔力从世界中排除出去的伟大历史过程——在这里达到它的逻辑结局"：真正的新教徒就会积极地全身心地投入尘世的努力工作。因为"所有尘世的一切都只是为了上帝的荣耀而存在"，被选者在尘世的唯一任务就是尽最大的可能服从上帝的旨意——"上帝要求基督徒在社会上获得成功，……为了'增加上帝的荣耀'而从事一切社会活动"。"为尘世的生活而从事的职业中的劳动，也会有这一特点。"[2] 韦伯认为，"在当时（甚至可以讲在我们这个时代也是这样），预定论被认为是加尔文教最显著的特点"。[3] 正是这一理论使平凡的日常繁重的劳作具有了崇高的宗教伦理意义，成为新教徒们从事一切社会活动的精神"内驱力"。韦伯在书中曾举了这样一个例子：雅各布·福格曾与一个已退休的商业界同事聊天。这位同事劝福格也退休，因为他钱已经赚得够多了，该让给别人些机会。福格断然拒绝了他的建议，认为这是种怯懦。他有自己的处世哲学，对他来说，只要有钱赚，就得不停地干。韦伯认为，福格所表现出的正是近代资本主义精神，它不单是从商的精明，更是一种精神气质。在这一伦理精神的鼓舞下，人们将会一生勤勉工作，因为多一份业绩，就多得到一份受上帝恩宠的证明。

其二，视"劳动为天职"的生产伦理观。新教伦理认为："个人道德活动所能采取的最高形式，应是对其履行世俗事务的义务进行评价。正是这一点必然使日常的世俗活动具有了宗教意义，并在此基础上首次提出了职业思想：上帝允许的唯一存在方式，不是要人们以苦修的禁欲主义超载世俗道德，而是要人完成个人在现世里所处地位赋予他的责任和义务。这是他的天职。"[4] 新教伦理认为，在一项世俗的职业中要尽心尽力、坚持不懈、有条不紊地劳动，这是一种作为重生和虔诚的最可靠、最明显的证明。他们认为，即使无需靠劳动来谋

---

① ［德］马克斯·韦伯：《新教伦理与资本主义精神》，于晓等译，中国社会科学出版社1999年版，第13页。
② 同上书，第297页。
③ 同上书，第289—290页。
④ 同上书，第278页。

生的富人,也必须同穷人一样服从上帝的训诫。上帝已替每个人都安排好了一份职业,人必须各事其业,辛勤劳作。"在德语的 Beruf(职业、天职)和英语的 Calling(职业、神召)一词中,至少包含有一个宗教上的意义——来自上帝安排的任务——不会被人误解。越是在具体情况下,这个概念就越明确。"韦伯认为这样的职业观念,正提示了所有新教伦理的核心教理。这种在道德上对日常劳动的辩护,正是宗教改革的重要成果。在宗教改革家路德的思想里,修道士的苦修不仅毫无价值,不能成为在上帝面前为自己辩护的理由,而且,他们不履行现世的劳动等义务,也是自私的,是对世俗责任的逃避。与此相反,履行职业的劳动在他看来是爱的外在表现。人们相信这种生存方式,而且唯有这种方式才是上帝的意愿,因此,每一种正统的职业在上帝那里受到完全平等的对待。无疑,持有这样宗教观念的人们,对职业劳动的态度必然是无懈可击的。这就产生了引导人们投身资本主义生产的强大精神动力。

其三,把财富视为上帝祝福的标志。在私有财产的生产方面,新教伦理严厉地斥责把追求财富作为自身目的的行为。但是,如果财富是从事一项职业而获得的劳动果实,那么财富的获得便又是上帝祝福的标志。这一对财富的基本看法一反传统基督教视财富为邪恶的观念,由此,引申出一连串对获利与财富的新认识。最具有典型意义的,一是赋予谋利行为以道德意义:在新教徒心目中,所有的生活现象都是上帝安排的,如果某个选民得到了一个获利的机缘,那么上帝肯定有什么目的,虔诚的基督徒理应响应上帝的召唤,并尽可能利用这天赐良机。如果上帝为你指明了一条路,并且沿着这条路你就可以合法地谋取更多的利益(而不会损害你自己的灵魂或者他人的利益),然而你拒绝了它并选择了一条并不那么容易获利的途径,那么你就是违背了从事职业的目的之一,你拒绝成为上帝的仆人,拒绝接受上帝的恩赐并遵照他的训令。圣训告诉我们:一切追求利润的行为都是为了上帝,而不是为了肉体。经过以上推理,一种符合资本主义精神的赢利观就应运而生了:如果财富意味着人成功地履行了其职业责任,那么它不仅在道德上是正当的,而且是应该的、必须的。所以新教徒经常说:期待自己一贫如洗简直就是希望自己病入膏肓;它表面上是为了弘扬善行,实际上则损害了上帝的荣耀。对此,韦伯说得很明白:"以神意来解释追逐利润的行为也为实业家们的行为提供了正当理由。"[①]"这种伦理所宣扬的至善——即尽一切可能去挣钱。"[②]"在现代经济制度下有能力获得利润,而且不违法,就是长于、精于某种天职(calling)的结果和表现。"[③]二是与这一对财富的看法相对应,视"节俭"为天职。本杰明·富兰克林曾有这样一段话:"假如你节俭、诚实的话,那么即使一年只有六英镑的收入,却可以支配一百英镑。""一个人如果一天乱花四便士,一年也就乱花了六个多英镑而已。但,实际上是以不能使用一百英镑为代价的。""每天浪费可值四便士的时间,实际上就是每年浪费使用一百英镑的权益。""白白丢掉可值五先令的时间,实际上就是白白失去五先令,这跟故意将五先令扔进大海没有什么差别。""丢失五先令,实际上丢失的便不止这五先令,而是丢失了这五先令在周转中会带来的所有利润,这利润到一个年轻人老了的时候就会积少成多的。"[④]这说明,节俭

---

① [德]马克斯·韦伯:《新教伦理与资本主义精神》,于晓等译,中国社会科学出版社 1999 年版,第 338 页。

② 同上书,第 272 页。

③ 同上书,第 257 页。

④ 同上书,第 266 页。

是与"尽一切可能赚钱"联系在一起的。在此,在新教伦理中,"严格计算高收入可能性的经济思维,与极高的自制力和节俭心最经常地结合在一起"。[1] 在新教徒看来,人只是受上帝之托管理着恩赐给他的财产,他必须对托付给他的每一个便士有所交待。因此,必须反对非理性地浪费财产,而可以对财产理性地和功利主义地使用。新教的一个派别的代表人物约翰·卫斯理曾一针见血地说明了节俭与致富之间的关系:"宗教必然产生勤俭,而勤俭又必然带来财富。……我们不应阻止人们勤俭,我们必须敦促所有的基督徒都尽其所能获得他们所能获得的一切,节省他们所能节省的一切,事实上也就是敦促他们发家致富。"[2]

上述反映在新教经济伦理思想中的资本主义生产伦理,在其影响所及的范围内,对资本主义经济的推进作用是显而易见的。它造就了两类人:一是有产者,它使资产阶级商人和资本家在新教伦理所规定的范围内即在外表上一丝不苟,道德行为没有污点,财产的使用不遭非议,就可以随心所欲地谋求利益,同时,还获得一种受到上帝恩宠、实实在在拥有上帝祝福的心理满足;二是无产者,这一生产伦理为资本主义生产提供了有节制的、态度认真的、工作异常勤勉的劳动者,他们能像对待上帝赐予的毕生目标一样来对待自己的工作,这自然会大大推进资本主义生产的发展。它在全社会造成了一种有利于资本主义生产发展的精神氛围,以使新教的生产伦理成为养育现代经济人的精神摇篮。

第二节　社会主义生产的伦理原则

众所周知,资本主义市场经济是在逐利的基础上发展起来的。在由古代到近现代的发展过程中,经济动机获得了道德正当或至少是道德中立的地位。但是,这一正当地位是仅就资本主义生产而言的,冲破"与身份相符的生计"的传统观念,确立"私恶即公益"的新观念,是资本主义对封建主义的胜利。而我们今天正在实行的社会主义市场经济,作为资本主义市场经济的对立面,它的经济动机、生产目的具有新的内容。在市场经济条件下,社会主义生产应遵循的伦理原则是:

第一,社会效益与经济效益相统一的原则。在市场经济中,社会经济关系市场化是其区别于计划经济的显著特点。所有的经济活动主体都通过市场彼此发生联系。企业作为商品生产者,拥有自主经营的权利,但必须面向市场,接受竞争的挑战,服从优胜劣汰的竞争法则。在市场经济中,价值规律成为一只"看不见的手",使顺其者昌,逆其者亡。企业要获得生存和发展,就要做竞争的胜者、强者。而要做到这一点,企业就只能选择不断追求经济效率、不断实现利润最大化的经营目标。因此,在市场经济下,实现社会超额利润最大值,一直是企业经营者绞尽脑汁、苦苦追求的目标。但是,在这一过程中,某个企业良好的经济效益并不完全等于取得了社会效益。对利润的追求往往会遮蔽企业经营者的道德良心,在某些时候、某种情况下,某个企业经济效益的获得,可能会建立在社会效益遭受损失的基础上。所谓社会效益,一般可以分为社会精神效益与社会物质效益两类。"反不正当竞争法"中所

① ［德］马克斯·韦伯:《新教伦理与资本主义精神》,于晓等译,中国社会科学出版社1999年版,第266页。
② 同上书,第178页。

列举的不正当竞争行为,往往是在物质和精神两方面均有损于社会效益的。如制造假冒伪劣产品,如使可持续发展成为泡影的掠夺式生产,都会极大地损害公共利益。因此,社会主义生产伦理,必须坚持生产的社会主义方向即坚持经济效益与社会效益相统一的原则,使二者辩证结合、相得益彰。实际上,那些有损于社会效益的不良商品,其经济效益也难以成立或者难以提高。在社会主义条件下,社会效益涉及的是广大群众的利益,是任何生产主体尤其是企业必须加以关注的。企业有责任避免自身利益和社会利益的对立,有责任反对以一己私利或小集团的狭隘利益损害社会和全体人民的利益,反对为经济效益而丢弃社会主义生产原则和目标的错误行为,有责任努力生产、生财有道,以满足社会发展和人民生活多方面的需要。

第二,公共利益与个人利益相结合的原则。在计划经济时代,传统的原则是国家、集体、个人三者利益相结合,这里之所以提"公共利益与个人利益"相结合,原因在于市场经济条件下的集体主义有了新的内容:集体利益即公共利益。

在市场经济条件下,利益主体出现了多元化的趋势。国营企业和各种民营企业都成了具有独立利益的合法的利益主体。这些企业都属于集体的范畴,个人和企业之间的关系也是个人与集体的关系。但是这些集体并不是社会整体利益的代表,它们的利益也不具有社会利益的性质。个人与这些企业的关系,就不能简单地等同于计划经济时代个人和集体的关系。市场经济是一种以利益主体多元化为前提的自由经济,共同利益成为人们组建集体的基础,促使人们结成某个集体的,主要是他们的共同利益,而一旦他们的共同利益不存在了,该集体也就名存实亡了。不仅如此,市场经济中企业股份制等的推行,还在个人与集体之间建立起了一种新的机制,即人们追求个人利益的行为能够相应地导致集体利益的增加,而他们增进集体利益的行为也能反过来促进其个人利益的实现。因此,市场经济条件下的集体利益是一种能被集体中的所有(至少是绝大多数)个人所实际地(在目前或将来)分享到的利益。在此,集体利益不是那种只给集体带来愉悦感受,但与个人无关且游离于个人利益之外的自在自为的利益,而是能被集体中的所有个人分享到的利益,实际上,这就是公共利益。公共利益最显著的特征就是能被集体中的所有人公平地分享到,且对它的分享不具有排他性。一般说来,公共利益有宏观、中观、微观三个层次。处于各层次的公共利益都具有道德正当性。在上述原则下,保证生产产品的质量与保护生产环境的问题,都成为生产伦理的重要组成部分。

第三,眼前利益与长远利益相结合的原则。眼前利益和长远利益对经济行为的主体——企业、劳动者个人来说是一个矛盾的对立统一体。从企业的经营目标要实现经济效益看,企业和劳动者个人的逐利行为考虑眼前利益为多。这种眼前利益引导经济主体行为的情形,许多时候并不利于长远利益,甚至有损长远利益。如为一时获利,制造、销售伪劣商品,既损害顾客的利益,也破坏了企业形象,最终也使企业和劳动者不能获得长远利益。作为生产主体的企业和劳动者个人,首先要有长远眼光和长期经营的谋略。只有这样,企业才能取得长远利益,在激烈的竞争中站稳脚跟。但是这种长远的战略决策也不是完全不顾眼前利益的。没有一定的眼前利益,企业和劳动者个人都不能生存,更谈不上有很大发展。因此,必须把眼前利益与长远利益相结合,这是生产伦理必须关注的问题。可以实现资产责任的"人格化",使企业经营者及劳动者的利益与国有资产的长远利益相衔接,而这种衔接能够激发起企业经营者和劳动者的动力和活力。

第四，局部利益与全面利益相统一的原则。局部利益和全局利益是生产过程中又一对不可回避的矛盾。要使这一关系的处理有利于促进社会综合平衡，就必须注意三方面的工作：其一，要求每一局部行为都能约束在保证全局利益的基础上；其二，要求每一局部行为在追求自身利益的过程中同时满足全局的需求；其三，要求突破部门界限、地区界限、行政隶属界限，减少代表局部利益的行政层次和环节，建立和完善社会主义的大市场。实现以上三个环节，将使局部利益和全局利益之间的矛盾得到较为妥善的解决。

遵循以上四个原则，将使社会主义生产的合法性、合规律性以及合道德性得到统筹兼顾，发扬光大。

第三节　产品质量伦理

生产活动是最基本的经济活动，由此生产伦理探讨构成了经济伦理的重要组成部分。顾名思义，生产伦理探讨的是生产过程中的伦理问题，它必然涉及生产的产品质量的伦理。对产品质量的道德关切，已成为全社会的热门话题。目前国外有三种经典理论说明企业对质量问题所应承担的伦理责任。它们是契约论、当然关切论和社会成本论。

契约论认为，产品的质量责任是契约双方所共同接受的共同义务。当一桩买卖成立之后，作为用户应具有使用产品最基本的常识，如果因使用不当而造成产品质量问题，供应商是不应承担道德责任的。而让用户了解本产品的实情，给消费者提供的产品符合销售合同的规定，这才是厂商或供应商的责任。契约双方既要对各自的行为负责，也要有能力关照自身的利益，因此，以契约论的眼光看来，法律责任应该是平衡的。之所以提出要求平衡法律责任，出于两个社会背景。一是 20 世纪 90 年代以来，各国的消费者发现并扩展了责任投诉的范围，尤其是对于具有追溯责任价值的未知危险的发现，如含铅的油漆。在美国赔付这种油漆造成的健康损失费估计高达 1000 亿美元。[①] 二是一些极端例子的出现。如美国有位家庭主妇过去常常把弄湿的狮子狗放在烤炉上烘干，当购买了一台微波炉后，她如法炮制，把狮子狗放入炉中去烘，结果发生了不幸的爆炸。家庭主妇要求厂商赔偿，结果厂商败诉，因为产品说明书中并未注明不能在微波炉中烘干狮子狗。这类事情的发生使人们考虑是否消费者总是可以得到单方面的保护。难道上面那种把微波炉用于离奇用途的事故责任在厂商？于是主张相对责任平衡的契约论应运而生。

当然关切论与契约论针锋相对：主张这一理论的人认为：在合同规定的责任条款之上，商家还应该承担起无条件的责任。对于设计和生产上的失误而造成产品作用不能正常发挥，厂家有责任给予维修。当然关切的责任不应该因为契约而得到忽视。这些责任主要有：安全而精心的设计，值得信赖的生产以及适当的运输方式。持当然关切论的人认为：之所以要如此要求厂家和商家，是因为他们和消费者相比，是优势的一方。他们所拥有的知识和专业技能是消费者难以企及的。在当然关切论者看来，任何消费者都享有一些无条件的权利。

① ［美］P·普拉利：《商业伦理》，洪成文译，中信出版社 1999 年版，第 126 页。

经济伦理学

这些权利和相应的义务不是建立在个别合同（契约）之上，而是依据这样一种观点，即商业行为是社会行为。个人，作为道德共同体的成员，必须相互尊重权利、承担责任。当然关切论中的义务和权利被看作是一种缄默的社会契约的一部分。这种社会契约适用于文明社会中的每一个成员。当然关切的要求超越个人利益和合同条款。道德主体通过缄默的社会契约而融于社会整体。

社会成本论认为，制造商在任何情况下必须对产品引起的伤害负责。厂家和供应商应该对一切质量问题承担责任，而无任何权利可分享。制造商得赔偿一切事故造成的一切伤害，即使他们在产品设计、制造过程中给予了应有的关切，即便他们已将产品的适当信息告诉了消费者。消费者在使用产品时是否漫不经心、是否知道可能存在的危机，都是无关紧要的。社会成本论表达了各种社会关切和道德要求。关切的中心是要给予事故的受害者以保护，特别是事故原因复杂，责任无法归结于某个具体的行为主体的情况，其强烈的倾向是要把所有的责任加给肇事的源头——制造商。制造商是那些危害消费者健康甚至致使消费者伤亡的罪魁祸首，因为产品设计上的技术错误多数情况下是造成伤亡的根本原因。社会成本论还基于这样一种认识，即便严重的错误乃是某一个人所为，但由这样不负责任的行为造成的伤害还是应由具有赔偿能力者给予赔偿。因为这个人是为该公司服务的，公司难辞其咎，即便该公司对于当然关切的质量问题提供了保证程序。

以上三种理论，显然表明在厂家或商家对于自己向消费者提供产品后，由产品质量或由产品引发的事故所应承担责任的程度方面，虽各执一端，深浅不同（契约论承担相对平衡责任，当然关切论承担全部责任，而社会成本论承担绝对责任），但在生产者对产品质量有伦理责任这一点上，是完全一致的。中国古语所说的"生财有道"，这一"道"，不仅涵盖生产动机方面的道德正当性，也包含生产过程以及生产结果（产品）上的道德正当性。是否以人为本，是否有利于满足广大人民群众日益增长的物质文化需要，是这一"正当性"的评价尺度之一。无论从功利论伦理学还是从义务论伦理学看，产品质量伦理都是经济伦理学的重要内容。

社会主义市场经济的产品质量伦理，应遵循的基本伦理原则是"生财有道"，以人的生命和健康为本，尽力满足广大人民群众日益增长的物质文化需要。在具体行动上，必须落实在产品的生产与销售两大环节上。就产品生产而言，其质量应当符合下述要求：首先，不存在危及人身、财产安全的不合理的危险，有保障人体健康和人身、财产安全的国家标准、行业标准的，应当符合该标准。其次，生产者不得生产国家明令淘汰的产品；不得伪造产地，不得伪造或者冒用他人的厂名、厂址；不得伪造或者冒用认证标志等质量标志；生产产品，不得掺杂、掺假，不得以假充真、以次充好，不得以不合格产品冒充合格产品。就产品销售而言，销售者应当建立并执行进货检查验收制度，验明产品合格证明和其他标识；应当采取措施，保持销售产品的质量；销售者不得销售国家明令淘汰并停止销售的产品和失效、变质的产品；销售者销售的产品的标识应当符合《质量法》的规定；销售者不得伪造产地，不得伪造或者冒用他人的厂名、厂址；销售者不得伪造或者冒用认证标志等质量标志；销售者销售产品，不得掺杂、掺假，不得以假充真、以次充好，不得以不合格产品冒充合格产品。在此，之所以必须把产品的销售也纳入产品质量伦理的考量之中，其原因就在于生产的产品，只有真正转入消费者的使用过程之中，才达到了生产的目的。如果产品不能为消费者所用，或者产品问世之后就被堆积起来，那么，这种产品生产的意义何在，它与废品又有何区别呢？故产品质量伦理应涵盖产品从出厂到被销售的全过程。

第四节　生产与环境伦理

生产活动是一个利用能源、消耗原材料的过程。企业的能源、物资管理和废物的处理都涉及环境。因此,生产与环境的关系是生产伦理学和环境伦理学共同关注的问题。这一问题可分为两个方面:环境污染及其控制问题和保护不可再生资源,坚持可持续发展问题。从目前研究的状况看,对环境问题的道德审视涉及诸多伦理问题。

一、环境伦理与社会公正

关于社会公正问题,这里又内含几个层面,首先是人际公正。1994 年在开罗召开的世界人口与发展大会指出"可持续发展的中心问题是人",它关注发展的协调性、公平性与可持续性。这种发展是代际公正与代内公正的统一。所谓代际公正,是指当代人的发展不损害后代人发展的权利和可能。后代人对地球上的不可再生资源与当代人拥有同样的权利,如果我们掠夺式地使用那些不可再生的资源,竭泽而渔,那么就损害了后代人发展的可能性空间以及他们对地球上资源的同等权利。这对后代人是不公正的。所谓代内公正,是指当代人内部的公正问题,即一部分人的发展不损害另一部分人的发展。就以吸烟为例,如果人们总是不得已而被动吸烟、吸二手烟,并已经影响了健康,那么就说明,主动吸烟者为满足自己烟瘾而不分场合吸烟的行为,已损害了被动吸烟者的利益,如对此不采取相应的措施或者要求赔偿,那么对被动吸烟者来说就是不公正的。事实上,生产过程中对周围的噪音污染或空气污染,都属于上述情况。

其次是人类与非人类间的公正。持这种观点的人认为,地球上的人类和非人类处于一个生态系统之中,就他们都是同一生态系统的要素而言,相互间是平等的。"地球上的人类非人类的安宁和兴旺本身具有价值。"因此,企业不仅对人类而且对生态系统中的非人类也负有道德责任。所以,非人类部分应同人类一样,得到保护,例如,对藏羚羊的保护及对大象的保护等。

二、环境伦理与人的环境权利

荷兰哲学家、管理顾问安尼特·休伯茨曾用同心圆说明理想生存所需的六个生活领域:

1. 个人;
2. 家庭(配偶、子女和父母)和小氏族;
3. 个人生活于其中的群体和组织(氏族和联盟);
4. 人类的共同未来;
5. 地球上的生命(植物、动物和人的生物圈);
6. 物质世界(太阳的热、水、引力)。

在以上由里及外的同心圆中,最外的两个圆就是指人生活的环境。环境状况是人理想生存的必要条件。因此,每一个人都有权要求有可居住的环境,人有权拥有使其实现成为有理性和自由存在者的、合于生存的环境条件。这是一项基本人权。人的这一环境权利问题在生产问题上,就涉及生产主体(企业)和受企业影响的人们之间的关系。尊重和保护人的环境权利,是生产伦理的重要内容。我国的《环境保护法》就规定了在生产过程中人们应遵守的最低行为规范:

企业应当优先使用清洁能源,采用资源利用率高、污染物排放量少的工艺、设备以及废弃物综合利用技术和污染物无害化处理技术,减少污染物的产生。

建设项目中防治污染的设施,应当与主体工程同时设计、同时施工、同时投产使用。防治污染的设施应当符合经批准的环境影响评价文件的要求,不得擅自拆除或者闲置。

排放污染物的企业事业单位和其他生产经营者,应采取措施,防治在生产建设或者其他活动中产生的废气、废水、废渣、医疗废物、粉尘、恶臭气体、放射性物质以及噪声、振动、电磁辐射等对环境的污染和危害。……

体现在这些行为规范背后的一个核心思想,就是坚持生态文明和可持续发展的原则,这是生产环境伦理所追求的价值目标。

三、环境伦理的基本原则

生产环境伦理所致力于构造的是一个以环境资源承载力为基础、以自然规律为准则、以可持续社会经济文化政策为手段的环境友好型社会。在生产方式上面,需要强调资源节约和循环利用,从源头上减轻现代文明对环境资源的压力。建设资源节约型、环境友好型社会,要充分考虑人口承载力、资源支撑力、生态环境承受力,正确处理经济发展与人口、资源、环境的关系,统筹考虑当前发展和长远发展的需要,不断提高发展的质量和效益,走生产发展、生活富裕、生态良好的文明发展道路,实现经济、社会、环境的共赢。这正是生产环境伦理的基本要求。因此,生产环境伦理的基本原则是:

一是生态持续原则,即将人类活动对自然生态平衡的影响限制在自然生态环境能够容纳的范围内——不威胁生态系统自我调节和修复的能力,保护和加强环境系统的生产与更新能力。

二是经济持续原则,即经济增长顾及环境成本,力求将环境代价降至最低限度,达到在保护自然资源的质量和在其所提供服务的前提下,使经济发展的净收益增加到最大限度。

三是社会持续原则,即在生态资源环境许可的条件下改善人类生活质量,鼓励人们追求平等、自由、健康的生活,使社会各环节、系统彼此平衡。

四是文化持续原则,即遵守新的伦理文化原则,实现公平与效率的结合、代内公平与代际公平的统一。由于资源的有限性,每一部分人的发展都不要妨碍其他人发展的条件,每一代人在实现其自身需求时都不要损害后代人满足需要的条件,促进人类全面共同的发展与进步。

于2014年4月24日修订通过的《环境保护法》,正是这四大伦理原则的现实体现。新环保法以其公私互补的执法机制、权责明晰的监督体系和不断强化的执法权限,实现了以法律推动环境正义。例如,新环保法强化了地方政府的环境质量责任,虽然未触及环境管理体制和机构设置等问题,但是地方政府环境质量责任的强化,使得环保执法部门和地方政府

"一荣俱荣、一损俱损"。地方政府不当干预环保执法而导致本地区环境质量下降,其负责人的政绩就会受到影响,从而可在一定程度上杜绝地方政府对环保执法的不当干预,维护环境正义。

第四章 分配伦理

分配是贯通生产和消费的中介,分配的"公平"是经济伦理的重要研究内容。分配伦理主要研究分配正义,其要义在于强调和追求分配的公正性、公平性。一般来说,狭义的分配正义关涉物质财富的公正分配,广义的分配正义关涉包括物质财富在内的所有社会资源的公正分配。在实际操作过程中,这两种分配正义往往是相互关联、相互影响的,并不能截然分割。

第一节 分配的历史形态

分配正义是政治学、社会学、伦理学诸学科都关心的问题,因此,不同学科对分配正义有不同的理解。但对经济伦理而言,分配正义所探究的是人类经济生活中对分配问题之道德正当性和经济合理性的价值评价。在此,"正义"或"公平"概念指称的对象是人与人之间的经济利益关系。这种关系是历史演变着的。追溯历史,从分配方式的历史演进看,人类大致经历了四个不同的历史阶段。

一、平均分配

平均分配是人类最早采用的分配形态。所谓平均分配,是指在一定的经济组织中或社会范围内,按人头平均分配生存必需品。这种分配的典型形态,存在于原始社会的氏族内部,古代社会中小家庭生产也采用这种平均分配方式。平均分配之所以成为分配史上第一种历史形态并且能够长期延续,缘于当时生产力水平的低下。也就是说,当一个社会或经济实体所创造的物质产品仅够维持其成员生存所需时,平均分配是唯一可行、最为公平的分配方式。如果改用别的分配方式,势必危及群和类的生存。在这种分配方式中,映现着"同类相助"及"为己利人"的类意识。

二、按特权分配

按特权分配是分配的另一种历史形态。在古代社会,奴隶主和封建主拥有经济和政治两方面的特权。在经济上,他们凭借对生产资料乃至对奴隶和农民人身占有权的大小,攫取剩余劳动;在政治上,奴隶主、封建主以及王室、贵族、各级官吏依仗政治权力和不同的世袭特权,对奴隶和农民实行超经济强制剥削,而且还常常通过"权—钱"交易的方式,谋求世俗的经济权利。按特权分配的结果,不仅造成了财富分配的严重不公,而且强化了等级特权。在此,分配原则在于以身份、血缘为尺度占有社会财富,这种尺度是"命定"的。

三、按资本分配

按资本分配是以私有制为基础的资本主义社会按资本或财产的分配形态。资本主义社会推翻了以等级和血缘为标准的分配规则,代之以资本主义私有制为基础的自由市场竞争来分配社会财富,在资本的运作中,把市场的资源配置功能放到根本性的甚至是唯一标准的地位上。

四、以公有制为基础的按劳分配

最后出现的则是以公有制为基础的社会主义"按劳分配"的分配形态。实现了公有制的社会主义国家,由于生产资料归国家或集体所有,这就决定了物质财富的分配既不能采用平均分配到人的方式,也不能按照特权大小或拥有资本的多少来进行分配。由此,人们的劳动付出和作出的贡献成为分配的原则,"按劳分配"就此产生。但是,处于社会主义初级阶段的我国,自改革开放以来,实行了社会主义市场经济,因此,我国实行的是以公有制为主体、多种所有制经济共同发展的基本经济制度,与此也相应地采取了以按劳分配为主体、按劳分配与按生产要素分配相结合的分配制度,实行劳动、资本、技术和管理等生产要素按贡献参与分配的原则。应该说,这种以按劳分配为主体、多种生产要素按贡献参与分配的原则,比纯粹的自由市场分配机制更有优越性。它关注了社会财富生产的效率动力问题,也关注到了社会成员的福利问题。但是,正如德国著名经济伦理学家P·科斯洛夫斯基所指出:"一个竞争市场里虽然导致了将每一个生产要素投入到它能带来以价格计算最多的产品的地方,导致了能够反映生产率和相对贫乏的分配。但是这种效率理由还不是产生出来的分配的道德的充分根据。即使经济的追加计算问题可以解决,但道德的可补算性问题却始终存在。所有对资源的支配权,无论是劳动(人力资本)还是普遍意义上的资本,都产生于三个源泉,即成绩、遗传和幸运。在这三者当中,无疑只有第一个源泉即成绩可以称之为公正,第二个源泉只有着更多的法律上的含义,而第三个源泉则相对于公正来讲是不可比较的。所以,产生于这三者的分配就不能称之为道德的,而只能被称之为'不是非道德的'。"[①]在私有制条件下,剥削与被剥削者之间是不可能做到以上三者的平等的。由此,分配正义成为经济伦理学界的重点关注对象。

第二节　关于分配正义的代表性理论

据国外伦理学界的说法,目前有七种不同的分配规范理论,它们是:(1)按平等分配规范;(2)按需求分配规范;(3)按能力或成就分配规范;(4)按努力分配规范;(5)按生产力分配规范;(6)按社会效用分配规范;(7)按需分配规范。可见关于分配的理论之多。在此,我们

---

① [德]P·科斯洛夫斯基:《资本主义的伦理学》,王彤译,中国社会科学出版社 1996 年版,第 46 页。

经济伦理学

将考虑几种典型的分配理论,来把握分配正义这一重大的理论和实践问题。根据国内学术界的最近研究成果,本节着重介绍其中四种有代表性的分配正义观,这些观点无论从理论诉求还是实践际遇上,既相互抵抗,又彼此影响,正是在这种相互碰撞中,给我们确立中国特色社会主义的分配原则以重要启迪。

一、基于绝对平等的分配正义理论

当人们把"正义"理解为"平等"时,分配正义就被误解为分配平等。基于绝对平等的分配正义理论,最简单的分配原则就是严格意义上的平等或激进意义上的平等,这种分配正义理论"不患寡而患不均",通常表现为绝对平均主义。但它往往极有吸引力,因为它符合人们的普遍的正义直觉。这种绝对平均主义,在"吃大锅饭"的计划经济时代,往往成为思维惯性。

但我国经过改革开放三十多年洗礼的干部、群众,已对"平均主义"、"大锅饭"的弊端有了深刻感受,这种分配正义理论表面上看简单又诱人,但实际上牺牲效率追求绝对的平等,往往会导致更糟的结果。首先,它不正当地限制了人们竞争的自由,而平等与效率的争论,是人们在市场经济中无法回避的问题,这种理论取消竞争而实行无差别的绝对平等,从而在人际充满差别和多样性的现实面前使"平等待人"成为空话。其次,它无法尊重人们的选择自由,在这种绝对平等的语境下,这种结果上的平均往往会使个人失去在分配中选择所得物品的机会,结果就无法确保自己选择的最优化。再次,"抽象人性论"是绝对平等分配正义理论的预设前提。因为它预先假定每个人都具有相同的人性和人格尊严,完全不懂得人的社会性,完全排除了对具体人性的差异性和历史性的考察,因而从抽象的无差别的人性中推论出的只能是平均主义的分配原则,而平均主义在现时代并不是公正的分配原则。

二、基于差别原则的分配正义理论

既然绝对平等不可能,那么,反过来怎么样的不平等是合乎道德、可以被接受的呢? 美国哈佛大学教授罗尔斯提出的差别原则引起人们的广泛关注。罗尔斯认为:"所有的社会基本善——自由和机会、收入和财富及自尊的基础——都应被平等地分配,除非对一些或所有社会基本善的一种不平等分配有利于最不利者。"[①]罗尔斯理论的最核心部分,是他提出的两个关涉正义的原则:一是自由平等原则,二是差别原则。第一个原则规导着政治领域中自由权利的分配,第二个原则规导着经济领域的利益分配。他在差别原则中提出了分配正义应体现为最少受惠者的最大利益,在此,罗尔斯以最少受惠者的最大利益为观察、考量任何一种不平等分配的视角。罗尔斯以承认不平等的存在为前提,但何种方式最能有效地改变不平等并作为检验分配正义的前提条件呢? 他认为任何一种分配,如能使最少受惠者获得最大利益,那么,这一不平等分配就可被认为是正义的。如果一个严格意义上的平等原则能使社会中的最弱势群体的利益最大化,那么,他的差别原则就欢迎这一分配原则。

罗尔斯差别原则的提出,受到了坚持功利原则分配论与坚持自由主义原则分配论者的反对,前者认为它不能使效用最大化,后者则认为这种差别原则意味着对财富正当持有人的

---

① [美]约翰·罗尔斯:《正义论》,何怀宏等译,中国社会科学出版社 1988 年版,第 303 页。

不道德的掠夺,认为弱势群体不能因自身弱势而觊觎他人的财产。

但罗尔斯的差别原则却给研究在社会存在贫富差异现实状况下,如何尽可能达到分配公平的人们一个重要启迪。尽管人们认为,在资本主义所有制下,资本逻辑的作用是难以在分配中考虑最少受惠者的最大利益的,因为资本逻辑所坚持的就是"优胜劣汰,适者生存"。

三、基于资源的分配正义理论

这一资源,并非指自然资源,而是指人力资源,因此,它又可细分为按劳分配或按社会贡献分配正义理论、按资格或权利分配正义理论。

(一)按劳分配或按社会贡献分配正义理论

按劳分配与按社会贡献分配的理论具有某种相似性,是国内最为熟悉的分配理论,"各尽所能,按劳分配",长期以来被作为社会主义经典性的分配原则统辖着大大小小的分配。按劳分配与按社会贡献分配相比较,前者较强调行为本身的质与量,而后者更强调行为的效果。按劳分配的伦理意义在于:第一,它表示了劳动光荣、不劳动者不得食的观念。以劳动为荣,以不劳动为耻,以剥削为丑恶,表明了一切劳动都是光荣的,否定了认为劳动者卑贱的腐朽思想,这是社会伦理观念的一大进步。第二,在按劳分配中,包含了各尽所能的观念,它反映了劳动者对国家、对社会的最基本的义务观,各尽所能是按劳分配的前提。第三,在按劳分配中,包含了多劳多得、少劳少得的观念。多劳是为社会多作贡献,多劳多得与多贡献三者相统一,因此多劳多得光荣。第四,包含了权利平等的观念,劳动者之间都平等地以劳动分配为尺度,是一种经济上也是政治上的平等。

但这一看似十分合理的分配原则,也存在着一定的局限性:第一,按劳分配原则还不足以表达社会公正分配的全部内容。在通常的意义上,按劳分配一般限于社会生产的范畴,这一概念还难以涵盖诸如社会的工作机会和其他社会基本善(如劳动作为基本人权)的分配项目。第二,按劳分配原则难以涵盖社会非实物性价值分配的领域。在通常的情况下,按劳分配具有较强的可操作性,因为通常意义上的劳动(包括脑力劳动)基本上可以得到较高程度的量化评价,但对于非通常意义上脑力与精力的支出,就难以量化测评,如一个"金点子"挽救了一家企业,是很难给予准确的量的测度的。第三,按劳分配难以适应所有种类的劳动。由于现代劳动分工的日益细密和复杂,按劳分配也难以适应任何劳动类型、劳动形式、劳动绩效的比较和测量评定,因而也加大了使按劳分配真正符合公正分配要求的难度,在某些情况下,按劳分配不一定就是"公正的分配"。第四,按劳分配原则得以成立的前提是,社会上每一个有劳动能力的人都能平等而且自由地获得劳动的权利和机会,这就不仅要求社会确保劳动机会均等,并且为了使"均等"得以实现,还必须保证社会所能提供的工作机会充足。但这在现实生活中是难以做到的,因为在现代市场经济条件下,由于价值规律的作用,有失业者存在已成为"常态",对失业者就难以用按劳分配原则来对待。

按社会贡献分配的理论,是以劳动实效为分配尺度,在某些方面可以弥补按劳分配的不足。因为它可以涵盖按劳分配难以包容的因素,如劳动的社会边际效用,某些具有长远战略意义的行为等。有时确定某一行为社会贡献的大小是很困难的,难以找到一个各类人员从各种视角考察问题后达到的共识,例如劳动虽有简单劳动和复杂劳动的区别,但无论是造原子弹还是当清洁工,在道德意义上却是同质的。一个城市只要一天不清理生活垃圾,市民生活就必然受到影响,人们能说清扫工作贡献小吗? 退一步讲,就算我们可以确定某一劳动社会贡献的大小或价值意义,但仍难以将贡献大小作为公平分配的标准,因为将道德意义上的贡献作为经济学意义上的分配尺度就将重蹈"活学活用毛泽东思想时代"、"大寨式评工记分"的覆辙。

(二) 按资格或权利分配正义理论

这是亚当·斯密和诺齐克一致主张的分配原则,也被一些人认定为最契合现代市场经济本身要求的原则,因为它最直接地反映了市场经济的自由竞争原理。所谓资格权利说,其含义为:每一个人所能拥有或得到的权益(财产、财富和其他利益)都必须且只能基于其所具备的特殊资格,任何人或组织——无论是以国家的名义,还是以社会整体利益的名义——都不能侵犯它。"个人权利神圣不可侵犯"是其最高原则,也是公正的最高原则。按资格或权利分配论,用其理论代表诺齐克的话说,则是"各尽其能,自行选择;各按其选择,取其所得"。在此,前半句是说市场分配——市场对每个参与者的选择给予回报,以市场原则分配结果。这一分配原则貌似公平,因为人们的所得是"咎由自取"的,依人们在市场竞争中的表现获取竞争之果,但它忽视了一个致命的事实,这就是人们的资格和权利的起点,并不是公平的。其中可以因为家境(富裕或贫穷)或社会环境(都市或乡村)而享有不同的原始条件。一个有百万遗产的富家子弟与一个穷无立锥之地的贫困小子之间,他们获取资格或权利的起点相距十万八千里;即使两个原初条件相似的人,由于他们各种天赋条件的不同、机遇不同以及努力程度不同,他们所获取的资格或权利也是不同的。同时,不公平起点上的竞争不仅本身缺乏公正,而且其累积性后果会导致公平分配的不可能。所以说,个人资格或权利本身是特殊的,有差异性的,是历史形成的,无论在理论上还是实践上,这种具有特殊差异的东西不可能成为一种普遍有效的评定分配公正性的标准。

四、基于功利的分配正义理论

相对于其他分配正义论,功利主义的分配正义论是最易表述的分配理论。功利主义分配理论的倡导者认为,所有的分配问题都应该依照使福利最大化的分配模式来解决。他们认为,"正义始终是某种社会功利的适当名称","如果一个社会的主要制度,被安排得能够达到归属于该社会的每个人满足的最大净余额,那么这个社会就是正义的"。[1]

因此,在功利主义分配正义论者看来,其他正义诉求,如平等、差别原则,资源,应得权利,甚或自由等,都是派生物,并认为这些东西仅在能提高功利(福利)的情况下才有价值,才是价值。

这一理论听起来很美,但在规范与实施方面存在诸多问题。首先,福利最大化的概念在现实社会中有着诸多不同的理解。正像西方有的批评家指出的那样,由于人的社会性与阶级、阶层性,人际间功利的比较是难以实现的。人们不可能把不同的物品及物品背后的不同的价值取向整合成可以进行衡量的单一功利指标,功利主义比其他分配原则在实践方面更

---

① J. S. Mill: Utilitarianism, Batoche Books Limited, Kitchener, 2001, p. 41.

易遇到"公要馄饨婆要面"的尴尬局面。

"如果道德和社会制度仅仅根据功利来衡量是否能成立,那么权利也必须根据这一标准来衡量,结果,任何关于天赋权利的主张要么成为无稽之谈,要么就不过以一种含糊的方式表示该权利确实有利于最大幸福。"①

同时,功利主义作为一种强调最大化的以及大多数人的集体化原则,它要求政府将所有人民的整体幸福或者幸福的净余额最大化,这就与强调分散性和个人化的自然权利论相悖,增加了人们践行分配正义论的难度。

由此可见,上述四种代表性分配理论由于自身存在着缺陷和盲点而无法达到科学的全面的分配公平。这就启迪人们,对分配公平的理论探究必须改变在点上作静态分析的方法,必须深入分配的全过程中,将之视为综合平衡的动态发展的综合体系。

第三节　中国特色社会主义的分配正义理论

我国学者基于历史唯物主义,运用马克思主义政治经济学理论研究分配正义,形成了既区别于西方传统理论,又适应现代市场经济原则的具有中国特色的社会主义的分配正义理论。

一、分配正义是一个系统工程

恩格斯曾指出:"最能促进生产的是能使一切社会成员尽可能全面地发展、保持和施展自己能力的那种分配方式。"②

实践表明,这样的分配方式不是一次完成的,而是一个多次互补的综合平衡的动态过程。

首先,应实行初次分配的公平。即在一个经济实体内实行按劳动者提供的劳动要素的数量和质量直接分配。这是与劳动的效率直接联系着的分配,按厉以宁教授的提法,属于"市场分配"领域。这种分配不是面向社会全体成员的,而是限于经济实体内部成员的分配,它实现的是一定范围内有限的公平。

其次,应实行二次分配的公平。由于初次分配是市场分配,实现的是有限范围内的公平,故只是一种相对公平。例如,按生产要素分配,就意味老、弱、病、残、无文化者的境遇很难得到实际的关注,这就必须求助于国家,只有通过国家进行再分配,才有可能将分配的公平推向社会领域,惠及全体劳动者。具体地说,初次分配的不足将由再次分配来弥补。再分配的公平性应体现在:(1)赋税公平。即政府应对凡有纳税能力的个人和集体强制无偿地征收不同数额的赋税,既不能向穷人征税过头,也不允许向富者少征或不征税。至于如何确定征税的起点额和怎样区分被征者之间的等差,当以一个国家的消费标准以及杜绝平均主义为依据。(2)财政公平,即应将财政收入中消费基金的主要部分用于科教文卫、社会保障、社

---

① [美]萨拜因:《政治学说史》,盛葵阳等译,商务印书馆 1986 年版,第 634—635 页。
② 《马克思恩格斯选集》第 3 卷,人民出版社 1995 年版,第 544 页。

会治安、国防安全、环境保护等公益事业,尽量压缩国家行政费用,尽力避免官僚机构的膨胀,防止特权和腐败,以体现"取之于民,用之于民"的原则。(3)国家应当通过法律、法规严格监督市场竞争下的商品交易正常有序地进行,保护公民和法人的正当权益,还应借助包括税率、利率、汇率、国债、价格政策、国家参股等经济手段在促进不同地区、行业、部门收入最大化的同时达到收入均衡化,务使社会一部分人收入的增加不至于使另一部分人收入减少(即达到帕累特优),以充分发挥国家的经济调节功能,维护分配的公平。

经过初次分配与体现国家调节作用的再次分配之后,是否在分配上的公平就完全实现了呢?否。事实上,分配不仅是初次与再次分配,而是个绵延不断、无限循环的社会过程,除了经济领域的初次分配和国家的再次分配,还存在与前两次分配不同的第三次分配。第三次分配是由广大人民群众主动参与并按各自的伦理观念进行的社会性分配。在这些伦理观念中,有善的观念与恶的观念两大类。由此引起社会上的"善的分配"和"恶的分配"两类情况。

所谓"善的分配",是指人们在一定的伦理观念指导下参与种种活动,自觉让渡自身部分财产的分配形式。它表现为社会团体和个人所进行的慈善济贫、人道支援、无偿捐赠、义演义卖(买)等多种形式。此外,诸如各种形式的"基金会"、非营利的社会保险,以及在社会产品极度匮乏条件下实行的"平均分配",也都具有程度不同的"善的分配"的性质。虽然,"善的分配"所依据的主要不是功利性的经济原则和强制性的政治原则,而是出于人们不同程度的道德自觉,具有明显的利他性。这一分配形式的存在,弥补和矫正了前两次分配中存在的不足与缺陷,它具有借助道德意识来自发调整利益关系的功能,使分配更趋于公平。这种分配形式,虽然在各个时代每个国家都存在,但只有在社会主义的条件下,才获得了真正的普遍性和广泛性。

与此相对立的是"恶的分配",是指用不道德甚至反道德的手段进行的另一种分配形式,具体表现为战争、抢劫、偷盗、诈骗、乞讨、走私、贩毒、贿赂、贪污、赌博、垄断经营、强买强卖、制假贩黄、私收回扣、虚假广告、搞通货膨胀等等。"恶的分配"成为将社会财富分割、转让、占有和重组的一种手段。黑格尔认为恶有两重性,"恶的分配"也如此,"恶的分配"在某些情况下可以是对"分配不公"的反击,起到对包括"善的分配"在内的其他各种分配方式无法起到的某种利益调节作用,但"恶的分配"更大的是其破坏作用,它强化分配的不公平性,激发和扩大分配过程中的各种矛盾,对此不能等闲视之。在第三次分配中,必须积极发挥"善"的道德调节作用,遏制和打击"恶"的破坏作用,以实现分配公平。

由此可见,分配的公平是一个系统工程,它不是一次就能达到的,而是要经过数次分配的综合,才能达到完整意义上的公平。前述的初次分配是分配过程的起点,也是先由产品分配公平进而达到社会公平的基础,轻视初次分配中的效率原则及由此形成的有限公平,势必遏制生产效率的提高,使分配滞留在平均主义公平的低水平上;再次分配体现了政府的经济职能,政府分配是实现分配公平的刚性手段和制度保障;而第三次分配是前两次分配合乎逻辑的延伸和扩张,又是对前两次分配的必要补充及不可或缺的反拨,它既可通过"善的分配"增大分配的公平内涵、强化利益关系的自我调节作用,又可通过"恶的分配"对分配不公起到预警、纠正和推波助澜等多种作用。总之,分配的公平绝非仅仅可在经济领域内解决,而是一项必须综合运用多种手段,调合各种利益关系,促使各种利益集团收入相对均衡的道德价值工程。

二、中国特色社会主义对分配正义的新拓展

2013年,党的十八届三中全会通过的《中共中央关于全面深化改革若干重大问题的决定》(以下简称《决定》)提出了"让改革的成果更多更公平地惠及广大人民"的改革目标,集中体现了中国特色社会主义对马克思主义分配正义理论的新拓展。这一新拓展,主要表现在:

1. 中国特色社会主义着力于在各种关系中阐释分配正义、体现分配正义,从而使分配正义从"各得其所"或"得其应得"拓展为"追求利益的均衡与合理"

在马克思的《雇佣劳动与资本》中,有一个例子耐人寻味。马克思说:"一座房子不管怎样小,在周围的房屋都是这样小的时候,它是能满足社会对住房的一切要求的。但是,一旦在这座小房子近旁耸立起一座宫殿,这座小房子就缩成茅舍模样了。这时,狭小的房子证明它的居住者不能讲究或者只能有很低的要求;并且,不管小房子的规模怎样随着文明的进步而扩大起来,只要近旁的宫殿以同样的或更大的程度扩大起来,那座较小房子的居住者就会在那四壁之内越发觉得不舒适,越发不满意,越发感到受压抑。"[1]这就说明,生活于社会关系之中的现实的个人,对于社会是否公正的感受,不仅会关注自己与别人财富来路是否合法与正当的问题,而且自然会将两者的对比作为考量社会是否公正的尺度。既为同类,为何差距如此之大,这是很自然会提出的疑问。由此可见,虽然人们常常把平等与公正混合使用,但我们可以看到,"公正"概念的核心意蕴与"平等"概念的核心意蕴有一定的差异与不同,平等所强调的是权利与义务的均等,公正所强调的是均衡与合理,如果说真正的平等只有在消灭阶级之后才能最终实现的话,公正所强调的均衡、合理则具有很大的相对性。

以《决定》为代表的中国特色社会主义分配伦理正是在事实上把握了此点(这与会前大量的调查研究有关),因此,它把"让发展成果更多更公平地惠及全体人民"作为奋斗目标,《决定》以公正且动态的精神,在处理人民内部各类关系和矛盾时,注重各类利益的动态平衡,它构成了中国特色社会主义践行分配正义的一个鲜明特点。如《决定》提出了建立城乡统一的"建设用地市场",使农民更公正地分享土地增值收益;《决定》提出,在符合规划和用途管制前提下,允许农村集体经营性建设用地出让、租赁、入股,实行与国有土地同等入市、同权同价,并缩小征地范围,规范征地程序,完善对被征地农民合理、规范、多元保障机制,从而建立兼顾国家、集体、个人的土地增值收益分配机制,合理提高个人收益。《决定》还提出"深化财税体制改革",从而使全体人民更公正地分享国家财政这块蛋糕。一般而言,在缩小收入差距方面,税收、社会保障以及转移支付是三大主要手段,《决定》提出,要完善一般性转移支付增长机制,重点增加革命老区、民族地区、边疆地区、贫困地区的转移支付,这些举措,对均衡城乡、区域发展的利益平衡,显然是极为切中要害的。这些举措,都是对人民内部分配利益关系合理、科学的调节,是对马克思主义分配正义理论与时俱进的践行,也是对毛泽东《关于正确处理人民内部矛盾问题》的思想在社会主义市场经济条件下的新拓展。利益均衡是社会稳定、和谐的根基,《决定》正是立足于这一根基,直面当前人民内部矛盾复杂、多样且有些地区较为尖锐的现实情况,以利益均衡为切入口,抓住了合理解决人民内部矛盾的关键之举。

---

[1]《马克思恩格斯选集》第 1 卷,人民出版社 1995 年版,第 349 页。

2. 中国特色社会主义超越"所得比例相同"的传统公正观念,把对社会弱势群体的关照度作为践行分配正义的评价标准

回溯思想史,主张人们"得其应得"或"所得比例相同",一直是关于分配正义的一种传统理解。从亚里士多德认为"公正就是比例,不公正就是违反了比例,出现了多或少"到现代按劳分配原则提倡"多劳多得,少劳少得,不劳动者不得食",内隐于其中的思想仍是把"得其应得"与"按付出比例得"作为公正的核心内容。但是自1971年美国哈佛大学教授罗尔斯的"正义论"问世之后,情况出现了明显的新变化。罗尔斯在书中提出了"正义二原则",一是自由平等原则,二是差别原则。第一个原则强调了每个人都拥有相同的自由和平等权利,第二个原则提出了社会的或经济的不平等应按"最少受惠者的最大利益"来安排,即"最少受惠者的最大利益原则",这一原则的提出,是公正思想的一个重大变化。事实上,由于人们体质差异以及先天禀赋上的差异与后天家庭、成长的外部社会环境的差别以及社会机遇方面的大小不同,社会出现弱势群体是难免的。所谓弱势群体,实际有两类,一类是自然性的弱势群体,一类是社会性的弱势群体。前者主要指个人因生理原因,或生活在生态脆弱地区,受自然条件影响(如自然条件恶劣的贫困山区),而成为弱势群体;而社会性弱势群体是因为社会性和体制性原因而成为弱势群体,如城乡二元结构下的贫困地区的农民。如果人们机械地按照"得其应得"、"所得比例相同"的原则对待他们,那么他们将难以改变现状。因此,超越传统的公平观念,把对社会弱势群体的关照度作为社会公正的评价标准,这才是现代公正观应具有的理念。从马克思主义基本理论来说,"无产阶级只有解放全人类才能解放自己"是自《共产党宣言》诞生以来无产阶级的革命口号。所以,存在一个庞大的弱势群体,必定不是成熟的社会主义社会所应有的现象。共产主义革命所追求的是每个人的自由而全面的发展,因此,从某种意义上说,弱势群体存在的数量和规模,实际成为衡量社会发展程度的指示器。

就近代以来关于分配正义思想发展的历史而言,"向弱势群体倾斜"也是其理论中逐步增长的因素,这不但是启蒙运动的成果,也是在社会生产力巨大发展的历史背景下,人类良知的逐步累积成长之果。自康德第一个明确提出救济穷人是国家的义务而不是个人义务,认为"国家有义务有权利平衡社会利益,尤其要关注'对穷人的救济'"之后,传统的"得其应得"与"所得比例相同"的公平理念中,就渐渐被同情穷人的启蒙情节所影响,正如美国学者塞缪尔·弗莱施哈克尔在他的那本专著《分配正义简史》中所描述的那样:"到了18世纪末,我们开始清楚地看到这样一种信念,即国家能够且应该帮助人们摆脱贫困,没有人应该贫穷,没有人需要贫穷,也就是说,分配或者重新分配财富成为政府工作的一部分。"正是这种人类的"理性累积",罗尔斯在20世纪70年代提出了他的"公平的正义"理论,他的"最少受惠者的最大利益原则",就是企图通过某种补偿或再分配使一个社会的全体成员处于一种较为平等的地位。但是,在现代资本主义社会,私有制下的资本逻辑只能使这类美好愿望成为空想。只有在改革开放的社会主义中国,才能真正做到全面践行分配正义。以《决定》为代表的中国特色社会主义对仍处于经济发展较城市相对落后的我国广大农村与广大农民,作出了一系列重大部署,提出了一系列重大政策举措:

"建立城乡统一的建设用地,使农民更公平地分享土地增值收益。"

"让广大农民平等参与现代化进程、共同分享现代化成果",并强调要"推进城乡要素平

等交换和公共资源的均衡配置。维护农民生产要素权益,保障农民工同工同酬,保障农民公平分享土地增值收益"。

"统筹城乡基础设施建设和社区建设,推进城乡基本公共服务均等化。"

"稳步推进城镇基本公共服务常住人口全覆盖,把进城落户农民完全纳入城镇住房和社会保障体系,在农村参加的养老保险和医疗保险规范接入城镇社保体系。"

"赋予农民更多财产权利。"

……

在这些举措中,全面超越和提升了传统分配理论,达到了真正现代的分配正义。

3. 中国特色社会主义坚持人际差异性公正与人际同一性公正、实质公正与程序公正的统一,使中国特色社会主义分配正义具有了鲜明的当代色彩

现实的人,是人的差异性与同一性的统一。人际差异性公正,就是指通过按贡献分配而给贡献大者以大的应得;人际同一性公正,就是指分配中人与人的平等对待。人际差异性与人际同一性公正是彼此联系、相辅相成的,二者必须协同作用,动态平衡。事实上,人们往往把关注人的差异性分配叫作倾向于效率的分配,而把关注人的同一性的分配叫作倾向于公平的分配。所以,正确处理人际差异性公正和人际同一性公正的关系,实际上也就是正确处理效率与公平的关系。从人际差异性公正和人际同一性公正必须协同作用这一点看,无论是"效率优先"还是"公平优先",都不是维护社会公正的最好选择,都会在某种程度上造成不公正和不和谐。在此,把握好二者协同作用的"度",是达到二者合理平衡的关键。为此,中国特色社会主义在坚持分配正义中着重关注了以下三条:一是,用公正的精神把握效率与公平和人际差异性与人际同一性的关系,在坚持为社会发展创造物质基础的同时,又关注社会差别的动态变化,把社会差别限制在公正的范围之内,即不突破"度"的限制。二是注重制度化设计,用制度监控和防范公平和效率关系的失范。分配正义必须靠制度设计加以保障。三是注重各方各类利益的均衡。利益均衡是政治最重要的原则,也是和谐社会最重要的基础。中国特色社会主义以公正且动态的精神,关注了社会各类利益的动态均衡。

由此,《决定》在第44条即"形成合理有序的收入分配格局",提出了"着重保护劳动所得,努力实现劳动报酬增长和劳动生产率提高同步,提高劳动报酬在初次分配中的比重"。这正是实现利益均衡之举措。

如前已述,分配正义最基本的含义是"给每人以其所应得",那么何谓"应得",如何给予"应得",就成为分配正义所内含的问题。前者涉及的是实质公正的问题,后者则涉及程序公正的问题。

实质公正,就是"权利"与"义务"的合理分配,赏与罚的合理分配。"应得"取决于每个人所具有的权利,权利构成应得的根本和界限。"应得"的权利是不可剥夺与侵犯的,因此,尊重、维护人们应得的权利就是正义,侵犯、破坏应得的权利就是非正义。实质公正通过程序公正得以实现,与"实质公正"相比,程序公正是形式公正。

由于程序具有中立性、公开性与时间节点性,因此,程序能保证最低限度的公正。对于程序公正,几乎在《决定》的每一条都有体现,《决定》提出了实现党和国家事务制度化、规范化、程序化,把程序化写入全面深化改革的总目标中,就能使中国特色社会主义分配正义的实质公正通过程序公正得以实现。

第五章 交换伦理

在经济活动的生产、交换、分配、消费四环节中,交换是仅次于生产的重要一环。随着生产的发展,由物物交换过渡到以货币为中介的商品交换,由此使社会上产生了从事专业性的商品交换活动的一类人员,即商人。他们所从事的交换活动就被称为商业。交换伦理也就随着商人阶层的发展和商业活动的深入而发展起来。

第一节 古代交换伦理

中国的商业交换开始于夏代,但当时只是分散的、零星的物品交换,还属于物物交换的层次。《周易》中记载,"日中为市,致天下之民,聚天下之货,交易而退,各得其所"①,就是对当时(神农氏时)交换活动的描述。对这种部落之间的物物交换,《尚书》中也有记载,"暨稷播,奏庶艰食鲜食。懋迁有无,化居。烝民乃粒",②也是对物物交换对社稷民生重要意义的肯定。这种交换活动,直到商代,才初具规模。由此,也逐渐形成了一些交换的规矩。古籍中对此有多处记载,如《史记·夏本纪》曰:"左准绳,右规矩","声为律,身为度,称以出"。这个"规矩"就是要求经商的当事人都须共同遵守的规则。《尚书》中也记载:"关石和钧,王府则有。"这是指交换时所有使用的度量衡器具,必须"以量度成贾"。在《周礼·地官·司市》中也记载:"夫释权衡而断轻重,废尺寸而意长短,虽察,商贾不用,为其不必也。"都提及了商品交换的伦理。概言之,中国古代的交换伦理主要表现为以下几个方面。

一、克勤克俭,营销有方

"勤"和"俭",是中国古代产生最早的商业伦理德目。它们最早可见于《尚书·大禹谟》:"克勤于邦,克俭于家。""勤"主要指勤劳、勤快、勤奋之义,而"俭"则指节俭、俭朴之义,在《尚书·酒诰》中,曾有这样一段话描述当时的商人不畏长途经商之艰辛,为孝养父母而勤俭经商:"奔走事厥考厥长,肇牵车牛,远服贾用,孝养厥父母。"在顾炎武的《肇城志》中,谈到徽州人何以致富时,也指出"新郡勤俭甲天下,故富甲天下"。勤劳节俭行商致富的思想,也反映

---

① 《周易·系辞下》。
② 《尚书·益稷》。

在商谚中。晋商和徽商，是我国明清时期两大威震全国的商帮。山西商谚中就有"能打会算，财源不断，买卖不算，等于白干"的说法。勤俭发家，成为山西商人的一大特色，有谚语："山西人，大褡套（一种可搭在牲口身上形同褡子的大布袋），发财回家盖房置地养老小。"徽商的吃苦耐劳也是当时商界闻名的。徽商中的大多数人出身寒微，经商之初均从事小本生意，大抵通过个人劳动积累及封建剥削收入两方面，才累积起商业资本。作为徽州茶商后裔的胡适曾说："一般徽州商人多半以小生意起家，刻苦耐劳，累积点基金，逐渐努力发展，有的就变成了富商大贾了。"[1]

除勤俭外，营销有方（即精明）也是商人必备的伦理素质，故有"贾以察尽财"（《荀子·荣辱》），"察"，即精明也。晋商商谚可以说淋漓尽致地表达了这种"精明"："百里不贩粗。""不怕不卖钱，就怕货不全。""买卖争毫厘。""生意没有回头客，东伙都挨饿。""人离乡贱，物离乡贵。""赊三不如现二。""逢贱莫懒，逢贵莫赶。""贵了抢着买，贱了不好卖。""本大利大，钱多胆大。""买卖赔与赚，行情占一半。""卖货先开口，顾客不愿走。""屯得应时货，自有赚钱时。""人叫人，观望不前；货叫人，点首即来。""薄利多销。"[2]可以说，上述商谚已涵盖了营销术的所有要点。

二、诚实守信，货真量足

"诚"，是儒家道德观中的核心德目之一，也是我国古代商业伦理的重要规范。早在《周礼》中，就有"以贾民禁伪而除诈"[3]的说法，《荀子·王霸》载："商贾敦悫无诈，则商旅安，货财通，而国求给矣。"《管子·乘马》乃曰"非诚贾不得食于贾"，这些都在说经商必须诚实守信，童叟无欺，直到宋儒周敦颐更把"诚"的实践意义一语点破："诚，五常之本，百行之源也。"[4]也就是说，"诚"可以赢来商业信誉，引来更多的顾客，有利于商业的发展。在我国古文献中，常用"市不豫贾"来赞美这一商德。在此仍以晋商、徽商为例，晋商商谚中就有"宁叫赔折腰，不让客吃亏"，"生意无诀窍，信誉第一条"，"货有高低三分价，客无远近一样亲"，"和气生意成，冷言伤人情"等戒条。崇尚信义，诚信服人，也是徽商的经营之道。

诚实守信不仅表现在商业态度中，更要表现在商业行为中，故货真量足，亦成为我国古代商业道德的重要规范。"货真"就是要求商贾不出售假货和劣货，《礼记·王制》载："布帛精粗不中数，幅广狭不中量，不鬻于市。"《孔子家语·相鲁》中亦记载："贾羊豚者不加饰。"货真是与价实联系在一起的，"市不二价"、"口不二价"，主要是从"一分钱一分货"、"货真价实"的意义上讲的。"量足"也是古代一条重要的商业经营伦理规范。"信誉不欺，一诺千金"就是要在货真与量足上体现出来。史籍上记载有盐商秤准量足，地方司市官就给予物质奖励并褒扬盐商信守商德的故事。仍以徽商为例，徽商也求利，但他们的信条是"职员为利，非义不可取也"。从经营的角度看，商家与顾客的关系是互利互惠、相互依存的。多行不义、贪图大利，一味只是盘剥、敲诈顾客，虽然能给自己带来暂时的利益，但却毁坏了双方长期合作的

---

① 唐德刚：《胡适口述自传》，华文出版社 1989 年版，第 102 页。
② 中国近现代史史料学会编：《晋商史料研究》，山西人民出版社 2001 年版，第 488 页。
③ 《周礼·地官·司市》。
④ 周敦颐：《通书·诚下第二》。

经济伦理学

基石,大多数徽商正是看到了这一点,才自觉地诚实经营,对此,歙商鲍直润说得很明白:"利者人所同欲,必使彼无所图,虽招之将不来矣,缓急无所恃,所失滋多,非善贾之道也。"[①]

三、贾而好儒,亦贾亦儒

贾为厚利,儒为名高,人们主张"张贾"、"张儒","迭相为用"。歙人汪道昆说:"夫人毕事儒不效,则弛儒张贾;既侧身飨其利矣,及为子孙计,宁弛贾而张儒。一弛一张,迭相为用,不万钟则千驷,犹之能转毂相巡,岂其单厚计然乎哉!"[②]这说明了贾与儒之间相互作用的关系。商人既厚利又厚名,厚利不过是厚名的阶梯,厚名又可厚利,他们希望子孙通过仕进而"名高不朽",终身享受荣华富贵。在明代,就有人把徽商分为"儒贾"和"贾儒"两种:"贾名而儒行"者谓之"儒贾","以儒饰贾"者谓之"贾儒"。那些"贾名而儒行"的人都是具有不同文化程度的商人,他们在经商活动中,大都善于审时度势,决定取予,运以心计,精于筹算,所以往往能稳操胜券,生意越做越活,资本越积越多,在商界的名声也日益提高乃至显赫。这些儒商,在他们的经营活动中,一般受到儒家思想的支配,譬如他们主张"以诚待人"、"以信接物"、"以义为利",以儒道经商,舍小利而谋大利,从而迅速发家,这已成为他们发家的奥秘之一。同时,在"张贾"发家之后,又多延师课子,认为"富而教不可缓也",亦贾亦儒,开始新的良性循环。这一贾而好儒、儒贾结合的伦理思想,是我国商业伦理的重要特点之一。当然,儒学毕竟是维护封建制度的思想武器,"贾而好儒"虽然对商业的发展起过一定作用,但也使商人的思想被禁锢在封建主义的栅栏里,因此,封建商帮也不可避免地要随着封建社会的衰落而衰落了。

第二节 现代交换伦理

一般说来,在现代市场经济中,商品交换过程由交换主体、交换内容、交换比例、交换程序和交换手段四个主要部分组成,因此,以交换正义原则为中心的交换伦理也就包含了交换主体的正当性、交换内容的正当性、交换比例的正当性、交换程序和交换手段的正当性五个部分。

一、交换主体的正当性

所谓交换主体,是指拥有某种物品,直接参与交换活动的人或法人。在以物物交换为特征的直接交换中,交换主体是明确的,他就是所交换物品的所有者。但当以货币为媒介的间接交换广泛出现之后,特别是全社会的普遍交换关系形成之后,交换主体即显现出其复杂性。例如,一个国企的经理,他在其职业活动中主要存在着三种不同的交换关系:他受聘于该企业,为该企业工作并享受企业的年薪及各种待遇,这时他与企业之间存在的交换关系,可称为第一层次的交换关系;他所在企业必须每年向国家交纳税收以及各种费用,国家提供

---

① 转引自张海鹏:《徽商研究》,安徽人民出版社 1995 年版,第 424 页。
② 汪道昆:《太函集》卷 52,《海阴处士仲翁配戴氏合葬墓志铭》。

土地及各种政策支持企业的发展,在此企业和国家之间存在的交换关系,可称为第二层次的交换关系;这位经理在履行自己的职责时,与各种当事人交往,代表企业与他们订立合同,彼此互通有无,这就形成了第三层次的交换关系。在第三层次的交换关系中,他与另一企业交换的并不是属于他个人所有的物品,而是作为该企业的代表,对国有企业的产品作为商品的流通起了"代理人"的作用,在此,国家和集体才是这些资产的所有者,才是真正的、正当的交换主体。如果这些代理人在与客户的交换过程中利用国家或集体授予的权力以权谋私,搞不正当的钱权交易,那就是偷梁换柱,使真实的、正当的交换主体被虚假的、不正当的交换主体所替代,其结果对于这类不正当交换主体而言,其所获财物在道义上就是"获取的非正义",或"转让的非正义"。这就是经济领域内的腐败现象,是必须防止和制止的。这类非正义或不正义,其问题在于它不是通过诚实劳动、合法经营来获取自己的利益,而是利用手中之权盗用他人、集体或国家的资财与对方交换以谋私利,实质上是一种剽窃行为。

所以,要实现交换的正义,必须认清交换的不同层次及每一层次交换主体的真实性与正当性,如果是代表自己进行交换,就不能利用他人或单位的资财,如果是代表他人或单位进行交换,就不能为自己获取额外好处。

二、交换内容的正当性

交换内容的正当性涉及两种情况:一是指交换的物品必须限定在法律所允许的范围之内,超出这一范围,则为非法交换或不正当交换,如人口贩卖、毒品贸易等,都是非法交换,是交换内容不正当性的极端状况。二是指交换的东西必须合乎道义。如人的基本权利、人格尊严作为一种政治资源,是不可与经济资源相交换的。一个人伤害了他人生命或人身自由,就必须受到法律制裁,如果他用钱买通"关节"而使自己免于制裁或使自己应受到的制裁减轻,这就把基本人权和人的自由作为与金钱相交换的对象了,这种交换,就是内容不正义、不道德乃至非法的交换。

区分交换内容的正当性与不正当性,是实现交换正义的重要一环,将不该、不可、不能用于交换的东西投入交换,即使交换主体是真实与正当的、交换的比例与程序均无漏洞,该交换仍为非正义、非道德交换。

三、交换比例的正当性

交换比例的正当性是指交换比例的等价性或等值性,等价交换使交换达到公平,因此,等价交换原则是交换领域的基本道德原则,德国经济伦理学家 P·科斯洛夫斯基认为:"公平交换原则或'等值交换'不是经济规律,而是经济伦理学的'绝对命令'。"[1]他认为,公平交易应以下四点为标准:(1)要求实际价格与现行价格相结合,在市场经济中是与市场价格相结合;(2)要求交换的实物事实上是公平的,不得为假货;(3)要求交易是互利的,无一交易方的财产受损;(4)要求在合同中实现公平的利益平衡,并实行"公平交易道德"。[2] 科斯洛

① [德]P·科斯洛夫斯基:《伦理经济学原理》,孙瑜译,中国社会科学出版社 1997 年版,第 197—198 页。
② 同上注。

夫斯基还解释道:"标准(1)和标准(3)是公平价格标准,标准(2)是事实上的公平标准。"①科斯洛夫斯基把实际价格理解为"实际个体价格",认为"个体价格是在时间、地点上都是具有独特性的交易中形成的"。② 而市场价格"是由市场形式、经济法律和宪法的框架条件、由历史上形成的市场原始条件决定的"。③ 因此"现行价格(在市场经济中指市场价格)与实际个体价格是不一致的"。④ 他认为,竞争市场上的市场价格是一种公平合理的价格,"在市场价格优先的情况下,个体价格在道德上也是很重要的。在合理的市场价格的作用下,也存在个体价格合理性的问题",公平交易的价格,应处理好个体价格与市场价格的关系。

P·科斯洛夫斯基的公平价格理论,对于我们探讨交换的正义具有重要启迪作用。一般认为,坚持交换比例的正当性,就必须做到:

第一,合理定价。在市场经济条件下,由于竞争机制和供求关系的影响,商品价格会围绕着价值这一轴心而上下波动。坚持交换比例的正当性,在具体做法上就应尊重市场价格,正确处理个体价格和市场价格的关系。一般说来,在大多数市场中,供货方具有拟定价格的回旋余地,构成了公平交易的重要组成部分。正如科斯洛夫斯基所说:"不仅市场价格的形成,而且围绕市场价格或正常价格波动的个体价格的制订,都需要经济伦理学在供货方和需求方之间制订价格时起作用。一种货物的个体价格或一种在时间空间上有特性的货物的实际价格,不是完全由市场价格决定的,而是产生于道德上非常重要的决定。"⑤因此,利用某种垄断地位压低或哄抬物价是价格问题上的非道德行为,公平价格的基本标准是这一价格可使交易双方互利双赢,无一方因交易而财产受损,这应是等价(等值)交换的自然结果。

第二,货真价实。公平交换除了对价格公平的要求以外,还要求事实上的公平,即要求所交换的货物是真实的货物而不是虚假的货物,这就是人们常说的"货真价实"。一种商品的市场价格,总是就达到某种质量标准的商品而言的,正因为如此,"事实上的公平"就要求用与商品价格相适应的合理商品进行交换,以次充好、以劣充优、以假乱真,就是把并不等价的东西当作等价的东西来进行交换,这就违反了交换比例等价性(等值性)原则。此外,要求交换货物的事实公平,还包括不得进行虚假货物交换,由虚假货物交换所产生的收入为不正当收入。这类不正当收入来源可以包括以下几种情况:一是卖方利用自己的强者权位或买方业已存在的困境额外牟利;二是卖方或买方不正当地制造一种对方的困境而从中牟利;三是利用垄断来牟利;四是通过诈取来牟利;五是利用买方无经验或利用买方的虚荣心怂恿其进行不公平的交换;六是伪造和弄虚作假骗取对方交易⋯⋯在上述这类不正当交换中,价格没有反映交换物的本质,由制造一种虚假事实来获得收入的做法与通过当强盗来获得收入没有什么实质的区别。上述不正当手段有的已触犯法律,要受到法律的禁止和制裁。

第三,分量足额。如果说货真价实是公平交换对交易物在质上的要求,那么,分量足额则是公平交换对交易物在量上的要求。交换比例的等价性(等值性)也表现为必须用足额的合格交易物进行交换。克斤扣两、缺尺少寸、以小充大,实际上就是不正当地提高了单位商

---

① [德]P·科斯洛夫斯基:《伦理经济学原理》,孙瑜译,中国社会科学出版社 1997 年版,第 197—198 页。
② 同上书,第 201 页。
③ 同上书,第 198—199 页。
④ 同上注。
⑤ 同上书,第 203 页。

品的价格,这就违反了交换比例的等价性(等值性)原则。等价交换原则是不允许交易双方的任何一方通过交换遭到财产上的损失的,互利是等价交换原则的基本精神。因交换而使一方财产受损,这是违反公平交易原则的不道德行为。"交易中的利益可能是零,但商业财产的变化不能是负数。"[①]

四、交换程序的正当性

法哲学把法律正义区分为两个方面即实体正义与程序正义。实体正义是指法律条文本身体现社会正义的要求,程序正义是指法律机器遵循一套程序上的规范和准则。引用这一分类方法,我们也可以把交换的正义区分为交换的实体正义和交换的程序正义两部分。前者是指我们已阐明的交换主体、交换内容、交换比例的正当性,而后者交换必须遵循一定的法律规范和程序。交换程序的规范性是交换正义的有力保障,也是交换正义的必然要求。

交换程序的正当性包含以下三个相互联系的方面:

第一,立法者对交换要有明确的普遍的法律规范。只有这些法律规范是明确的,交易者才有可能得到关于交换程序规范的同样的信息,只有这种法律规范是普遍的,人们才能在这种法律规范下享受同等的交换的自由和权利。这应包括:

(1) 交易主体作为市场主体进出市场的秩序规范化。市场主体进出市场的行为应当符合公平竞争的原则。例如应有一定规范对市场主体作准入规定、经营范围(内容)划定以及经营失败的风险保障等。

(2) 明确市场主体进行交易竞争的权利与义务,以此规范交易竞争的秩序。市场如同球场,在球场赛球,只要参赛者具备参赛能力,就不该有过于严格的限制。球赛规则应有助于球赛的充分展开,而不是削弱球赛的激烈程度。市场也一样,市场在这方面的规则包括行政手段、经济手段和法律手段三大类。行政手段是指各级政府凭借政府权威,按有关的"权力负面清单"等规定行事。经济手段是指政府运用货币、信贷、税收、补贴等经济措施对市场主体进行间接调控,由于经济手段具有实利性和诱导性的特点,因此,在现代大多数国家,对经济竞争的控制,所依靠的主要不是行政手段,而是经济措施。法律手段主要是通过制定一系列法律、法规对从事各个领域经济竞争的市场主体进行法律约束,用法律规范、控制交易规范和秩序。由于法律具有强制性的特点,以法治市(场)现已成为世界各国对经济竞争进行社会控制的最重要的形式。

第二,市场主体作为交易的当事者要自觉遵守上述提及的这类明确普遍的行政规范、经济规范与法律规范。这些规范体现了经济活动的规律性,人们的交易行为合乎这些规范,也就会合乎交换正义的原则和经济运行规律,既能促进交易的有序进行,又能有利于交换者自己经济利益的发展。

第三,执法者要严格执行各类行政、经济规范及法律规范。法律规范是行政规范和经济规范的最后底线和对市场主体最起码的基本要求。法律面前人人平等,平等是法律的基本精神。这种平等体现在实体正义上,就是肯定每个市场主体有同等的权利与义务;这种平等体现在程序正义上,就是要求"同样的案件同样的处理"。只有法律得到了严格的执行,才能

---

① [德]P·科斯洛夫斯基:《伦理经济学原理》,孙瑜译,中国社会科学出版社 1997 年版,第 207 页。

达到真正完全的平等,才能实现"同样的案件同样的处理"。为达到严格执法的要求,执法者必须超脱于交换之外,因此,禁止权力经商是其必然要求。如果对政府行为不加规范,当政府行政官员利用其行政权力"亲自"参与资源配置的交易活动,就可能给市场交易活动带来障碍,如对某些部门或企业进行特别保护,授予特许权,对某些主体进入市场规定特别苛刻的条件,垄断某些盈利产业,控制价格,设定地方保护或部门封锁等,这些行为就会造成市场壁垒,导致交换的不正当与不公正乃至腐败的产生。由此可见,规范政府行为也是实现交换正义的重要内容。

五、交换手段的正当性

事实上,在交换比例的正当性中,对交换手段的正当性已有所涉及,因为种种不正当手段的运用,无非是为了搞不等价交换,以牟取不义之财。但"比例正当"和"手段正当"在含义上又有区别,前者重点在强调交易物量的方面,其核心范畴是"公平";而后者重点在强调交易的形式与方法,其核心范畴是"公正"。对于我国实行的社会主义性质的市场经济而言,对交换手段正当性的强调更具有重要意义。因为通过提倡正当竞争手段,展开公平、公正竞争,不仅可以促成社会主义市场经济的新秩序,而且也可以促进社会主义精神文明建设。所以,从社会主义精神文明建设的角度看,强调竞争手段的正当性也具有不可忽视的重要性。

交换手段的正当性问题可以从其反面——不正当手段的表现来获得理解。

何谓不正当交换手段? 据我国 1985 年加入的《巴黎公约》[①]规定,不正当竞争行为是指在工商业事务中违反诚实的习惯做法的竞争行为。对不正当竞争行为,该公约采取了概括和列举相结合的方式。上述定义就是该公约对不正当竞争行为的概括,至于对这一概括性规定如何掌握和执行,则成为成员国内相应的司法机关或行政机关的职权。根据各主要国家及我国有关法律文件的阐述,不正当竞争手段主要包括垄断、限制竞争行为及其他不正当竞争行为三大类。

第三节　正当交换的伦理原则

什么是正当交换的伦理原则呢? 一般说来,市场经济在体制上同计划经济相比,最大的差异性是建立在广泛分工基础上的交换关系,市场经济体制的通过交换方式配置资源替代了自然经济或计划经济的组织内部配置资源的方式。这使市场经济体制在运行机制和利益安排上有了全新的意义:市场机制是一种利益契合机制,交换是利益契合手段,因此公正平等、诚实守信、互通互利、遵纪守法应成为正当交换的伦理原则。

为了进一步阐明正当交换的四大原则,我们首先必须把经济伦理与经济原则、经济伦理与社会伦理作一简要区分。

---

① 《巴黎公约》是《保护工业产权巴黎公约》的简称,该公约是 1883 年在巴黎外交会议上由比利时等 11 个国家联合缔结。该公约于 1884 年生效,后经多次修改。现行的版本是 1967 年在斯德哥尔摩的修订本。我国于 1995 年加入《巴黎公约》联盟,成为该公约的成员国,并同时声明不受公约第 28 条第 1 款的约束。

经济伦理与经济原则的区分：经济伦理是经济活动领域的伦理规范，特别是交换关系中的伦理准则。有人以为经济原则是同伦理原则相对立的，如经济原则讲功利性、讲利益、讲商业价值（交换价值），伦理原则则讲精神价值、讲友善、讲仁义，因此，在市场经济体制中，经济发展必然迫使伦理原则让出空间，道德规范是经济增长的必然代价——这种观点的出现，就是没有对经济原则与经济伦理准则作正确的认识与区分。事实上，世界上并没有纯粹的不受伦理约束的经济原则。例如著名的衡量效率最优境界的帕曼托标准，就是以"个人利益的增进不得以他人利益减少为代价"为准则的，这一准则，与其说是经济原则，不如说是一种经济规范。问题在于经济伦理既不同于经济原则，也不同于一般社会伦理，经济伦理是要求人们在经济活动中遵守做人的基本道德规范（也可称为底线伦理），它是以不损人为前提来利己，这在一般社会伦理规范中是起点的范式，不是较高的范式，甚至不是普遍的范式。如"不损人而利己"无法推及到亲友之间或社会阶层之间的伦理关系上。

经济伦理与社会伦理的区别：一般说来，经济伦理本质上是将经济领域的生产与交换活动进行利益边界界定，将交换的双边及多边利益边界加以约束，就这一点而言，经济伦理与一般社会伦理有共同的出发点。然而二者在层次上和外延范围上有很大的差异性，在经济领域讲求机会平等、效率优先、责任感、信誉、开拓精神等等；在社会领域则需要讲同情心、利他主义、公益心、奉献精神、高尚人格等。不应模糊这两个不同层次伦理规范之间的差别，既不应把经济领域的交换原则、金钱效率原则推行到社会领域，也不应把社会领域适用的奉献精神、利他主义等伦理标准拿来对经济活动作价值判断。

交换伦理的基本原则正是建立在上述区别之上的关于人们从事经济活动的道德准则。它由以下四个原则组成。

一是公正平等原则。所谓公正平等原则是指在交换过程中，各交换主体的人格平等、权利平等、义务平等以及建立在等价交换基础上的利益均等。公平是交换活动的基本准则，任何特权都是与公平交换原则相对立的。公平交换是参与交换活动的交换主体的内在要求。交换者要通过交换过程实现自己的利益，就必须确立一个大家公认的、可操作的、客观的和稳定的交换规则，等价交换最切合人们交换活动的需要，只有坚持等价交换，才能使买卖双方的利益都得到实现。对任何交换主体来说，不受地位、职位的影响，不受地域、时间的影响，都应贯彻等质量劳动换取等质量产品的等价交换原则。当前我国实行以公有制为主体、多种所有制并存的经济体制，除国有企业外，还存在着个体户、民营企业、外商独资、中外合资等多种所有制形式的企业，形成了多样化的交换主体及多层次的利益关系，这就使交换伦理原则的推行更具必要性和紧迫性，各个层次、各种类型的交换主体只有通过公正平等的交换才能实现各自的利益，从而推动市场经济的正常运转。

二是诚实守信原则。所谓诚实守信原则是要求各交换主体在交换活动中诚实经营、信守承诺、货真价实、童叟无欺。交换是实实在在的物质流动和利益互换的过程，因此，交换中能否诚实守信就成为交换活动能否成功的重要条件。正如亚当·斯密所言，商人依赖诚实公道，不亚于战争依赖纪律。只有各交换主体诚实守信，才能使公平原则的实现成为可能，公平是以诚实守信为基础的，无诚实守信，也不可能达到公正平等，不可能有真正的等价交换；只有各交换主体诚实守信，才能使交换手段正当性的实现成为可能，使各种不正当手段自我败露、无立足之地；也只有各交换主体诚实守信，才可能免去各种各样的猜忌、不信任和摩擦,大大节约社会交换成本,使交换得以正常进行。因此,诚实守信是交换活动的生命线。在中国古代,公平买卖、童叟无欺,一直受人推崇,"市不二价"被看作民风淳朴的表现,"口不二价"被视为经商的美德。它在我国传统商业活动中发挥了积极作用,在实行社会主义市场经济的今天,尤其在我国消费品市场已由卖方市场转为买方市场的今天,商家在销售上展开了激烈的竞争,要想在竞争中拔得头筹,商誉、商德才是制胜的法宝。难以想象,一个不重视商业信誉的企业能在今天的市场上立足。近年来,我国许多行业开展优质服务承诺制,就集中体现了这一时代要求。

三是互通有无、互惠互利原则。此原则是指在交换过程中各交换主体抓住机遇、互通有无、文明经营、礼貌待人、协作竞争、以双赢为目标。市场经济中的以贸易为代表的交换活动,是一个开放式的连续不断的循环,人们通过货币结算互换物品并不是"一锤子"买卖,而是希望能保持长久的双边或多边贸易关系,以达到互通有无、互惠互利的目的。在这一过程中,并不是"一方吃掉另一方"或"一方打败另一方",而是只有通过"双赢",双方的贸易关系才有可能持续下去,才可能以小利积大利,保证社会经济生活的正常运行。

四是遵纪守法原则。所谓遵纪守法原则是指在交换过程中,各交换主体要遵守国家颁布的各项政策法令,合法经营、依法纳税,在宪法和各项经济法的规范下公平竞争、自主经营。市场经济是法制经济,法制是秩序的保证。法律的手段是维护有序竞争,制止无序竞争,排除危害竞争的行为的最有效方法。如果竞争者不遵纪守法,不对自己的交换行为进行任何形式的约束,我行我素,那么这种绝对自由不但不会促进社会经济的发展,反而会扰乱正常的社会经济秩序,使整个社会经济生活陷入混乱。因为每个竞争者都想用最小的代价取得尽可能多的竞争收益,这样就使不正当竞争与野蛮竞争有了滋生的土壤。只有提倡和维护遵纪守法原则,鼓励守法者,制裁不法者,才能使市场交换行为纳入有序化、健康发展的轨道。

上述四项关于交换手段的伦理原则是一个以公正、公平为核心的相互联系的有机统一体,鼓励和倡导公平竞争是其基本宗旨。它的作用在于通过规范道德上的"正当"与"应当",抵制与克服道德上的"不当"与"失当",从而达到在交换过程中的五个维护:一是维护诚实经营者的利益;二是维护消费者的合法权益;三是维护市场经济的正常秩序;四是维护优胜劣汰的竞争机制;五是维护社会主义精神文明建设。

第六章 消费伦理

　　消费是人类社会生活中最基本的现象之一,哪儿有人类生活,哪儿就有消费,形形色色的消费构成了人类生活的重要内容。当代中国消费问题的研究对于中国社会主义市场经济的发展,以及社会主义物质文明和精神文明建设都有着深刻的理论意义和现实意义。

　　从经济学角度看,消费是社会再生产的重要环节之一,它与生产、分配、交换构成一个统一的有机整体。生产是整个经济活动的起点和居于支配地位的要素,它决定消费,而消费的增长又是产生新的社会需求,开拓广阔的市场,促进生产力更大发展的强大推动力。然而,我们绝不能忽略经济和非经济的互动关系。不仅要将消费活动置于社会再生产过程中考察,也要将其置于整个社会生活的背景之中分析,特别是要注意社会的伦理风尚、个人的道德观念对人们消费活动的制约和影响。为了协调好生产与消费的关系,使国民经济呈良性循环的态势,我们不仅要用经济的杠杆、行政的手段,同时也要用道德的力量引导消费,使物质文明和精神文明携手共进。

第一节　什么是消费伦理

　　消费伦理主要研究消费活动中的道德观念、道德关系、道德规范等问题,但要全面而又正确地阐述这些问题,必须首先界定消费。

一、消费是一种伦理现象

　　消费,是人们把自己劳动生产出来的产品使用掉,以满足自己生活需要的行为。非劳动产品,例如阳光、雨露,有个如何利用的问题,但不存在怎样消费的问题。消费是与生产相对的对立面,但它不应仅仅理解为吃、喝、玩、乐的消极行为,它也是使人获得全面的自由的发展,提高自己的能力、积极性和生产的素质的积极行为。

　　消费可从广义和狭义两个方面加以理解。从广义上说,消费包括生产消费和个人消费。在物质资料生产过程中,生产资料和活劳动的使用和消耗也是消费行为,但这种消费通常已被包括在生产这个范畴中。我们这里所说的消费,指的是人们把生产出来的物质资料和精神产品用于满足个人生活上的需要的行为和过程,是“生产过程以外执行生活职能”,也即狭义上的消费。

当我们对人类的消费活动进行研究后,不难发现消费不仅仅是一种经济现象,而且是一种伦理现象。从消费行为的动机分析,有了消费的经济能力后,人们就一定愿意进行消费吗?不是的。比尔·盖茨是微软公司的老板,拥有价值数百亿美元的家产。对他而言,在消费上绝不会存在任何经济问题。但他在出行购买飞机票时说:"既然头等舱同二等舱都在同一时间到达目的地,我何必要坐头等舱?"他以平常心坐二等舱,而不坐头等舱,反映了他消费的价值观:如果目的只是"到达",方式越简单、快捷、便宜越好。这说明,消费行为的选择中,不仅有经济能力上"能不能"的问题,而且还有消费者个人"愿不愿"的问题,一定的价值观支配着人们的消费行为。当然,我们不能否定经济能力的决定作用,但也不能忽视,甚至否定伦理道德对消费活动的重大影响。消费既受一定的物质资料生产方式和水平的制约,也受个人的生活态度、价值观念及社会道德风尚的影响,它是经济学与伦理学的重要交汇点之一。

消费伦理的研究必然涉及人的需要问题,因为一切消费活动的起点和归宿点是人的需要。马克思说:"我们的需要和享受是由社会产生的;因此,我们在衡量需要和享受是以社会为尺度,而不是以满足它们的物品为尺度的。因为我们的需要和享受具有社会性质。"[1]在不同的生产力水平下,人们的消费需要是不同的;在不同的社会制度下,不同社会阶层的人的消费需要也是不同的。在不同的社会道德风尚的条件下,人们的消费需要也是有着明显差别的。社会道德风尚刺激或节制了消费者的需求。究竟是什么促使比较富裕的人一直不断地增加他们对商品和劳务的需求呢?回答在于资本主义社会最根深蒂固的特征之一,这就是消费主义风气。消费主义来自资本主义意识形态的一个基本的教义,即认为个人的自我满足和快乐的第一位的要求是占有和消费物质产品。

西方经济学的消费理论在分析消费者购买动机时,有"推力论"、"拉力论"、"推力和拉力相结合论"等多种理论。"推力论"认为,消费者总是先有了某种欲望,然后才会作出购买决定。消费者的欲望是消费者追求消费品的推动力。"拉力论"认为,消费品的吸引力才促成了消费者的购买决定。但是,如果采取"推力论"的观点,那么通常只能说明一次性购买,而难以说明对商品和商标的忠实不渝,而采取"拉力论"的观点有助于说明多次购买、重复购买过程,特别是说明消费者对某种特定商品的喜爱的原因。而在实际过程中,消费者行为是一个动态的决策过程,"推力"和"拉力"是结合在一起的,两方面不可分离。只有两方面结合才能说明购买的连续过程,这样,"推力和拉力相结合论"应运而生。然而,即便如此,仍有一个悬而未解的问题,即为什么消费者会购买某些看来他们并不需要的商品呢?或者说,为什么有些消费者看来不仅被消费品所"吸引",甚至被消费品所"缠住"而无法脱身呢?20世纪六七十年代起,西方经济学出现了一个新的领域。在这个新的领域中,经济学家开始研究社会消费风气对消费者购买动机的影响。社会消费风气是社会道德风尚的一个方面,其实质是社会道德价值观念问题。消费问题不仅是经济学的问题,同时也是伦理学问题,这一观点得到了进一步的确认。

---

① 《马克思恩格斯文集》第1卷,人民出版社2009年版,第729页。

消费者根据什么提出消费需要，又怎样获得消费资料，并按何种方式实现消费，这一系列的消费过程，贯穿着消费者的道德价值观念。在现代西方，科学技术的进步推动了生产力的飞跃发展，消费品被大量地生产出来。资产阶级为了获得更多的利润，扩大销售市场，大力生产一般消费品和奢侈品。在追求体面的消费的社会风气中，许多人渴求无节制的物质享乐和消遣，这正是现代享乐主义道德价值观念的反映。在人们的消费过程中，作为主体的人，总是自觉不自觉地受到一定的道德价值观念的指导，不是这种道德价值观念就是那种道德价值观念。换言之，道德价值观念通过社会舆论、传统习惯和内心信念调节着人们的消费内容、消费方式与消费行为。

二、消费的道德调节

人们的消费行为可以通过法律手段加以调节，例如制定政策和法令，禁止或减少人们对某一商品和服务的消费，然而法律对于人们消费行为的调节是有限的。消费什么，消费多少，在很大程度上取决于人们的性格、爱好、人生观和价值观，这就意味着道德手段比法律手段有着更为广阔的调节空间。消费过程中的道德调节主要集中在三大层面上。

第一层面是物质消费和精神消费关系中的道德调节。消费需要是人们初始的需要，最基本的需要。人类要生存，社会要发展，必须有消费资料，必然产生消费需要。尽管对于人的需要，理论家作过多种划分，但是人的物质需要与精神需要是不可否认的两大基本需要。消费是满足人的需要的活动，因此，与这两大基本需要相适应的是物质消费和精神消费。物质需要和精神需要是两个完全不同的领域。科学发展到现在证明，要满足饮食的需要，要充饥，只能借助于食物，用形象的比喻来说，画饼焉能充饥？物质需要必须通过物质消费来加以满足，精神需要只有通过精神消费才能得到满足。在某种特定的条件下，物质需要与精神需要可以融为一体。例如，穿一件款式新颖的时装，既可满足物质需要，也同时满足了精神需要。但是，并不是任何时候、任何消费活动都能使物质需要和精神需要同时满足的。因此，划分物质需要和精神需要，划分物质消费和精神消费是完全必要的。

物质需要与精神需要、物质消费与精神消费，在不同的道德价值观念体系中有着不同的评价。禁欲主义的道德价值观主张抑制甚至摒弃个人的物质欲望，把人的物质消费需求视为邪恶。古希腊禁欲主义的代表——犬儒学派认为："无欲是神圣的；而尽可能地减少欲望乃是最接近神圣的。"①统治西欧近千年的基督教道德价值观把禁欲作为其核心内容，有位神学家说："谁慕求属天的东西，谁就对属地的东西不感兴趣。谁企望永恒的东西，谁就厌恶暂时的东西。"这种把"属天的东西"与"属地的东西"、"永恒的东西"与"暂时的东西"截然对立起来的论调，无非是要求人们摒弃一切物质欲望。在中国，宋明理学中的"存天理，灭人欲"颇有代表性。朱熹认为，天理是"是"，人欲是"非"。"同是事，是者便是天理，非者便是人欲。"②他认为，天理与人欲是一存一亡的关系。"天理存则人欲亡，人欲胜则天理灭"，③既然天理与人欲是对立的，而且天理是纯粹的善，人欲是绝对的恶，人所做的只是"革尽人欲，复

① 转引自［德］黑格尔：《哲学史讲演录》第2卷，商务印书馆1960年版，第145页。
②《朱子语类》卷四十。
③《朱子语类》卷十三。

尽天理"①了。禁欲主义的道德价值观扭曲了人性,同时也阻碍了社会生产力的发展。

与禁欲主义道德价值观截然相反的是享乐主义的道德价值观,这种道德价值观主张放纵人的物质欲望,刺激人的物质消费。从中国历史上看,早就有所谓"浮生若梦,为欢几何"之说,它属于享乐主义道德价值观范畴。在西方历史上,古希腊哲学家亚里斯提卜宣传人生的唯一目的是快乐,而且这种快乐是眼前的、肉体的快乐。17、18世纪的欧洲唯物主义者代表着当时资产阶级的利益,从彻底的感觉论出发,认为"趋乐避苦"是人性的自然要求,因此,人生的一切目的和行为归根到底都是为了求乐避苦,为了物质享受。尽管资产阶级倡导的享乐主义对反对中世纪的禁欲主义产生过一定的积极作用,但是随着历史的发展,它对人类社会所产生的消极影响越来越突出。西方的"消费道德"正是扎根于这种享乐主义的道德价值观。享乐主义道德价值观从人的生物本能出发,把人的消费、生活仅仅看成满足人的生理本能需要的过程,认为追求感官快乐,最大限度地满足物质生活享乐是人生的唯一目的,其实质是片面夸大了人的自然属性、物质生活一面。以这种道德价值观为指导,必然使消费走入误区。在社会主义市场经济条件下,要有健康的消费,必须以正确的道德价值观为导向。这种道德价值观既不是禁欲主义的,也不是享乐主义的,既重视人的物质需求,又重视人的精神需求,并且把两者很好地协调起来。古希腊哲学家柏拉图认为,善的生活应该是一种混合的生活,是一种理性与感性、快乐与智慧混合的生活。他说,生活中有两道泉在我们身侧涌流着,一道是快乐,可以比作蜜浆,另一道是智慧,可以比作清凉剂,我们必须设法将这两种东西配成可口的合剂。② 柏拉图的这一思想,在两千多年后的今天,也不无价值。现代的生活也应该是一种感性与理性、物质与精神协调统一的生活,与之相伴随的是,不但要重视物质消费,也要重视精神消费。

现代科技的进步,生产力的发展,带来了商业的繁荣。花花绿绿的商品,铺天盖地的广告,刺激了人的感性欲望。注重物质生活需求,是现代生活的一大特征。但不可否认的是,精神生活需求有相对减弱的趋势,物质消费与精神消费两者不平衡的情况较为突出。人们对于物质需求与消费、精神需求与消费的思想和行为,简单地用经济手段、行政命令进行调节,是难以收到好的效果的。要用道德评价、道德教育、道德示范、道德激励、道德沟通等方式,使人们正确认识人生的价值,树立正确的人生观和价值观,才能为协调好物质需求与精神需求的关系提供思想基础,才能为解决好物质消费与精神消费的关系提供前提。

第二层面是生产与消费关系中的道德调节。生产与消费的辩证关系在政治经济学的教科书中已充分论述,但是,对于道德价值观念在生产发展与消费增长关系中的作用,研究还不够充分。生产与消费关系中的道德调节存在两种情况。

一种是对"过度消费"的道德调节。所谓"过度消费",是指消费增长幅度超过了生产增长幅度而形成的资源配置的不正常的格局。如何界定"过度消费"呢?"过度消费"是就全社会而言的。由于每个家庭收入状况的差异,说某一户居民的消费或某一收入档次的居民的消费是"过度消费",缺乏科学性。由于地区经济发展水平的不平衡,消费增长幅度也不一,这就难以简单地根据某一城市或地区的生产增长幅度和消费增长幅度来界定"过度消费"。

---

① 《朱子语类》卷十三。
② 周辅成编:《西方伦理学名著选辑》上卷,商务印书馆1964年版,第193页。

"过度消费"对经济发展是利还是弊？或者说，从道德评价上说，是善还是恶？特别是在发展中国家，对"过度消费"如何进行道德评价是一个突出的问题。有人认为"过度消费"可以刺激生产力的发展，这种观点有失偏颇。"过度消费"在短时期内可能会刺激生产力的发展，然而，这种发展属于"泡沫型"经济，缺乏后劲。一位经济学家指出："过度消费是不利于这些国家的经济进一步发展的。这是因为，一方面，它将导致社会的储蓄率和外汇储备的下降；另一方面，它会使得发展中国家把人力、物力、财力资源中的较多部分用于发展新消费方式方面，从而将阻碍经济的发展。"①

　　解决"过度消费"，要用经济手段、行政手段和法律手段，因为"过度消费"的产生有时与政府的行为偏差有关。例如，政府的公共消费支出大大超出社会所容许的限度，实行过高的福利政策，从而产生"过度消费"。这种情况下，行政手段、法律手段是必不可少的。但是，"过度消费"往往与个人的奢侈性消费行为联系在一起。个人的奢侈性消费有两大特征：一是个人的消费支出过多地超出了其收入水平和财力状况；二是在社会资源供给量既定的条件下，个人的消费支出过多地占用或消耗了该种资源。个人的奢侈性消费形成"过度消费"有一个重要条件就是社会上有较多的人进行奢侈性消费。少数人的奢侈性消费方式扩展到社会成员中的多数人，"过度消费"就形成了。在这种情况下，光用经济手段、行政手段和法律手段来调节生产和消费的关系就不够了，它还需要道德手段。

　　道德手段在两个层次上对生产和消费的关系进行调节，一是通过人生观、价值观调节个人的收入和消费支出的比例，二是通过社会道德风尚的引导，树立健康消费的社会风气。当然，道德手段在这里的调节作用，与经济手段、行政手段和法律手段相比，有着不同的特点。道德手段具有间接性、相对持久性，它与经济手段、行政手段和法律手段形成"合力"，调节生产和消费的关系。

　　另一种是对"消费不足"的道德调节。所谓"消费不足"，是指消费增长幅度落后于生产增长幅度而形成的资源配置的不正常的格局。形成"消费不足"现象的原因是多方面的，有经济的原因，也有消费伦理观念的原因。在当代中国，要改变"消费不足"问题，固然要提高中低阶层群体的收入，特别是农民的收入，但同样重要的是改变人们在长期的文化传统影响下形成的、与时代相悖的消费伦理观念。

　　例如，三十多年来，改革开放极大地推动了生产力的发展，人民生活水平已有了明显的提高，在这种情况下，依然用"新三年，旧三年，缝缝补补再三年"作为正确的消费道德标准是不合适的。应当改变和更新社会的消费观念，使消费和生产呈现良性循环的状态。又如，住宅的商品化、货币化是中国社会主义市场经济发展的必然结果，政府已采取各种措施，引导和鼓励市民购买住房。同时，市民也应逐步从住房完全靠国家解决的旧观念中走出来，通过自己诚实劳动所获得的收入，改善自己的住房条件。尽管现在国家也要根据社会不同群体的收入状况，通过"经济适用房"、"廉租房"等途径解决低收入家庭的住房困难问题，但这与计划经济时代完全依靠国家解决住房问题的情况不能同日而语，住房消费伦理观念要与社会发展相适应。

　　没有生产，也就没有消费。同样，没有消费，也就没有生产。消费使产品得以"最后完

经济伦理学

成"和实现,而消费的主体是人,人在消费过程中必然要受到经济收入的制约,同时也要受到道德价值观念、生活习惯、家庭环境等诸因素的影响。道德调节正是建立在这种影响基础之上。由于这种影响的广泛性和深刻性,消费过程中的道德调节有着广阔的空间,在协调生产和消费的关系时,我们绝不能忽视它的地位和作用。

第三层面是消费与生态环境问题的道德调节。人类为了满足自身的消费欲求,就必须进行物质资料的生产,而这种物质资料的生产,必然伴随着对人类赖以生存的生态环境的或多或少的破坏。如果人们只顾满足眼前消费的欲求,不顾破坏生态环境,必将给子孙后代带来难以挽回的损失。恩格斯曾经指出:"阿尔卑斯山的意大利人,当他们在山南坡把在山北坡得到精心保护的那同一种枞树林砍光用尽时,没有预料到,这样一来,他们就把本地区的高山畜牧业的根基毁掉了;他们更没有预料到,他们这样做,竟使山泉在一年中的大部分时间内枯竭了,同时在雨季又使更加凶猛的洪水倾泻到平原上。"[①]在古代农业文明时代,生产力还不发达,生态环境的破坏给人类带来的恶果已初露端倪。随着科学技术的迅猛发展,生产规模的迅速扩大和人类消费量的迅速增长,生态环境问题日益突出。一般来说,人类消费的直接对象是作为劳动产品而存在的社会财富,但其最终的对象则是原生的自然财富,社会财富不过是自然财富的转换形式。随着人类消费量的不断增长,必然刺激生产力的发展,加重对自然界的压迫。而自然承受力是有一定限度的,一旦超过临界点,生态平衡将会被打破,人类将受到自然界的报复。为了维护自然界的生态平衡,保证人类社会的可持续发展,必须适当控制生产的增长,节制人类消费欲求的增长。而要做到这一点,必须运用道德手段,调节人与自然的伦理关系。

人是自然的主人吗?自然是取之不尽、用之不竭的宝藏吗?假如生产条件可能的话,人类想消费多少就可消费多少吗?这是现代社会中,在人与自然的关系中,人们难以回避的道德课题。在生产力低下的手工工具时代,人类在自然界面前显得十分软弱无力。由于无法认识自然物和无法驾驭自然力,人类对自然的敬畏感便油然而生。进入机器时代之后,人类借助机器在自然界面前显示出强大的力量,人类从自然界的奴隶一跃成为自然界的主人。人类感到自然界不再神秘和可怕,自然界仿佛是供人取之不尽、用之不竭的宝藏。这种人类中心主义的伦理观念弘扬了人的主体精神,开创了人类历史发展的新阶段。但到了科学技术高度发达而生态环境问题日趋严重的 20 世纪,这种伦理观念受到了冲击。20 世纪的一些生态伦理学家从自然界的一切都是有机联系在一起、人类的幸福取决于自然界的生态平衡的观点出发,主张重新确定人类在自然界中的地位。他们认为,人类不是自然界的征服者、统治者和主人,而是大自然家庭中的一员,应该成为这个大家庭中的善良公民。他们把人类的道德行为与生态平衡联系起来,认为要用自然界的眼光来认识人们行为的善与恶,即"凡是有助于维护生物群落的完整性、稳定性和美好的东西,它就是正当的,除此之外,皆应列为错误的行为"。

随着生态伦理观念被人们逐步地接受,人类的消费不但要考虑与生产力发展相适应,而且要与生态环境问题相联系。森林与矿藏、耕地与水源,这些自然界的资源是有限的,我们不能盲目地、不加节制地取用。在人类进行消费活动时,不仅要问人类的生产能力,而且要

---

① 《马克思恩格斯选集》第 40 卷,人民出版社 1995 年版,第 383 页。

问它是否有利于生态环境。有利于生态环境的消费,最终将有利于人类社会的可持续发展,因而是善的;不利于生态环境的消费,即使能满足人类一时的功利需求,但最终将贻害于人类,因而是恶的。我国在一个较长的时期内,有些地方曾毁林垦田,焚草种粮,围湖造田,搞杀鸡取卵式的资源开发,结果是"吃老祖宗的饭,砸儿孙们的锅",造成的恶果是严重的。还有一些人肆意捕杀珍禽异兽和益鸟,供某些人消费,这是不能容忍的。在消费活动中,加强生态环境方面的伦理道德观念,使人类社会与自然界协调发展,不仅在本世纪,而且在下世纪,都有重要的意义。

第二节　中西消费伦理之比较

消费伦理是建立在一定的物质生活条件之上的,并受到文化传统的深刻影响。尽管人类在消费伦理方面有许多共同点,但由于中国和西方在物质生活条件和文化传统方面的明显区别,中西方消费伦理有其不同的特点。

世纪之交的中国,流传着一则耐人寻味的故事。

有两位白发苍苍的老人,一位是中国人,一位是外国人,明天他们都将走完人生的道路,心中不免感慨万分。

中国老人说:"我积蓄了 20 年的钱,终于买下了新房。今天我住进了梦寐以求的新房,太好了!"

而外国老人则说:"这套公寓我住了 20 年,今天我终于还清了贷款,如释重负。"

这段"天国"门口的对话为什么会引起许多中国人的兴趣,并广为流传?原因是多方面的,但可以肯定的是,消费的伦理思考已走进了普通百姓的生活。两位不同文化背景的老人,由于消费的伦理观念不同,才会作出不同的选择。

一、节俭:中国传统消费伦理之主流

伦理评价是人类精神活动的重要内容,它通过善恶判断,表明人们对他人或自己行为的肯定或否定、赞成或反对的倾向性态度,并同时调节人们的行为。在消费活动中,古今中外伦理评价的核心问题是节俭和奢侈的善恶问题。

中国古代以"崇俭黜奢"著称,大多思想家总是将节俭归之于善,将奢侈归之于恶。《左传》记载:"俭,德之共也;侈,恶之大也。"[①]根据司马光的解释,这一观点把消费与人的欲望联系起来,节俭是大德,因为它使人寡欲,一切德行皆从节俭来;而奢侈是大恶,因为它使人多欲,所有恶行都从奢侈发端。先秦思想家墨子认为,节俭是圣人之所为,而淫佚是小人之所为,并断定"俭节则昌,淫佚则亡"。[②] 他把节俭上升到人格和人的生存发展的高度上,其节俭思想的丰富性、深刻性和严厉性,在古代独树一帜。

中国古代对节俭之德的颂扬,比比皆是,但概括起来不外乎两个层面:个体层面和社会

---

① 《左传·庄公二十四年》。
② 《墨子·辞过》。

层面。从个体层面分析，节俭能对各种自发的物质欲望进行节制，从而奠定道德自律的基础，而奢侈意味着纵欲，必将动摇道德人格的根基。物质欲望的节制，可以使人集中心力追求高尚的精神境界；奢侈和纵欲，沉湎于声色之中，坚强意志和刚毅精神将荡然无存。从社会层面分析，节俭能造就良好的社会道德风尚，使社会稳定且具有凝聚力，国家能长治久安；而奢侈造成人心涣散，世风日下，长此以往，家庭、民族和国家的道德纽带将被破坏。在国家管理机器运转中，节俭土壤中生长出来的是清廉，而在奢侈的温床上培育出来的是腐败。清廉是国家兴旺发达的推动力，而腐败则是国家尽失人心并导致灭亡的前奏曲。无论是儒家、道家、墨家都主张节俭，节俭构成了中华美德的重要内容。

儒家的代表人物孔子在消费观念方面是崇俭的。他的崇俭的消费伦理思想主要有三方面的内容。第一，将周礼确定为"俭"与"奢"的标准。在孔子以前，已有前人提出"俭而有度"的思想，但未作阐发。孔子把消费与周礼联系起来了。在孔子看来，在衣、食、住、行、交际、陈设、婚娶、丧葬、祭祀等各种活动中，应该严格按周礼的规定来进行。个人在消费中超过了礼制为自己的等级所规定的标准，就是"奢"；如果低于等级标准，就是"俭"。

第二，消费是经济行为，也是伦理行为，是人的经济状况的反映，也是人的伦理地位、身份的表达。他将中庸思想运用到消费活动中，认为过俭，不符合消费主体的伦理地位和身份，就显得寒伧，有损体面。因此，他根据周礼的要求，在饮食方面，"食不厌精，脍不厌细"，"割不正不食"[1]；服饰方面，单、夹、裘均齐备；交通方面，出门就得有车，"使吾从大夫之后，不可徒行也"。[2] 但过度消费，超越了周礼的要求，则意味着对上层等级的傲慢和冒犯。当季氏超越等级，"八佾舞于庭"，孔子怒不可遏，发出了"是可忍也，孰不可忍也"[3]的谴责。

第三，"以义为上"是孔子消费伦理的核心。孔子强调以周礼为标准来判断消费行为是否适当，"非礼勿视，非礼勿听，非礼勿言，非礼勿动"。[4] 孔子认为符合周礼的消费行为才是合乎道德的，要不折不扣地按照周礼的等级要求消费；反之，则是不道德的，要坚决反对和谴责。不难看出，孔子自始至终贯彻的都是"以义为上"的道德价值原则，这一道德价值原则是孔子经济伦理思想的核心。

墨子创建了墨学，在战国初期与儒学抗衡齐名，时称"儒墨显学"。以墨子为代表的墨家和以孔子为代表的儒家在消费伦理观上有共同点，即都主张节俭。墨子认为，国家的经济要发展，必须"去其无用之费"。"去其无用之费"就是节用。他甚至把节用对富国的作用看得比"生财"更重要，把节用看作是实现国家经济发展的主要手段。他主张要像古代圣王一样，在饮食、衣裘、兵甲、舟车、丧葬等方面，"制为节用之法"，使王公大人的消费有一定的限度。遵守这个限度，是"天德"；相反，超过这个限度，就是奢侈。

然而，儒墨两家在节俭的标准和所代表的阶级利益上有着明显的不同。在"奢"和"俭"的标准上，儒家以周礼为代表的宗法血缘等级制为基础，而墨家则以"利民"为基础。墨子说："诸加费，不加于民利者，圣王弗为。"[5]当时社会厚葬久丧的风气盛行，提倡厚葬久丧的

① 《论语·乡党》。
② 《论语·先进》。
③ 《论语·八佾》。
④ 《论语·颜渊》。
⑤ 《墨子·节用》。

人认为这是符合仁义和孝道的。孔子也主张"三年之丧",不可更改。而墨子认为,厚葬久丧大量消费民财,损害人们健康,破坏正常生产,是不利民的,坚决反对这样做。墨子认为节俭的具体标准是"有用",这里的"有用",主要是指衣、食、住、行方面能满足基本生理需要。超越了这些基本生理需要的消费就是奢侈。他反对在衣饰方面"为锦绣文采靡曼之衣,铸金以为钩,珠玉以为佩。女工作文采,男工作刻镂,……单(殚)财劳力,毕归之于无用";他反对在居住方面追求"台榭曲直之望,青黄刻镂之饰";他反对在交通工具方面"饰车以文采,饰舟以刻镂"。① 可见,他的节用说主要是针对统治者和贵族的生活方式。与孔子不同,墨子代表的是中小私有劳动者和平民的利益,是中国历史上第一位"替劳动者阶级呐喊的思想家",他的消费伦理观也充分反映了这一点。

管子是春秋时期的政治家,但在经济伦理方面,他有许多闪光的思想。例如,他提出"仓廪实而知礼节,衣食足而知荣辱"的命题,至今仍有其深刻的理论价值。托名为他所作的《管子》一书,存有他的遗说。但《管子》一书是战国、秦、汉百家思想的总汇,它所包含的就不是一个时期和一家、一个方面的思想,而是不同时期和多家、多方面的思想。在消费伦理方面,《管子》一书中存在着两种截然相反的观点。一方面,书中宣扬节俭,"适身行义,俭约恭敬,其唯无福,祸亦不来矣",②奢侈势必导致"邪巧作",危害国家的社会政治、经济秩序;而另一方面,书中又反对节俭,提出侈靡有利经济发展的观点。在《侈靡》篇中,作者认为:"兴时化,若何?莫善于侈靡。"③在社会生产不振的情况下,提倡侈靡能推动生产。富人大量消费,穷人因而得到工作,这是人民生活的路子,通过发展各业而贫富相济。观点虽然偏颇,但也包含真理的颗粒,即消费需求拉动经济。

二、西方消费伦理之嬗变

早在古希腊时期,亚里士多德就对消费作过许多精辟的论述,他指出"正确的消费才是合乎德性的",那么,什么样的消费才是正确的? 在他看来,符合中道原则的消费才是应该肯定的,因为"过度和不及都属于恶,中道才是德性"。他具体分析了消费活动中的"慷慨"与"大方"。"一个慷慨的人,为了高尚而给予,并且是正确地给予。也就是对应该的对象,按应该的数量,在应该的时间及其他正确给予所遵循的。"同时,他也反对浪费,"一个慷慨的人,要量其财力来花费,并花费在应该花费的地方,过度了就是浪费"。亚里士多德还从消费对象、消费数量和消费成果等方面论述了另一种德性——"大方",他所认为的"……大方这个名称,它的适当消费是大量,但消费量的大小是相对的……对于一个消费者,消费量的大小是否适当,要以对什么事情,在什么场合,以什么对象而定"。"大方的人其消费是巨大的,同时也是适当的,它的成果同样也是巨大的和适当的。"④

亚里士多德所处的年代正是古希腊城邦奴隶制危机时期,经过多年战争,各城邦的统治力量都有所削弱,政治统治相对不稳定。但同时,由于当时的雅典商业、航海业非常发达,使

————————————
① 《墨子·辞过》。
② 《管子·禁藏》。
③ 《管子·侈靡》。
④ [古希腊]苗力田等编:《亚里士多德选集:伦理学卷》,中国人民大学出版社1999年版,第39—40页,第77—84页。

经济伦理学

社会经济十分繁荣,奢侈之风盛行,社会贫富差距很大,各阶层矛盾激化。亚里士多德希望以中道的原则调和贵族的过度物质享受和穷人的极度贫困间的矛盾,既希望社会奢侈无度之风能有所限制,又希望富人能够慷慨解囊,使他们能够"为大众消费",而非仅供自我享乐。然而这一切也只是一个善意的幻想。[1]

中世纪的欧洲在基督教神学的思想统治下,禁欲主义压制或减少了个体的消费欲望。因为在基督教神学看来,在灵魂和肉体的斗争中,人只有放弃人的欲望和利益,才能使灵魂不趋向于罪恶,才能够在来世进入天国。然而,随着资本主义的发展,消费的伦理观不再围绕着基督教理论而展开,而是围绕着如何推动生产力的发展展开了争鸣。主张用节俭的消费观推动生产的思想家有重商主义学者以及亚当·斯密、马克斯·韦伯等,而主张通过消费拉动需求,甚至用奢侈推动经济发展的有孟德维尔、凯恩斯等。

11世纪初,欧洲与当时的中国、阿拉伯国家相比仍属于落后地区,但从13世纪起,欧洲开始逐渐加快发展的步伐,至15世纪末,欧洲已拥有了世界上较先进的技术,而从1550年到1750年的两百年间,欧洲迅速积累了大量财富,成为世界上最为发达繁荣的地区。在这期间,流行一时的"重商主义"的经济伦理思想为经济、社会的蓬勃发展提供了理论支撑,这一思想所追求的是最大限度地获取黄金、白银,如法国的重商主义代表柯尔贝尔坚定地认为:"国家的强大完全要由它所拥有的白银来衡量。"[2]重商主义学者们在这一主旨下,大力反对各种形式的铺张浪费及从国外输入奢侈品。英国重商主义者托马斯·孟就曾严厉地批评当时的奢侈之风是一种自毁国力的行为。这一时期的欧洲国家一方面疯狂拓展,掠夺海外殖民地的财富,另一方面大量积累国内资本,为建立日后强有力的资本主义经济提供了资本保障。这一时期崇尚节俭的消费伦理观念也对后来产生了两方面的影响。其一是经济方面:"在重商主义下,消费者的利益,几乎都是为着生产者的利益而被牺牲了;这种主义似乎不把消费看作一切工商业的终极目的,而把生产看作工商业的终极目的。"[3]这种生产至上性的观点,为资本主义生产力的迅速提高带来了理论推力。其二是带来一种伦理道德的更新。"17世纪这个伟大宗教时代遗留给其后的功利主义时代的,首先是一种惊人的,甚至可以说是一种伪善的获取金钱之心,只要采取的行动是合法的。于是,'总非上帝所悦'的思想便踪影全无了。"[4]使节俭这一美德中融入了新的带有可再获取利益的功利性色彩。

与重商主义处于同一时期的英国经济学家孟德维尔在其所著的《蜜蜂的寓言》一书中提出"私恶即公利"的观点,却鼓吹"奢侈有利,节俭有弊"。他以一群蜜蜂为比喻,说在蜜蜂的社会中,当奢侈之风盛行时,社会各行各业都兴旺,而当节俭之风代替了奢侈之风时,社会反而衰落了。奢侈是个人的劣行,但这种个人劣行就是公共的利益。个人为了追求享受,反而推动了社会经济的发展。孟德维尔把个人消费行为本身的伦理标准同个人消费行为的社会效应的伦理标准区分开来,在当时有其深刻性。但就个人消费行为的社会效应而言,不仅应看到眼前的,更应看到长远的;不仅应看到经济上的效应,还应看到人的精神、文化等方面的

① [古希腊]亚里士多德:《尼各马科伦理学》,苗力田译,中国社会科学出版社1999年版,第73—79页。
② [法]布罗代尔:《15至18世纪的物质文明、经济和资本主义》第2卷,顾良、施康强译,生活·读书·新知三联书店1993年版,第603页。
③ [英]亚当·斯密:《国民财富的性质和原因的研究》下卷,郭大力、王亚南译,商务印书馆1974年版,第227页。
④ [德]马克斯·韦伯:《新教伦理与资本主义精神》,韦白等译,四川人民出版社1986年版,第166页。

效应。对 20 世纪人类社会有着较大影响的凯恩斯的经济学说，从有效需求不足的原理出发，在经济政策上主张赤字财政、扩大消费，用人为创造的需求来刺激经济。这种经济学说与两百多年前孟德维尔的理论有着不解之缘，都是鼓吹需求拉动经济观点的。

亚当·斯密在他的《国富论》中用了大量的篇幅来批判重商主义，但他对重商主义的节俭观十分推崇，并认为崇尚节俭、摒弃奢侈可以真正带来社会资本的增加："资本增加，由于节俭；资本减少，由于奢侈与妄为。""资本增加的直接原因，是节俭，不是勤劳。诚然，未有节俭以前，须先有勤劳，节俭所积蓄的物，都是由勤劳得来。但是若只有勤劳，无节俭，有所得而无所贮，资本决不能加大。"而且，"个人的资本，既然只能由节省每年收入或每年利得而增加，由个人构成的社会的资本，亦只能由这个方法增加"。亚当·斯密高度评价了节俭的道德意义："节俭可增加维持生产性劳动者的基金，从而增加生产性劳动者的人数。他们的劳动，既然可以增加工作对象的价值，所以，节俭又有增加一国土地和劳动的年产物的交换价值的趋势。节俭可推动更大的劳动量；更大的劳动量可增加年产物的价值。"①

亚当·斯密不仅主张个人应注重节俭，同时主张政府公共开支也要奉行这一原则。他认为如果听任政府挥霍，则"不论个人多么节俭多么慎重，都不能补偿这样大的浪费"。所以，他认为从个人和政府两个层面最大程度地压缩消费开支，便会使国家财富迅速增长。他一再强调："总之，无论就哪一个观点说，奢侈都是公众的敌人，节俭都是社会的恩人。"②

亚当·斯密以"看不见的手"理论开创了古典经济学体系，他的节俭理论也在相当长的一段时间里影响着西方经济消费观念。

马克斯·韦伯在《新教伦理与资本主义精神》中认为，新教伦理鼓励人们勤奋地工作，使获利冲动合法化，并把它看作上帝的直接意愿，同时又束缚着消费，尤其是奢侈品的消费。他指出，"一旦限制消费与谋利行为的解放结合起来，不可避免的实际结果显然是强迫节省的禁欲导致了资本的积累。在财富消费方面的限制，自然能够通过生产性资本投资使财富增加"。③

凯恩斯与亚当·斯密和马克斯·韦伯的观点截然相反，他反对节俭，认为节俭是导致 20 世纪 20—30 年代经济大萧条的罪魁祸首："今天有许多好心肠的人相信，要改进局势，他们本国和邻邦所能尽力的是，比平常更多地节约些。……但在目前环境下这样做却是一个重大错误。……节约的目的是使工人解除工作，使工人不再从事于房屋、工厂、公路、机器之类的资本货物生产。如果可以用于这类生产目的的上述资金，已经有了很大的剩额没有使用，这时进行节约的结果只是扩大这种剩额，因而使失业人数格外增加。还有一层，某个人在这一方式或任何别一方式下失去工作时，他的花费的能力就有了萎缩，这就会进一步造成失业，因为别人原来为他生产的事物，他现在买不起了。这样就使情况一天天恶化，造成恶性循环。"④个人收入情况是决定其消费量的决定因素，所以就业比率的高低直接决定了社会产品的总需求量，进而影响国民经济总量。所以，凯恩斯得出这样的结论："在当代情形

---

① ［英］亚当·斯密：《国民财富的性质和原因的研究》上卷，郭大力、王亚南译，商务印书馆 1972 年版，第 311—312 页。
② ［英］亚当·斯密：《国民财富的性质和原因的研究》上卷，郭大力、王亚南译，商务印书馆 1972 年版，第 316、314 页。
③ ［德］马克斯·韦伯：《新教伦理与资本主义精神》，韦白等译，四川人民出版社 1986 年版，第 135 页。
④ ［英］凯恩斯：《劝说集》，蔡受百译，商务印书馆 1962 年版，第 116—117 页。

经济伦理学

下,财富之生长不仅不系乎富人之节约(像普通所想象的那样),反之,恐反遭此种节约之阻挠。"[1]

在凯恩斯之前的整个古典经济学体系建构在法国经济学家萨依的著名的"萨依定律"基础上,即"生产给产品创造需求"。他认为,生产出的产品会自行被市场消化。古典经济学家并由此推论,社会失业情况仅仅是暂时的,是一种"摩擦阻力"造成的可以调整的暂时性的问题。但当20世纪二三十年代的经济危机全面爆发,大量商品积压,与此同时失业大军却不断扩大,并且很多都是长期失业的工人,这些都是古典经济学无法解决的。凯恩斯提出正是有效需求的不足导致了失业的增加,也造成了一种经济上的恶性循环,有效需求的不足带来了失业扩大,失业人员的增加又使得社会有效需求进一步降低,最终使社会整体经济滑坡。所以,凯恩斯指出应该由政府加大宏观调节的力度,并从社会意识观念上加以引导,刺激消费,调整投资引诱的职能,用以扩大有效需求,增加社会就业。

三、中西消费伦理比较后的思考

综观几千年中西消费伦理思想发展的轨迹,通过思考比较,我们不难窥见其各自的不同,这表现在:第一,发展的特点不同。中西消费伦理思想在近代以前,大多强调以节俭为消费的伦理原则,这绝不是偶然的。生产决定消费,在物质产品不丰富的条件下,选择节俭的消费伦理原则,有其客观的历史必然性。但在近代以后,中西消费伦理思想开始出现重大差异。西方社会进入了工业革命时期,生产力的发展要求与之相适应的消费观,鼓吹享乐、追求奢侈消费的观点开始抬头,一直发展到现代西方社会的消费主义。而中国在近代以后,尽管有思想家批判传统的崇俭思想,例如谭嗣同,但节俭依然是中国现代社会的主流。

第二,人性基础不同。中西的消费伦理的差异与中西文化传统中对人性不同角度的理解有关。西方文化张扬人性中的自然性,特别是文艺复兴以后,反对封建的禁欲主义,强调人生的享乐一面,为孟德维尔等人的消费观以及现代西方的消费主义提供了文化土壤。中国文化突出人性中的伦理一面,强调以人的伦理性制约人的欲求,宋明理学的"存天理,灭人欲"更是把对人性的压抑推到了极端。把握了中国文化关于人性问题的观点,就不难理解节俭为什么在中国历史上始终是消费观的主流了。

第三,评价的角度不同。近代以后,西方关于消费观问题的争鸣是围绕如何推动经济的发展而展开的,即是用节俭的消费观推动经济的发展,还是通过刺激消费、拉动消费来推动生产?对消费问题,不仅要进行经济的评价,而且要进行伦理的评价。在两者之间,西方显然将经济评价放在优先的地位。而中国则不然,中国的文化是伦理性的文化,古代中国在对消费的评价中,伦理评价处于优先的位置。

中国目前正处于改革开放的时代,对于中西消费伦理的不同特点,必须进行辩证的思考。对于西方消费伦理观念,我们应当吸取其有利于中国社会主义生产力发展的内容,同时也要坚决摒弃其中腐朽的部分,对于古代中国的消费伦理观念,我们要取其精华,去其糟粕。总之,我们要建立与社会主义市场经济相适应的消费道德规范。

---

[1] [英]凯恩斯:《就业、利息和货币通论》,徐毓枬译,商务印书馆1977年版,第318页。

第三节　消费道德规范

　　规范是标准的意思。在社会生活中,有各种各样的规范,诸如政治规范、经济规范、语言规范、技术规范和道德规范等等。道德规范是社会规范的一种形式。道德规范是实现道德职能的具有决定意义的环节。因为道德要发挥其社会职能,就必然要向人们诉诸道德规范,告诉人们哪些是应该做的、哪些是不应该做的,从而调整人与人之间的关系。亚里士多德曾指出,研究道德"是为了使自己变好",我们必须按照"一个共同的并且先被承认的原则"即道德规范来行事。这就是说,提高人的伦理道德素质,最终要落实到人们认识和实行某种道德规范上。

　　消费行为是人类生活的重要活动,消费行为必须遵循一定的道德规范,才能形成良好的社会消费风气。但是,消费行为的道德规范问题具有复杂性。阐明消费道德规范首先必须讨论消费行为、主体的多样性。在国民经济运行中,至少有三个层次的行为主体,这就是政府、企业和个人。由于政府、企业和个人在经济运行与社会生活中所处的地位不同,它们必定有各自的消费行为准则。消费道德规范必须兼顾三个层次行为主体的消费特点。当然,本节主要是从个人消费行为入手,阐发和概括具有共性的消费道德规范。其次,要讨论消费行为合理性的评价标准问题。什么样的消费是合理的? 什么样的消费是不合理的? 合理与不合理的分界线在哪里? 评价标准会因收入的不同、职业的不同、地方的不同而有所区别,也会随着经济的发展而变动。因此,脱离了具体的条件,谈论消费行为的合理性是难以站得住脚的。再次,要讨论个人消费价值取向的多样性和社会消费道德价值导向一元化的问题。在一定意义上说,个人消费属于私事。每个人由于生理、心理、家庭环境、经济收入的不同,在消费价值取向上呈现出多样性,这是无可厚非的,但同时,社会消费道德价值导向也需有一些确定的基本原则。例如,某人具有消费虎骨酒的经济实力和爱好,但这种消费是违背生态伦理原则的。假如他进行了这方面的消费,是要受到道德谴责的,甚至受到法律制裁。总之,消费行为的道德规范是在承认个人消费价值取向多样化的同时,以确定的道德原则对个人消费行为进行导向。

一、要遵循崇尚节俭和合理消费相统一的原则

　　节俭是一种道德信仰,也是一种道德规范。节俭之德,中国古代多有论述。三国时期诸葛亮在《诫子书》中云:"夫君子之行,静以修身,俭以养德,非淡泊无以明志,非宁静无以致远。"这是中国古代最著名的道德箴言之一。唐代诗人李商隐总结隋与六朝衰亡的教训,写下了著名的诗句:"历览前贤国与家,成由勤俭败由奢。"

　　奢侈毁灭了社会伦理,但倡导节俭是否会影响社会经济的发展? 这是人们在认识和践履正确的消费道德规范时不可回避的问题。回答应是否定的。第一,节俭有利于经济效率的提高和经济增长方式的集约化。贝尔在分析西方工业化的历史过程时,援引了韦伯关于节俭的新教伦理和新教精神的论述,并指出:"工业社会特有的品格有赖于经济和节俭原则,

即追求效率,讲究低成本、高利润、最优选择和功能合理性。"①而这些原则的实现有赖于将"工作、俭省、节约和严肃的人生态度"的伦理精神作为动力。如果我们在发展市场经济的时候,听任享乐主义蔓延滋长,听任奢侈之风弥漫社会,节俭精神一旦丧失,经济的发展也会因缺乏精神动力而搁浅。第二,节俭有利于经济的可持续发展。一个社会的经济要持续发展,必须充分重视生产资源的节约。罗马俱乐部的研究报告《增长的极限》和《人类处在转折点上》用大量的统计数字证明,地球所能提供的物质资料有一个极限,人类正在趋向这一极限。如果不注意节约资源,不改变奢侈与过度消费的风气,人类的经济就不可能持续发展。我国是一个人口众多、资源相对贫乏的国家,耕地、水源、矿藏的人均占有量均比较低,因此,在经济工作中,节约更是一项基本要求,要节水、节地、节能、节材、节粮,千方百计地减少资源的占用和消耗,以实现经济的可持续发展。

当然,正确理解的"节俭"是与合理消费统一在一起的。亚里士多德提出"德性是适度的形式"。节俭作为一种德性,它在消费观上采取的是适度的原则。从字面上分析,《周易》曰:"节,亨,苦节,不可贞。"意思是说,节制而又适度,"刚柔两分而刚得其中",则万事通达;过分节制(苦节)则不得其中。贾谊曾说,"费弗过适谓之节,反节为靡",靡即浪费。节约而不浪费是节俭之要义。适度又是合理消费的灵魂,节俭与合理消费在本质上是统一的。但是,我们应该看到,合理的消费支出的范围显然要比节俭广一些。也就是说,合理的消费不限于节俭。

经济学家把合理的消费支出概括为三层含义:第一,等于或接近于社会平均消费水平;第二,与个人收入、财力相适应;第三,在资源的社会供给量既定的条件下不过多地占用或消耗该种资源。节俭是"略低于"社会平均消费水平的消费支出,是"略低于"个人收入水平或财力状况的消费支出,是"较少地"占用或消耗该种资源的消费支出。而"略高于"社会平均消费水平的消费支出,"略高于"个人收入水平或财力状况的消费支出,"不过多地"占用或消耗该种资源的消费支出都可以称为合理的消费支出。

消费行为的道德规范不仅强调节俭,同时也重视合理消费,将两者统一起来,才能更好地推动经济的发展。从社会再生产的角度看,消费具有"承前启后的效应",它为生产创造需求,为生产提供市场。在任何国家的经济发展中,消费所发挥的作用都不可低估。消费不足对经济发展有"瓶颈"制约作用。消费行为的道德规范把崇尚节俭与合理消费统一起来,有利于把道德建设与经济发展更好地协调起来。

在人们的消费过程中,某些消费现象具有复杂性。例如,"炫耀性消费"是否是合理消费?需要认真分析。"炫耀性消费"是美国制度主义经济学的创始人凡勃仑在《有闲阶级论》一书中提出的。"炫耀性消费"的动机不在于或不主要在于追求生活质量的提升,而在于显示消费者的身份、地位和财富。凡勃仑认为,"炫耀性消费"不仅存在于有闲阶级中,而且也存在于一些收入并不高的家庭中。这些家庭为了不被周围人轻视,也需要有"炫耀性消费"。这样,对于社会上大多数家庭来说,一是家庭内部比较节俭,二是在大庭广众的消费中,花钱多。因为前者消费在隐蔽处,而后者在显眼处。

奢侈的"炫耀性消费"是不合理的,它是讲排场、讲虚荣、摆阔气的表现。改革开放以后,

① [美]丹尼尔·贝尔:《资本主义文化矛盾》,赵一凡等译,生活·读书·新知三联书店1989年版,第132页。

我国一部分地区、一部分人先富起来了。有些大款、大腕为了显示自己的富有,挖空心思地进行炫耀性消费。几千元人民币与爆竹绑在一起,随着一声爆炸,人民币化为灰烬。设下几万元或者更高价格的宴席,购买价格令人咋舌的生活用品,更多是为了显示自己的财大气粗。在此类炫耀性消费中,甚至出现了令人作呕的斗富。这些不正常的消费现象,反映了一些人畸形的心态,且败坏了社会风气,腐蚀了人们的思想,必须坚决地加以反对。

但是,有些"炫耀性消费"并不能打入另册,甚至在某种意义上说是可以被理解的。从古至今,人作为社会成员,总是要进行社会交往。在社会交往中,人们往往热情好客,宁愿在安排家庭内部的消费时节俭一些,而在社会交往中丰盛一些、大方一些;宁愿在平时消费时节俭一些,而在婚礼等人生重大场合中隆重一些、阔绰一些……这些消费行为,只要消费者量力而行,既不违法,又不损害他人利益,应该由消费者自行决定。

现代经济发展中,市场营销战略格外引人注目,"名牌战略"有其特殊的地位。名牌之所以会受人青睐,不仅在于它的款式、质量,也在于它在消费者心中的良好形象。名牌战略不能拒绝人的炫耀心理,但又不能过于刺激人的炫耀心理,以致败坏了社会风尚。关键在于要对人的炫耀心理进行调控、引导,将消费行为纳入合理的轨道。

二、要建立科学、文明、健康的消费方式

崇尚节俭和合理消费的消费道德规范是消费道德规范中最基本的规范,但消费道德规范还包含其他内容。消费道德规范的第二条内容是以文明、健康的方式进行消费,建立合理的消费结构。个人消费方式和消费结构的选择,在很大程度上是个人的私事,但不可忽略的是,这种选择打上了道德的烙印。在社会主义市场经济的发展过程中,物质文明和精神文明必须协调发展,要以科学、文明、健康的方式进行物质消费和精神消费,伦理道德要发挥导向作用。

随着物质产品的丰富,收入的增加,人们面对着现实生活中的一个突出的问题:如何进行消费? 休谟说:"习惯是人生的指南。"人们在消费过程中,无疑会受到消费习惯的影响,特别是社会消费习惯的制约。不可否认的是,在当代中国社会的消费习惯中,还有与科学、文明、健康消费相悖的陋俗,如:为死者大办丧事,大修坟墓。丧事的规模不断扩大,费用直线上升。坟墓越修越豪华,甚至为活着的人预修坟墓;婚娶之事,大置嫁妆,大送彩礼,大摆宴席,耗资令人咋舌;占相问卜看风水,把有限的经济收入消费在迷信活动之中。诸如此类的消费陋俗,影响了社会道德风尚,对一部分消费者造成了较大的经济压力。在市场经济条件下,一方愿买,一方愿卖,两相情愿,要下令禁止出售或购买高价但不违法的商品,是困难的。占相问卜看风水很大程度上属于思想意识上的问题,一道禁令也难以杜绝。对此,只能加以引导,以正确的消费道德规范引导人们自觉抵制消费陋俗,开创消费文明新风。

当然,对于一些与科学、文明、健康消费相悖的消费现象,不仅要诉诸道德手段,也要诉诸法律手段。例如,吸毒成瘾,传播、观看黄色淫秽书籍、音像制品等,既是缺德的也是违法的,只有道德与法律双管齐下,才能奏效。

如何理解科学、文明、健康的消费方式? 首先,科学是与迷信相对立的。科学揭示了自然界和人类社会发展的规律,以科学精神指导消费,才能使消费沿着正确的轨道发展。迷信是人们对客观世界及其规律虚幻的甚至是颠倒的认识,迷信会使消费活动走入歧途。人类

社会的发展,正是科学不断战胜迷信的历史。但是,由于意识形态的相对独立性,残存在人们头脑中的旧的迷信意识绝不会轻易退出,在消费内容和方式上,它们还要顽强地表现自己。科学的消费方式要求人们以辩证唯物主义和历史唯物主义观点指导生活,宣传无神论,不搞封建迷信活动。当然,科学的消费方式也包括科学地安排衣、食、住、行等生活内容,例如科学地安排膳食结构等,这里的"科学"消费方式更多地为营养学家等专业人士所关注。

其次,消费方式的"文明、健康"与消极、颓废相对立。文明具有"积极"、"进步"的含义,文明的消费方式是指那些对社会进步、个体自我完善有积极意义的消费方式。健康不仅指身体健康,而且还指心理健康、社会适应良好。健康的消费方式是指有利于人的物质生活和精神生活的协调统一的方式。与文明、健康消费方式相对立的消极、颓废的消费方式割裂了物质生活和精神生活的关系,造成了个体不良情绪的滋长,败坏了社会道德风尚。我们要在全社会确立文明、健康的消费方式,就必须反对消极、颓废的消费方式。

关于消费结构的问题,它是经济学研究的重要课题,但也需要伦理学的参与。消费结构是指各类消费支出在总消费支出中的比重,它包括个人消费结构(家庭消费结构)和社会消费结构(国民消费结构)两大类。但在这两大类消费结构中,家庭消费结构是基本的,它是社会消费结构的基础。分析消费结构,往往从家庭消费结构入手。在当代中国家庭的消费结构中,有值得注意的两种倾斜:一是消费过多地倾斜于年轻的一代,二是消费过多地倾斜于物质生活享受。这也就是说,人们把伦理关怀的重心放在年轻一代身上,把生活的意义更多地理解为物质享受。要使消费结构趋向更为合理,就必须重视伦理道德观念的调节:尊重老人,关心老人,加大对老年人的消费投入;重视精神生活,加大对精神文化生活消费的投入。

三、要确立符合保护生态环境要求的消费观念

从可持续发展的观点分析,必须是有利于生态平衡和保护环境的消费才是合理的。人类消费量的不断增长,必然刺激生产力的发展,从而加重对自然界的压迫。而自然承受力是有一定限度的,一旦超过临界点,生态平衡将会被打破,人类将受到自然界的报复。为了维护自然界的生态平衡,保证人类社会的可持续发展,控制在临界点之内的消费欲求才是合理的。人类在消费过程中,也会或多或少产生各种垃圾,造成环境污染,贻害子孙。合理的消费应该尽可能地减少对环境的污染,有利于自然的保护。为此,对消费的结构、数量、内容必须加以控制。

我们只有一个地球,为了保护生态环境,必须强调公平消费原则。它包括代内公平消费与代际公平消费两方面。可持续发展的代内公平消费,要求任何国家和地区的发展与消费不能以损害别的国家和地区为代价。即在一个国家范围内,地区利益必须服从国家利益;在国际范围内,国家利益必须服从全球利益。可持续发展的代际公平消费,要求当代人自觉担当起在不同代际之间合理分配与消费资源(包括自然资源和社会资源)的责任,既满足当代的人需要,又不对后代人满足其需要的能力构成危害。

在当前中国,我们必须确立符合保护生态环境要求的消费观念。"我有钱,我想消费什么就消费什么,愿意消费多少就消费多少。"这种观念是片面的。个人消费不仅要考虑经济能力、个人偏好,还必须考虑生态环境的要求。

我们必须节约用水,减少水资源的消费。中国的水资源十分短缺,是联合国公布的严

重缺水的 12 个国家之一。循环利用水资源,是节约用水的好方法。北京有一位张奶奶,在每周一次的衣服大清洗后,都会将洗衣机漂洗和清洗环节中排放出来的水存放在几个大水桶中,以备冲刷厕所马桶时使用。她早先是研究植物的教授,或许是植物对水的渴求给她留下了深刻的印象,因此,自从 20 世纪 80 年代初使用上了洗衣机,她就开始了洗衣机废水的再循环利用。当然,节省的水费并不是很大的一笔钱,但是却可以节省自来水的使用量,合理提高水的综合利用率,有利于生态环境的保护。由此,国家有关部门呼吁全社会能够积极行动起来,合理提高水的利用率,养成节水习惯,像张奶奶一样,从自己做起,从现在做起。

我们必须节约木材,减少木材的消费。当电脑时代刚到来的时候,人们预言无纸化办公将会出现。虽然这个预言并未实现,但是减少办公室里的纸张浪费却是可能的,至少纸张可以双面使用,无法再用的纸张可以送去回收。在家庭里,单面空白的纸张可作为草稿纸利用,用完后可以送到废品回收站,虽然值不了几个钱,但这也是保护生态环境的善举。

我们必须减少塑料袋等的消费数量,减少生活垃圾对环境的污染。塑料袋给人类的生活带来了许多方便,但它的大量使用造成了对环境的“白色污染”。对这些生活垃圾的处理,很大程度上要靠我们每一个家庭的努力。试想,一个家庭如果每天丢掉两个塑料袋,一年下来 700 多个,数字是很可观的。如果大家都能从现在开始将手中的塑料袋打成结集中丢弃,或自觉延长每一个塑料袋的使用周期,或者干脆改用布袋购物,这样塑料袋对环境的污染将会大大减少。这些做法对每个人来讲仅是举手之劳,关键是要确立环保消费意识。

我们必须重视餐桌上的环保消费意识。中国的饮食文化举世闻名,但其中也有许多饮食习惯与生态环境保护的要求相违背。例如,许多珍贵野生动物被摆上餐桌早已不是新鲜事。虽然国家严令禁止珍贵野生动物上餐桌,但许多山区路边小店依然在用穿山甲等招徕生意,所不同的只是没有以前那么明目张胆。要解决这些问题,要加强立法和执法的力度,但转变消费者的饮食消费观念也是重要一环。

第四节　消费伦理与当代中国社会的发展

一、消费伦理对于推动中国经济发展的重要意义

社会主义的根本任务是发展生产力,然而发展生产力必须高度重视消费问题。因为消费是社会再生产的重要环节之一,消费需求推动经济的发展。消费需求可分为两大类:海外市场的需求即外需和国内市场的需求即内需。在当前国际政治经济的背景下,启动和刺激内需具有特殊的重要意义。

在当前世界经济的发展过程中,根据消费内需对经济发展的不同作用,可将经济大国增长类型分为两类:一类是以美国为代表的高消费率、低储蓄率、低出口依存度的内需主导增长型,另一类是以日本为代表的高储蓄率、低消费率、高出口依存度的出口主导增长型。长期以来,经济学家一直认为,一国的储蓄率较高而消费率较低对于经济的发展往往是有利的。在过去几十年中,日本、韩国等国家的经济高速增长的事实就可证明这种观点。但随着

国际经济的发展,特别是 20 世纪 90 年代后期亚洲金融危机以后,这种观点受到了挑战。当一个国家成为经济大国以后,消费内需就成为制约本国经济发展的"瓶颈"。以日本为例,日本成为世界第二大经济强国以后,其消费内需不足部分越来越大,需要开拓越来越大的海外市场来弥补其低消费率造成的内需不足,于是日本的贸易顺差越来越大。一个经济大国将总需求如此大的比重放在海外市场,等于把经济发展调控的主动权交给了国际市场。由于日美、日欧之间贸易摩擦加剧,日本政府在经济发展政策的制定方面往往被动地听命于美国。虽然日本政府已认识到内需对于经济发展的重要性,采取了一系列政策扩大内需,但未获成功。日本与别国的贸易摩擦和经济冲突,最终酿成汇率大幅波动,导致日本经济严重衰退。总之,通过出口主导增长型发展起来的经济大国必须及时转换到内需主导增长型模式上来,经济大国只有走内需主导增长道路,才能掌握经济发展的主动权。①

20 世纪 90 年代以后,冷战虽然结束,但国际政治形势依然复杂多变,这不能不影响中国海外市场的开拓和发展。世界国际政治经济形势发展的历史和未来趋势表明,一个世界经济强国总是把内需作为其经济发展的立足点。在国内需求中,从比重看,居民消费是最大需求;从地位看,居民消费是"最终"的需求,居民消费率的高低往往决定大国经济增长的内劲与后劲。当前中国要实现持续稳定的经济发展,不仅要重视外需,更要启动和刺激内需。

在启动和刺激内需,发展中国经济的过程中,经济手段和行政手段调节是重要的,但道德调节是不可忽视的第三种手段,其作用不可低估。这是因为:

第一,消费行为从来不拒绝道德调节,研究表明,道德价值观念在消费行为中的调节作用是广泛的。在消费活动中,作为社会的人、主体的人,不一定只从经济利益的角度来考虑消费的内容和方式,也不总是被动地接受政府的调节,他们总是自觉和不自觉地受到一定的道德价值观念的指导。换言之,道德价值观念通过社会舆论、传统习惯和内心信念调节着人们的消费内容、消费方式和消费行为。

第二,在调节消费行为中,经济手段、行政手段和道德手段是互补的,在某些情况下,道德手段能超越经济手段和行政手段。

消费行为可分为公共消费行为和个人消费行为两大类。国家组织和社会团体组织的消费支出属于公共消费行为,经济手段和行政手段对公共消费行为的调节比较直接和有力,而就个人消费行为来说,经济手段起着重要作用,而行政手段难以取得直接的效果。个人消费什么、消费多少、如何消费,不仅与个人经济收入带来的可支付能力有关,也与个人的性格、审美观、人生观、价值观有关。在同样经济收入的情况下,非经济因素对个人消费的影响巨大,个人的消费行为无不打上个人的性格、审美观、人生观、价值观的印记。不同的性格、不同的审美观、不同的人生观、不同的价值观会产生不同的消费行为。在社会主义市场经济的条件下,个人消费取向更为多样化,不能简单地用一道命令来规定个人的消费行为,要教育人们树立正确的人生观、价值观,用良好的社会道德风尚来引导人们健康地消费,道德手段在调节个人消费行为中有着广阔的天地。与公共消费需求相比较,个人消费需求是社会生产发展更为根本的推动力。只有通过更多地实现个人消费需求的满足来实现社会生产力的

---

① 范剑平主编:《居民消费与中国经济发展》,中国计划出版社 2000 年版,第 8—13 页。

增长，才是真正意义上的发展。例如汽车工业，只有当轿车驶进了千家万户，成为个人的消费品，才能实现它的真正飞跃。重视消费需求特别是国内个人消费需求对经济发展的影响，就必须将经济手段、行政手段和道德手段结合起来，形成合力，有效调节人们的消费行为。

在消费行为的调节中，道德手段具有其他手段不可代替的优点。著名经济学家厉以宁教授认为经济行为的道德调节，涉及人作为"社会的人"这一深层次，是很有见地的。人的行为的调节，诉诸外部制裁和内部制裁。经济手段和行政手段的调节属于前者，道德手段属于后者。道德手段的调节涉及人自身价值的思考，更体现了人作为"社会动物"的特点，更体现了主体的自觉能动性。道德手段所体现的人文力量是无形的，但却有广泛性和持久性。

第三，经济手段和行政手段对消费行为有效调节的实现，需要道德的支持。消费中有能不能消费和愿不愿意消费两大层面问题，能不能消费直接涉及可支付能力，即经济能力，愿不愿意消费与道德观念直接相关。解决了前者并不意味着后者必然解决，有些消费者不乏经济能力，但由于种种原因，不愿消费。提高经济收入，是否就能扩大有效需求，拉动经济增长，就要看人们是否愿意消费，这需要道德观念的支持。现在比较流行的观点是，人们不愿消费是对经济状况的预期的反映，由于对未来经济收入的不乐观，所以节衣缩食，不愿消费。这种观点不无道理。但依笔者的观点，经济预期对人们的消费行为有着重要的影响，但我们不能不看到如何看待经济预期与现实消费的关系，也有深刻的思想道德观念问题。计划经济条件下，经济收入的变化比较容易预测，讨论消费风险几乎是多余的。市场经济与计划经济一个显著不同点是，任何经济活动都要承受或大或小的风险，消费当然也不例外。例如"信用消费"在市场经济中将占很大份额，消费主体在经济偿还中不得不承受风险。与此相适应的是，传统的计划经济条件下的一些消费道德观念应该改变，要从心理和思想道德观念上接受消费风险，从道德观念上支持刺激内需的经济措施和行政措施。

二、加强消费道德教育，培养一代新人

消费行为中折射出人们的内心世界，消费绝不仅仅意味着怎样花钱，它和人的世界观、人生观、价值观紧密相连。在发展和完善社会主义市场经济的过程中，为了提高公民的道德素质，建立良好的社会道德风尚，我们必须重视和加强公民的消费道德观的教育，特别是青少年的消费道德观教育。

青少年正处于特殊的生理和心理发展阶段，同时也处于世界观、人生观、价值观形成的关键时期。他们憧憬美好的生活，渴望更多的满足他们发展需要的消费。改革开放以来，我们国家的经济实力大为增强，消费品琳琅满目，这就为青少年消费水平的提高创造了有利条件。但是由于家长的过分溺爱，社会上某些广告的不良宣传，加上青少年缺乏社会生活经验，青少年在消费问题上也出现了种种思想误区，以致误入歧途，甚至社会上常常有一些青少年为了追求消费和享受而锒铛入狱，令人痛惜。

对于青少年中间存在的消费问题，可以分为以下几种：

第一，盲目高消费。现在的青少年尽管自己不劳动、不挣钱，但消费起来却十分大方。"吃要美味，穿要名牌，玩要高档"已成为许多青少年追求的目标。尽管有的因家庭条件所限，消费档次稍低一些，但其消费总额在家庭支出中的比例也普遍偏高，有些家长宁愿自己节衣缩食，也要让自己的孩子吃好、穿好、玩好，再苦也不能"苦"孩子。孩子要名牌运动服

经济伦理学

时,家长会将自己每天带的饭简单到不能再简单,省下钱来满足孩子的愿望,他们会说:"唉,为了孩子……"孩子要买赛车,家长仍会说:"不能委屈了孩子。"哪怕夫妻感情不和,他们也会说:"为了孩子,凑合过吧!""为了孩子"仿佛成了一些父母们生活的唯一宗旨。

第二,攀比消费。青少年消费中的攀比现象越来越突出,攀比心理愈演愈烈。高消费已经成了当前相当一部分青少年显示身份和地位的象征。许多青少年不是根据自己的需要和承受能力来决定自己的消费,而是盲目地赶时髦、讲攀比。同学喝饮料,自己就不能喝白开水;别的同学穿"耐克",自己就要来"阿迪达斯";给同学过生日,别人花了 100 元买生日礼物,自己就要花 200 元。一位中学生的家长说:"现在,孩子的生日越搞越大,花费越来越高,还经常和同学们攀比。每年她花在生日上的钱,少说也要 200 元左右,这还不算她隔三差五买礼物送给别人。最让我们伤心的是,无论怎样都满足不了她的心愿。为这事,我们也没少跟她谈,可是根本不管用。只要我们一提开头儿,她就眼圈发红,说我们不爱她。没办法,我们只好听之任之了。"另据调查,大约 85% 的学生不愿意穿家人或别人送的旧衣服(尽管有些学生家里经济情况较差)。

第三,消费结构不合理。在青少年的消费结构中,物质消费占绝对优势,大部分学生把钱用于购买零食、小礼品,同学聚会等。而精神消费少得可怜,即便是有精神消费,也往往是比较低级的精神消费,比如上网打游戏、聊天等等。据调查,青少年学生中拿出"自己"的钱主动去购买一些报刊书籍的不到 20%,购买一些专业书籍的还不到 7%。

第四,消费行为中爱心观念淡薄。现代青少年生活方式的极大改变,也给他们在爱心方面的健康发展带来许多阻障,给学校教育带来极大的困难。许多教育家焦虑地感叹:现在孩子知识很丰富,但缺乏感动之心,缺乏体谅之心。一方面,社会对青少年的宽容与家长对他们的溺爱,使他们变得冲动、任性,缺乏自制力,同时,只希望别人爱自己,而想不到也不会爱别人;另一方面,现代技术进步将人的劳动过程极度压缩而结果极度奏效,物质生活大大改善。这使尚未参加生产劳动的儿童和青少年看重功能而不看重主体,看中手段而不追求目的。当代发达国家的现实已充分显示,人类的物质生活需要是有限的,人们越来越需要从各种善行、善念中,从各种思想、信仰中,乃至从宗教中寻找精神寄托,施予爱心、奉献爱心。这是越来越具体的爱心显示,越来越具体的高层次的精神享用价值。可见,经济越发达,爱心的崇尚应越高。这是人的双重欲性的合理存在。同样,随着社会主义市场经济的迅速发展,人们手中将会有富足的钱物,这种合理存在也将日益明显,这就要求家庭、社会和学校帮助中小学生建立正确的信念和物念,从而在健康的双重欲性作用下,树立爱是施予、爱是奉献的思想。

加强青少年的消费道德观教育,必须紧紧抓住以下几方面的内容:

第一,加强对青少年勤俭节约的教育。勤俭节约、艰苦奋斗是中华民族的传统美德。历史告诉我们"成由勤俭败由奢"。奢侈历来被人们所不齿,它是亡国、堕落的重要根源。追溯华夏文明史,纵观上下五千年,每一个朝代的衰败几乎都是从奢靡浪费开始的。从个人来说,一个人如果从小养成了大手大脚花钱的恶习,将来就难以抵挡各种诱惑,对其成长不利。尽管改革开放以来,我们国家的经济有了较大的发展,人民的生活水平有了很大提高,但仍处于社会主义的初级阶段,总体生产力水平较低。因此要告诉学生,我们现在还没有理由去享受高消费,过奢侈豪华的生活。即使将来生活富裕了,也要时刻牢记勤俭节约、艰苦奋斗这一中华传统美德。

第二,加强对青少年的理财教育。

由于受传统"重义轻利"思想的影响,长期以来中国青少年的理财教育处于滞后状态,甚至可以说是一片空白。而美国等许多发达国家从3岁左右就开始对孩子进行理财教育。上海交通大学姚俭建教授表示,中国青少年理财教育应包括三个基本方面:理财价值观的教育,涉及对金钱、人生意义的正确理解和价值认同;理财基本知识的传授,包括经济金融常识和个人家庭理财技能和方式;理财基本技能的培养,包括理财情景教育、实际操作训练和理财氛围的营造等。一些著名专家也表示,从小有意识地培养孩子的理财能力,指导孩子熟悉、掌握基本的金融知识与工具,从短期效果看是养成孩子不乱花钱的消费习惯,从长远来看,将有利于孩子及早形成独立的生活能力,使其在高度发达、快速发展的时代中,具有可靠的立身之本。

第三,帮助青少年树立正确的金钱观。

在现代市场经济下,许多发达国家普遍重视对中小学生进行金钱观教育,把金钱观教育作为学校教育的重要一环。我国青少年的金钱观教育尚未列入中小学课程,面对迅速发展的经济,已越来越明显地呈现出滞后性,致使为数不少的中小学生对金钱缺乏应有的认知。在校期间,特别是走上社会以后,为钱所困,为钱所累,甚至为钱所害。这种状况对于培养建设社会主义市场经济的合格人才是十分不利的。

作为家长,要让青少年学生知道挣钱的辛苦,让他们知道金钱不是白来的,而是需要付出辛苦的劳动;可以带孩子到自己的工作地方去参观,看看家长是怎样辛苦工作的;也可以给孩子讲自己挣钱的艰辛。要教育青少年花钱要有节制,不要挥霍浪费。另外,还要使青少年懂得金钱不是万能的,"有钱能使鬼推磨"的观念是错误的。金钱重要,但不是最重要的,有很多东西比金钱还重要,如对国家的忠心、对父母的孝心、对他人的关心。要让他们明白,钱可以买来财物,却买不来精神;有钱可以去拉拢别人,却买不来真正的友谊。要使他们懂得金钱必须靠自己的双手,靠自己辛勤的诚实劳动去换取。要引导青少年正确地花钱,学校和家长要引导学生把零花钱省下来交学费,买参考书,用于求学,增长知识。鼓励孩子省下零用钱支援灾区、捐献"希望工程"等等。

第七章　广　告　伦　理

在市场经济条件下,广告是经济活动的重要内容。它沟通了企业与消费者的联系,塑造了企业的形象,对于企业开拓市场,扩大产品销路有着极为重要的意义。广告是一种经济现象,但同时又具有伦理意义。广告和伦理是一种双向互动关系。一方面,广告对产品的宣传和消费模式的倡导,影响着人们的人生观、道德观和价值观,影响着社会的道德风尚;另一方面,一定社会的道德观念又制约和影响着广告的内容和形式,广告必须借助道德的力量才能获得更好的效果。当前,要建立和完善良好的市场经济秩序,必须加强广告伦理的研究,确立当代中国的广告道德规范。

第一节　广告与伦理的关系

所谓广告,从汉语的字面意义理解,就是"广而告之",而从其内容来说,"广告是有计划地通过媒体向所选定的消费对象宣传有关商品或劳务的优点和特色,唤起消费者注意,说服消费者购买使用的宣传方式"。广告的对象是消费者,广告的目的是"唤起消费者注意,说服消费者购买使用",广告是围绕着消费者、消费行为的,特别在市场经济高度发展的阶段更是如此。

从国外情况来看,如何确定广告主题、如何对广告定位大致经历了三个阶段:第一阶段,20世纪50年代左右,当时的广告理论认为,广告应把注意力集中于产品的特点及消费者利益上,即广告中要注意商品之间的差异,并选出消费者最容易接受的特点作为广告的主题。第二阶段,60年代以后,由于经济的发展,商品之间的差异变得越来越小,而某些差异对消费者来说并没有太大意义。一个企业的生存和发展,只靠自己商品的特点已远远不够了,而企业的声誉和形象显得越来越重要。广告要塑造企业的形象。第三阶段,市场营销观念充分发展的今天,一个企业不仅要考虑"消费者需要什么我就生产什么",而且必须走到消费者的前面,创造消费观念,为消费者设计生活。美国广告学专家艾·里斯和杰·特劳特所著的《广告攻心战略——品牌定位》中提出,广告"一定要把进入潜在顾客的心智,作为首要之图"。这就是说,广告的成功首先在于塑造、转变消费者的思想观念。

不言而喻,广告在实现其促销目的时,必然会宣传、倡导一种消费观念。而这种消费观念总是折射出一定的道德观念。人们在接受广告的消费观念的时候,同时也接受、认同了它的道德观念。我们千万不能忽视广告对消费者道德观念的作用。第一,随着科学技术的发展,新的广告形式层出不穷,使广告的传播速度大为加快,传播范围大大扩展,广告对人们生活的影响越来越大。第二,广告是市场营销的一个重要组成部分。当商品首次进入市场时,必须运用广告来迅速地提高商品的知名度,增强消费者对商品的认识;在激烈的市场竞争中,只有不断地运用广告手段,才能在消费者的心目中树立深刻的商品形象和企业形象。广告给企业带来了丰厚的利润,广告有着坚强的经济后援。这种经济后援所产生的巨大经济投入,是任何道德教育难以比拟的。第三,在市场经济发展过程中,广告从业人员日益壮大,他们精心研究消费者的心理,精心策划广告活动,尽力使广告具有最大的可接受性。

总之,广告依赖于先进的媒体、强大的经济实力、精良的广告从业人员,蕴含着一定道德观念的广告作品在社会生活中产生了不可小觑的作用。这种作用既可能对社会道德建设产生正效应,也可能产生负效应。

一、广告对社会道德的影响

(一)广告活动对道德建设的正效应

第一,支持大众文化活动,丰富美化人民生活。传播媒体由于有了广告,也有了大量的广告收入,不仅为国家办各种新闻传播媒体节省开支,而且可以投入更多的资金来制作丰富多彩的文娱体育节目。如此既能够吸引更多的人来接触广告,增强广告的效果,又可以大大地丰富大众的文化生活。20世纪70年代,我国许多国营新闻媒体都是亏本经营,每年由国家支付大量补贴,如今大部分都已扭亏为盈。中国近几年火爆异常的足球市场,也是在众多企业的大力赞助下逐步建立起来的。现在,每年通过冠名权、球衣广告及其他电视、场地广告收入,中国许多中超球队的收入都在千万元以上,为中国足球联赛的正常运转提供了保证。其他已经或正在走向市场的体育项目,也要依靠企业广告的强大注血功能作后盾。随着社会文化生活的丰富多样化,人们参与的热情逐步高涨,企业也因此扩大了自身的知名度,为开拓更加广阔的市场铺垫,这是一个双赢的结果。

第二,赞助社会公益事业,倡导健康的社会道德观念。在市场经济条件下,许多社会公益事业的开展,不能像从前一样坐等政府拨款,必须要走出去,依靠市场的力量来发展壮大自己,巨大的广告市场就是重要的资金来源之一。公益广告是以倡导对社会有益的思想、行为、观念为宗旨,它表明企业不仅只是赢利的机器,还将以促进社会的文明与进步为己任。现在的公益广告制作不同于过去的简单说教加口号的方式,常以优美感人的画面,轻轻地拨动观众内心的情怀,配以耐人寻味的话语,使人印象深刻。这些广告,既有助于企业正面形象的建立,也为弘扬社会正气尽了一分心力。

第三,正确引导消费活动,建立良好的消费观念。现代科学技术的飞速发展,带来大量新的产品,各类商品种类繁多,功能也日趋复杂。面对这种情况,消费者常有无所适从的感觉。广告正是通过商品信息的传播,向消费者介绍商品的性能、用途、特点、价格以及如何使用、保养商品和相关的售后服务措施等,这些都是消费者在购买商品前迫切希望知道的。广告既可以提高消费者对商品的认知程度,也能够使消费者选择出真正适合自己需要的商品。同样,对于提供劳务服务的,如旅游、美容、保险等也需要广告提供相关信息,以便消费者进行了解、选择。广告还可以把市场中同类商品或服务的有关信息加以对比地传递给消费者,使消费者可以从中筛选出质优价廉的称心商品或服务，既能够达到合理消费、适度从俭的目的，又可使市场处在良性竞争的环境中。

可以看出，广告不仅是推销商品、劳务，宣传企业的工具，同时它对营造良好的社会环境氛围，帮助树立健康的社会道德风尚，也发挥着不可小觑的作用。

（二）广告活动对道德建设的负效应

广告的主要目的在于劝服消费者进行消费。广告要使受众认同其所倡导的价值观念和它所推介的商品或服务，并能付诸行动。在这一过程中，广告策划者要确立宣传主题、寓意及艺术表现手段，这其中必然涉及社会道德意识的问题。目前有些广告还存在不良道德倾向等诸多问题。广告的负效应主要包括三方面：

第一，有些广告格调低下，庸俗丑陋。广告作为大众传媒中的骄子，本应具有一定的艺术性和审美价值，给人以美的享受，但有些广告却以色情来吸引眼球。明明是做什么"粥"的广告，画面上却数次出现泳装女郎下腹的近景和特写。还有一些杂志书报，以极带挑逗性和色情意味的图片和语言作为封面广告，并且堂而皇之地摆在街头巷尾的书摊报亭中。这类广告是散播于社会中的精神垃圾，应当予以彻底清除，还社会一片净土。

第二，有些广告宣扬享乐主义和极端个人主义思想。享乐主义把个人享乐说成是个人唯一的、至高无上的追求目标，认为人生就是彻底的享乐，提出了"不能为了别人而牺牲自己的享乐"的主张。为了诱导消费，有些广告极力渲染享乐主义观念，如某则洋酒广告，画面中先打出一个问号，再变为金钱符号，然后慢慢变成女人的曲线，最后与酒樽合二为一。其广告词是："放怀追寻，精彩人生。"似乎人生的精彩只在于醇酒、美女、金钱之中。另外一则矿泉水的广告称"喝上上水，做上上人"，里面隐含着极端个人主义的内核，在人人平等的今天只会招来人们的排斥。此类广告所要传达给人们的价值观、人生观都是与我们社会主义的价值观、人生观背道而驰的，只会对社会产生侵蚀的作用。

第三，误导青少年，影响他们心智的健康成长。青少年由于心理和生理上都还不成熟，很容易受到外界各种新奇事物的诱惑。同时由于他们对事物还缺乏必要的判断能力，难以对广告中的一些误导行为加以辨别。许多广告商就瞄准这一点下手，利用青春偶像或种种新奇古怪的游戏、玩具来招揽青少年。在各类消费群体中，以青少年群体最易受到各类广告的诱导而进行消费，而且他们的消费行为多是非理性化的，常常会陷于追逐名牌、紧跟潮流的误区当中。由此还会导致相互攀比、挥霍浪费的不良习气。可见广告对青少年道德培养的影响是多么巨大。

广告活动对社会道德所造成的正、负两方面的影响，是当今现实社会中一个无法回避的事实，我们应客观、全面地加以审视。同时这一点也应引起全社会范围的高度重视，我们要采取各种行之有效的措施，调动各方面的积极因素，充分发挥广告的正效应，抑制其负效应，使这一社会影响广泛的大众传媒方式能够更好地为社会主义物质文明建设和精神文明建设服务。

二、社会道德观念对广告的作用

消费者从接触广告到最终购买商品或使用服务一般要经过三个阶段：第一阶段，了解认识阶段,这是广告对消费者发生影响的前提条件;第二阶段,感受喜欢阶段,这是较为复杂的阶段,它要使消费者将短暂的视听上的注意转变为一种发自内心的关注,即一种欲望和需求;第三阶段,行动阶段,在经过第二阶段后,广告引导消费者进行购买或使用。在这三个阶段中,第二阶段是最为重要的。

人们的消费行为取决于其消费动机,而消费动机又产生于一个人对商品或服务的需求。因此,了解消费者的消费动机和需求倾向是广告策划与制作能够取得成功的前提条件。人的需求多种多样,西方著名心理学家马斯洛的"需求层次论"将复杂多样的人的需求归纳为五种:(1)生理需要;(2)安全的需要;(3)社交的需要,包括两个方面,一个是情感的需要,一个是归属感;(4)尊重的需要;(5)自我实现的需要。这五种需要是依次逐级上升的,当低一级的需要得到一定的满足后,追求高一级的需要就成了驱动行为的动力。其中尊重的需要和自我实现的需要是从内部使人得到满足的,并且这两种需要是永远不会感到完全满足的。人们在满足基本生存需要后,很自然地要追求精神需求的满足。在市场经济不发达的条件下,市场上商品的总需求超过了总供给,顾客争相购买,没有太多的选择机会,这一时期的广告只要告知受众有关商品的基本信息与购买方式就能使商品畅销。但当市场呈现供大于求时,广告的制作也进入多元化的阶段。广告不仅只是传递商品信息,更要挖掘蕴涵在商品背后更深层次的社会价值,并依此树立一个富有个性的企业形象。广告已成为一种社会文化,它开始融入一定的社会心理、价值观念、道德观念、时代意识等诸多元素,以满足人们更深层次的需求。

香港作为国际化大都市,一直是商家必争之地,因此这里的广告大战激烈异常,各类广告争奇斗艳,用尽心机。由于受西方价值观的影响,广告多以明星美女坐镇或以怪诞、搞笑取胜,但1995年的广告年度大奖却为一则既无美女又无噱头的维他奶广告夺得。这则取名为"背影篇"的广告是以朱自清脍炙人口的散文名篇《背影》为原型创作的,讲述一对祖孙间的亲情故事,整个作品在平凡的场景中洋溢着感人肺腑的人间挚爱之情。据说,该广告播出后,产生了很强的震撼,许多香港人看后,眼中都有泪光。该广告的创作者谈道:"香港广告一般都欠缺情感、欠缺真挚的人性,也欠缺文化修养,这是长期接受殖民式教育的香港广告创作人的悲哀。"

中国的传统文化中伦理道德文化占据着至高的地位,许多优秀的道德传统仍然是现代中国人的价值目标和行为准则,一些道德观念仍然是普通老百姓评价善与恶的标准。把这些社会道德观念注入广告之中,已成为现代广告创意中常见的一种手法。曾颇受好评的威力洗衣机广告,以一个远离家乡的游子思念家乡思念母亲为引子展开,画面中的慈母已是鬓发苍白,仍在吃力地手洗晾晒衣物,这异乡的游子如何报答母亲呢?"妈妈,我给您捎去一样好东西。"——画外音"威力洗衣机,献给母亲的爱"。整部广告洋溢着浓浓的亲情,极富感染力,它既表现出中华民族敬老爱老的传统美德,也从一个侧面表现出一种新旧生活的对比,可算一则上佳之作。

中国自古就有尊老爱幼的传统,孟子曾说:"老吾老以及人之老,幼吾幼以及人之幼。"这是十分崇高的人伦精神,并深深地植根于中国人的观念中,成为我们社会道德的一个组成部分,也就成为众多广告借用的主题之一。"一粒龟鳖丸,一片儿女心"(海南养生堂广告),"从心出发,关心父母"(金日心源素广告)等都是以表现孝敬父母为主题。另一则成龙为小霸王学习机所做的广告，"想当年，我是用拳头打天下。如今，这电脑时代，我儿子要用小霸王来打天下。同样天下父母心，望子成龙小霸王"，则体现出中国父母望子成龙，悉心呵护培养下一代的传统文化积淀。此外，表现男女之爱、夫妻之情的广告更是比比皆是，如百年润发洗发水的广告"青丝秀发，缘系百年"，把男女主人公从相识、相恋、离别到最终结合生动地演绎出来。国际影星周润发一往情深地为"发妻"浇水洗头，画面温馨感人，把一对爱侣百年相好的承诺放在这一平平常常的生活场景中，将这种从青丝到白发，相爱永远的海誓山盟都融入产品和广告之中。

古人云："感人心者，莫先乎情。"广告的创作因为有情而感人，因为有情而贴近人，才能使广告受众在强烈的感情共鸣中对广告所诉求的产品产生一种渴望，从而达到预期的目的。

人们的道德情感对于广告信息的取舍也有着举足轻重的作用。道德情感，是构成道德品质的重要因素和环节，指人们对现实生活中的道德关系和道德行为的好恶等情绪态度。它一经形成，就会成为一种稳定的强大力量，积极影响人们的社会行为。广告策划者首先要确立的就是其宣传主题，而这一主题绝不能与人们的善良意愿相违背。香港某报曾以希特勒为主角做了一则幽默的广告，结果马上引起巨大反响，但并不是人们对产品产生兴趣，而是对广告内容一片指责怒骂之声。在人们心中，二战纳粹的恐怖记忆仍是一种抹不去的痛，对那段空前的浩劫并不能一笑释怀，人们无论从理智还是情感上都不可能认同这个广告所要传达的一切，结果报纸翌日马上登出公开道歉启事以平众怒。可见，广告的制作不能随心所欲、恣意妄为，只有真正迎合人们去恶从善的道德取向，才能得到广告受众的认可。

现代社会中，广告已不再只是商品信息的简单加工工具，而是融合各种价值观念、道德观念的社会文化系统。广告不仅为现代人的思想观念带来一种冲击，同时它也被人们固有的伦理观念所作用。如果把广告比作一条船，伦理可说是载舟之水，水可载舟，亦可覆舟。因此，要充分发挥利用二者的积极影响，使广告和伦理能够共同为社会的进步作出贡献。

第二节　广告活动的基本道德规范

广告作为一种社会经济活动，必然要纳入整个社会规范体系内，必须要遵守社会法律规范、道德规范的约束。中国于1994年颁布了第一部《广告法》，为规范广告活动，保护消费者的合法权益，维护社会经济秩序发挥了重要作用。但法律调节手段由于规定严谨，所适用的范围相对狭窄，而道德规范所适用的范围则相对宽泛得多。道德不是由国家强制制定与执行的，它主要依靠传统习惯、社会舆论和内心信念来维系。众多广告主体的活动并不逾越法律的界限，但在不违法的宽大范围内还应当做到不违德。只有在此基础上，广告业才能得以健康发展，才能树立良好的行业形象，广告产业才能具备更大的拓展空间。

许多国家的广告行业很早就开始注意到这一问题，提出了广告行业的自律规范，主要是要超越不违法的被动情况，在行业内依据一些指导原则培养并增强各行为主体的伦理自主。日本的八卷俊雄和尾山皓在其著作《广告学》中写道："所谓自我约束，是由广告主、广告公司、媒体公司或由上述各企业组成的团体进行的自我限制，不是从法律方面，而是从社会道德、道义、习惯等等方面，对广告表现和方法的限制。"

国际商会于 1963 年通过了《国际商业广告从业准则》，用以指导各国广告业规范操作，并使各国能以此为蓝本制定出适用于本国国情的广告业的自律准则，其主要内容包括：(1)刊登广告应遵守所在国家之法律规定，并应不违背当地固有道德及审美观念。(2)凡是易引起轻视及非议的广告，均不应刊登，广告的制作，也不应利用迷信或一般的盲从心理。(3)广告只应陈述真理，不应虚伪或利用双关语及略语的手法，以歪曲事实。(4)广告不应含有夸大的宣传，致使顾客在购买后有受骗及失望之感。(5)凡广告中所刊有关商号、机构或个人的介绍，或刊登产品品质保证及服务周到等，不应有虚假或不实。凡捏造、过时、不实或无法印证的词句均不应刊登。引用证词者与作证者本人，对证词应负同等的责任。(6)未经征得当事人的同意或许可，不得使用个人、商号或机构所作的证词，也不得采用其相片，对已逝人物的证件或言词及其照片等，倘非依法征得其关系人同意，不得使用。另外该准则还包括"广告活动的公平原则"和"广告商及广告媒体商守则"等。

　　在广告行业较发达的国家，行业自律的规范体系比较健全，不仅有适用于全行业的行为准则，对于各具体行业也有相应的规定。如日本就有《广告伦理纲领》、《报纸广告伦理纲领》、《杂志广告伦理纲领》等，澳大利亚制定了《广告业道德准则》、《酒类广告准则》、《药品广告准则》等各种广告自律准则。

一、广告必须真实而又客观

　　广告作为一种信息传播活动，所传达的信息必须是真实而又客观的。这些信息包括商品的性能、产地、用途、质量、价格、生产者、有效期限、服务的内容和形式等等。普通消费者在商业活动中属于弱势群体，这是由于普通消费者对商品的各项信息缺乏全面的了解，也没有科学的方法对商品品质进行甄别，因而只有通过商家的介绍及广告的宣传来进行选择和购买，所以传达真实而又客观的信息是广告活动中最基本的道德规范，只有遵循这一基本道德规范，广告主、广告经营者与消费者之间才能建立良好的伦理关系，广告事业才能沿着健康的方向发展。虚假的欺骗性的广告违背社会主义广告道德的基本规范，必须坚决反对。广告也被有的人戏称为"王婆卖瓜，自卖自夸"，这是因为广告本身就有一定的夸大渲染的成分，这是否就是说谎，是否违反了一般的道德原则呢？这种说法失之偏颇，广告道德并不反对在广告中进行艺术的夸张。广告虽然不是纯粹的艺术作品，但它必须要调动艺术的手段来增强广告的效果。广告允许夸张，但不允许夸大其词和言过其实。我们要正确区分艺术的夸张与欺骗性的夸大间的区别，以促进广告事业的正常发展。

　　如何界定什么是欺骗性的广告呢？所谓欺骗性广告是指广告主故意用捏造虚假信息或者歪曲真实情况的手段，致使消费者陷于错误认识，并且基于这种错误认识而进行消费行为的广告行为。作为经营者，对于广告的内容，特别是涉及具体的数字的广告内容，要有科学的依据和实践的证明。为了制造轰动的广告效果，而不惜弄虚作假，只能自食其果。作为消费者，对于广告的内容不能盲目轻信，要增强自我保护意识。

　　广告的目的在于宣传企业产品，让消费者在了解、欣赏产品后，进行消费行为。但世上的事物从来都不是十全十美的，任何一种商品也都不可完美无缺。正如一种电器的广告词："没有最好，只有更好。"空洞地堆砌着各种世界名牌、享誉全球、最佳、第一、超级等等，或是吹嘘功能齐全、包治百病等，都只能激起广告受众的逆反心理，根本无法使之认同广告所要诉求的内容;反过来,假如大大方方地、客观地摆出自身的某些不足之处,却反而更能得到广告受众的认可。如某瑞士钟表公司的广告是:"本店钟表还是不太准,一个月差 24 秒。"结果广告一出,门庭若市。世界上本来就没有绝对精确的钟表,一个月差 24 秒完全在质量标准内。在这种看似贬低自己的广告中,实际上是还消费者一个钟表的真实情况,这比之某些钟表广告的"走时准确,不差分秒"要高明许多。

诚实守信,是中国传统伦理道德的重要范畴之一,也历来为人们所推崇,被当作一个人在社会立身处世的必备品德之一。这同样也被当作衡量一个商家好坏的基本条件之一。虚假性的广告,靠巧舌如簧编造出一些令人心动的情形,可能会诱使某些消费者上当受骗,获得高额利润,但骗得一时骗不了一世,谎言假象终究会被揭穿,当一个企业名誉扫地时,也就被竞争残酷的市场宣判了死刑。正如摩根斯所说:"要消灭一个质量极低极次的品牌的最快速的途径是用最积极的方式来推销它,因为人们也会用同样快的速度来识破它的低劣程度。"企业树立自己诚实守信的良好信誉是能在激烈的市场竞争中立足的基本条件。美国的凯特皮纳勒公司,是世界性的生产推土机和铲车的公司,它在广告中称:凡是买了我们产品的人,不管在世界哪一个地方,需要更换零配件,我们保证在 48 小时内送到你手中,如果送不到,我们的产品就白送给你们。他们说到做到,有时为了把一个价值只有 50 美元的零件送到边远地区,甚至不惜动用直升机,费用高达 2000 美元,有时无法按时在 48 小时内把零件送到用户手中,就真的按广告所说的,把产品白送给用户。由于其经营信誉高,这家公司经营 50 年保持不衰。

虚假的欺骗性的广告背后是错误的义利观在作祟。一些广告主和广告商见利忘义,不择手段地搞虚假广告,不仅败坏了广告主的形象,还给企业带来极端不利的负面影响。在社会主义中国,广告绝不能成为欺骗的代名词,要充分发挥"义"即道德对"利"的导向作用、规范作用及监督作用,以保证广告的真实性和客观性,使广告真正能够树立企业的正面形象,为广大消费者提供服务。正确利用广告的作用,充分为广大消费者考虑,才是广告人的真正追求所在。

二、广告内容要健康,形式要优美

广告在现代社会生活中有巨大的影响力。以什么样的人生观、价值观去说服、影响、指导消费者,对社会主义精神文明有着重大意义,《广告法》第 3 条规定,广告应当真实、合法,符合社会主义精神文明建设的要求。社会主义精神文明的建设,包括思想道德建设和教育科学文化建设两个方面,广告活动从内容到形式,都必须要符合这两方面的要求。

广告的内容要健康,这就意味着要有益于社会生活中正确的人生观、价值观的形成与确立,有益于社会良好道德风气的形成与确立。如某个空调的广告:"良好的风气,从某某开始!"它不仅展示了空调产品的基本作用,更主要的是它号召人们去树立良好的社会风气,并由此为企业塑造了一个正面的形象。力波啤酒的广告,通过中国著名足球教练员徐根宝的现身说法:"我喜欢挑战,认准了我就不会放弃……"充分显示徐教练百折不挠、永远向上的人生哲学,最后以"不搏不精彩"的广告词结束。广告整体给人一种积极进取、奋发向上的感觉,它充分激发了人们的进取精神,有利于健康向上、积极拼搏的人生态度的形成与确立。

但还有些广告内容庸俗,思想消极,个别甚至还包含黄色、淫秽的内容。昔日的美国广告,曾经肆无忌惮地以"性"诉求为销售工具,但进入 20 世纪 90 年代以来,美国广告主和广告人都对"性"主题非常敏感,渐由以往的性泛滥态度,进行了向讲究"政治上的不犯错误"、"包装家庭价值观"方面的策略性转移,即严格控制包含性内容的广告。这一方面是由于艾滋病的威胁,造成人们性观念的转变;更主要的是广大妇女的激烈反对,认为此类广告是对女性的侮辱与歧视,因此广告主不得不进行自我约束。一位广告人说:"如果你想用性作为广告的表现手法,你最好有向全世界宣战的心理准备。"但我国的某些广告人却将这种遭人唾弃的东西奉为至宝,随处乱用,动辄就以美女出浴、欲露还遮来表现广告,还有些更是直接带有色情的成分。曾有一则沐浴露的广告,让小猫偷看美女洗澡,还肉麻地说:"不是猫儿馋,确是花儿香。"这简直就是想引发人的"偷窥欲",实在低级得很,如此广告给人的绝不是美的享受,只会败坏人们的审美情趣。

广告道德不仅要解决"广告什么"的问题,也要解决"怎么广告"的问题。广告作品需要借助艺术的感染力,促使消费者在美的愉悦感受中接受广告诉求。同时,内容健康、形式优美的广告能够丰富人们的文化生活,提高人们的审美情趣和精神境界,潜移默化地熏陶人们的心灵,有益于精神文明建设。美是与真、善相统一的,美的东西,一般来说,首先都应当是真的,是蕴涵着客观规律的。再者,通常情况下,凡是有害于人类生存和发展的事物或创作作品,都不可能是美的,在这个意义上,我们可以说,善是美的灵魂,违背了善,也就失去了美,三者是辩证相连的。马克思主义伦理学认为,在人们的行为实践领域内,真、善、美是相互联系、相互贯通的,真是善的基础,美是善的具体形象。因此,我们的广告应该具有一定的艺术性,有真正的审美价值。理性诉求相对让位于感性诉求,推销术语被令人神往的画面、浪漫优雅的情调和迷醉心弦的音乐所取代,这不仅给人深刻的感官印象,更是对人心灵的洗涤。如此的广告给消费者一种愉悦的美感,令人不知不觉地把广告产品与"美感"联系起来,结果是心甘情愿地去购买该种产品。这种"隐促销"比"明促销"更高明,效果也更好。形式优美,不仅是社会主义精神文明建设对广告的要求,也是广告业自身发展的必然趋势。作为广告道德规范的要求,广告的形式优美是实现经济效益与社会效益统一的应有之义。

三、广告要尊重社会风俗习惯和道德禁忌

风俗习惯是一种在长期历史发展中逐渐形成的社会现象和世代相传的文化现象。它属于传统的范畴。在什么时间、什么地方,用什么形式做广告,都要尊重当地的风俗习惯。丰田公司曾经在南非推出一则卡车广告,为了表现丰田公司小吨位卡车车稳、牵引性能好等特点,广告上画了这种卡车和站不稳的猪蹄子相对比的诙谐广告。不料,丰田公司就此闯下大祸,丰田公司原以为南非全是黑人和白人,却不知道南非还有相当数量的穆斯林,南非穆斯林看到丰田公司的这则广告之后提出强烈抗议,丰田公司立即修改广告,把猪换成了鸡,这才平息了一段风波。

广告活动一定要注意这些与一个社会或一个地区的发展历史、文化背景、家庭信仰等密切相关的问题,这就是道德禁忌的问题。回避由于各种社会文化等的差异所造成的道德禁忌是十分重要的;否则,会使广告宣传效果适得其反,引起消费者的反感甚至是误解、抗议和法律纠纷。百事可乐公司曾花 350 万美元请美国性感歌星麦当娜拍摄广告,其中的广告歌曲十分出色,公司非常得意,准备向全美地区推出,但却惹出了事端。由于麦当娜在与广告

名称相同的 MTV 录像带中,有亵渎宗教的放浪表演,引起教会强烈不满,欲到法院提起诉讼。于是公司只好马上停止这条广告的播出,不但 350 万美元白扔,还使公司的名誉受损。

另外还有一些禁忌也是广告主们应当注意的,如文字禁忌、数字禁忌、图形禁忌、颜色禁忌等等。在这些禁忌中,有的是在不同文化背景下和地区中都认为是消极的,有时甚至带有贬义、讽刺的意义,例如对数字 13 的反感,对猫头鹰的贬斥;也有的是在不同文化背景下和地区中有着不同的情况,例如,"白象"在一些民族和地区被认为是吉祥如意的,而在另一些民族中却被认为是邪恶的。这些禁忌都可划入道德禁忌的范畴,并有着悠久的历史背景,虽然提供给人们的终究不能算是科学与真理,但要改变它们并不是轻而易举的事情,而且这也并不是广告所要承担和所能承担的任务。

因此,必须尊重社会的风俗习惯,谨慎回避禁忌,才可使广告活动正常进行。

四、广告要有利于社会稳定

广告所传播的信息对于社会有着巨大的影响力,广告策划者承担着维护社会稳定的道德责任。在市场经济条件下,追求利益最大化本无可厚非,但若没有任何道德的约束,就一定会出现问题。广告设计上寻求创新,不落俗套,引起关注以获得良好的经济效益,本来是一件好事,但如为了求新求变达到惊人的目的,而采取过激或出轨的行为,甚至影响社会的稳定,则是不被允许的。1994 年 9 月山西太原市有线电视台播放了一则字幕广告:"据悉,'四不像'已从雁门关进入本地区,不久将进入千家万户,请大家关好门窗,留心观察。"一时间在当地引起巨大恐慌,整个太原地区乃至由雁门关通往太原的怀州地区都在传谣:"'四不像'正在雁门关外吃人千万别让小孩上街。"如此以讹传讹更使人们躁动不安,许多人纷纷给电视台和有关部门打电话询问,两天后电视台声明"'四不像'只是来自雁门关的系列产品",并向广大市民道歉,但恶劣的社会影响已经造成,之后这一广告被中央电视台在新闻节目中点名批评。此广告为先声夺人,蓄意编造危言耸听的消息,不仅给社会造成动荡,也使所宣传的产品还未面世已背上骂名。

目前的广告数量庞大,众多广告在人们眼前闪过,却大部分未能给消费者留下深刻印象。20 世纪 70 年代末,美国心理学家杜·舒尔茨曾调查证实,尽管一般美国人每天平均会受到 1500 多个广告的干扰,但真正能特别注意到的广告不会超过 10 个。从这一意义上说,现代广告大战首先是争夺公众注意力的心理战,因此,广告策划者们追求轰动效应等行为是可以理解的。但广告活动作为社会经济生活的一个有机部分,只有在一个相对稳定的社会大环境中才能正常运行。社会稳定是我们发展经济和深化改革必不可少的条件与前提,没有稳定的社会环境,一切都无从谈起。有个别广告活动采取空中抛散钱物等手法来制造轰动效应,但常常造成社会治安的混乱;也有些广告打出人民币的某些号码可以加倍购物的噱头来吸引消费者,扰乱了正常经济秩序的运行。这些广告行为都会给社会带来许多不安定的因素,也会对其他正常广告活动造成伤害。作为政府有关部门,对于此类广告活动必须采取严格的管理;对于广告策划者而言,重视广告对于社会稳定的道德责任,也是必不可少的。

第三节　广告活动的道德评价

蓬勃发展的广告已成为现代社会文明的标志之一，但对于广告对社会生活所起的作用一直争论不休。有人认为广告是天使，它为人类迈向幸福生活指明了方向。美国总统富兰克林·罗斯福曾给予广告高度评价："如果我能重新生活，任我选择职业，我想我会进入广告界。若不是有广告来传播高水平的知识，过去半个世纪各阶层人民现代文明水平的普遍提高是不可能的。"也有人认为广告是魔鬼，它打开人们心中"潘多拉的盒子"，使人产生过多难以满足的欲望。英国工党领袖安耐林·比万曾斥责："广告是罪恶的勾当。"世界著名历史学家阿诺德·汤因比甚至断言："人类文明的前途，要看人们同麦迪逊大道（美国纽约大广告公司云集的一条街）所代表的一切作斗争的结果。"真是视广告为洪水猛兽。

那么究竟应当如何看待广告呢？广告究竟是善还是恶呢？我们不妨从伦理学的角度进行一些探讨，即广告活动的道德评价问题。所谓道德评价是要根据一定社会或阶级的道德规范体系，对社会中的个体或群体的道德活动作出善或恶、正或邪、道德或不道德的价值判断，以达到褒善贬恶、扬善抑恶的目的。在道德评价活动中，善与恶是最经常使用的两个范畴。善恶标准的判断，是要看一定的道德主体（个人或团体）的行为、活动，是否符合一定社会或阶级的道德原则、道德规范的要求。善恶标准并不是一成不变的，它有一定的历史相对性，要随着人类社会的发展而产生相应的改变。因此，在对一定的行为活动进行善或恶的道德评价时，必须要与现时期社会进步的要求相一致。我国现在正处在社会主义初级阶段，衡量与判断我们各方面工作的是非得失，必须要以"三个有利于"为根本标准，这同时也是我们现时期道德评价的根本标准。"三个有利于"是将善恶评价标准和人民群众的实际利益结合起来，要求以国家和人民的最根本利益作为衡量善恶是非的标准。在新中国成立初期，广告被看成是资本主义产物，是欺骗、诱惑公众的推销伎俩，是一种社会浪费即"恶"的体现而受到批判。这一时期我国经济属于计划的模式，各个产品实行逐层分配、统一调拨的购销政策，缺少市场竞争的调节，所以也无需广告来促进产销。党的十一届三中全会后，我国开始进入一个以经济建设为中心的新的历史时期，广告在社会经济生活中的重要作用也逐渐显露，它作为一种服务型经济，是市场经济体系中不可缺少的一个环节；它还可以刺激市场的消费需求，扩大企业影响力，并能有助于市场公平竞争环境的形成。因而，广告活动从总体上看可以对社会主义市场经济起到有效的推动作用，符合人民群众的根本利益需要，合乎新时期善的标准。

以上是从总体上对广告活动的善恶评价，在对具体的广告活动进行道德评价时，我们还要依据一些具体的道德原则标准来作出善与恶的衡量。

一、消费者利益至上的标准

广大消费者是广告活动直接指向的受体，他们真正的利益要求就是衡量具体广告活动善与恶的基本标准。由于消费者受各种条件的限制，对于市场上产品的了解大多只能来自于各类广告信息，因此尊重和维护广大消费者的利益也是对广告从业者的基本要求。

广告在传递产品信息时并不能将该产品的全部资料一一列出,只能是把其中有代表性的部分表现出来,这就有可能导致某些广告主在对产品信息的选择中只展示其"瑜"而掩其"瑕",使消费者产生理解误区。在这些广告中,其单个信息是真实的,但与之相关联的其他信息被广告主有意回避,使人得出的产品概念与实际情况有出入。如药品类广告中,对产品的疗效功能着重表现,但对其副作用有意回避或尽量加以淡化,未从消费者利益的角度出发来进行广告宣传。再比如市场上颇为流行的保健食品类广告,虽然该种产品确实含有某些对疾病的治疗有一定帮助的成分,但它们仍主要是作为一种食品提供给人基本养分,保健作用只是辅助性的。但在这些广告中不同程度地存在着过分强调疗效的问题,使一些消费者对其真正的功用产生误解,把它当作药物使用,这有可能导致贻误病情,使他们的利益受损。以上广告行为从法律角度看并没有越轨,但从道德评价的角度看,是明显有违"善"的标准。广告主在对产品信息的选择中,应更多地从普通消费者利益出发来进行信息的整合,让广告能真正为消费者服务;另一方面消费者也应对于广告传递的信息加以分析、辨别,加强自我保护意识。

还有一类证言式广告,常以明星或名人作为证言人的角色推介产品,用名人效应去影响消费者的购买决策。但对于这些明星或名人是否真正作为一名普通消费者,在日常生活中使用这些产品却令人置疑,当荧幕上明星们嫣然一笑地说"我只用××牌",或信誓旦旦地称"相信我,没错的",人们又如何能够验证他们的话呢?美国联邦贸易委员会就规定利用名人做证言式广告,必须如实反映自己的意见和经验,如该人被描述为产品的使用者,那么广告主要有合理的理由使人相信在广告播出期间,该人一直都是此产品的使用者。从消费者利益出发,这样的规定是值得我们借鉴的。如今,在2015年修订的《中华人民共和国广告法》第三十八条中明确规定,广告代言人"不得为其未使用过的商品或者未接受过的服务作推荐、证明"。因此,假如名人做广告违反了这一规定,就要承担法律责任。

广告原始素材的准备,也要以消费者利益至上为原则进行,必须用科学的、严谨的态度做好筛选和准备工作,包括功效、证明、事实、根据等广告所要传达的各项信息。不能将未经试验、检测的数据或仅是由极小范围内抽取的样本、依据当成事实公布。在广告制作过程中,也应力求真实,不能为追求广告的画面效果而使用其他物品进行替代等。这样才是真正将消费者利益放在首位,使广告活动符合道德上善的要求。

广告大师 D·奥格威(David Ogilvy)为"林索清洁剂"所做的广告中,表现了产品对各种污迹的作用,在选择血渍的广告照片时,为求真实,他竟真的用了自己的鲜血。他曾对新雇员说:"消费者不是低能儿,她们是你的妻女,你不会对妻子说谎,也不要对我太太说谎。"正是从消费者利益出发的广告哲学使奥格威创造出辉煌,他为之流血的广告,成了有史以来阅读率最高和最为人记忆的清洁剂广告。

二、社会公共道德标准

社会公共道德是指在一定的社会生活中,为了维持社会正常的生活秩序,全体社会成员应当遵守的一些最基本、最起码的公共生活准则。它是社会存在的反映,是随着人类社会生活的文明和进步逐步积累和发展起来的,反映了维护人类社会成员的利益。主要是依靠传统习惯、社会舆论来保证实现的。

社会公共道德所涵盖的内容有很多,它具有全民性、广泛性、普遍性等特征。广告实践过程中,从策划、制作到实行需要多方合作,加之诉求内容的不同,使广告表现千差万别,其所涉及的社会公共道德问题也多种多样。尊重公民基本人格尊严是社会公共道德的基本要求之一,但目前的一些广告推广活动却存在侵犯人们人格权的行为,如未经当事人许可,擅自使用其肖像、名称,或将他人隐私作为广告内容公开展示出来,一部分人为此诉诸法律途径解决,但更多的人因种种原因无法追究侵权者的法律责任,只能给予道德上的谴责。还有一些派送信息的传单广告,不管人们是否愿意接受,将各式广告传单放置在居民的门上、车筐内或塞进信箱中,让人既无奈又气恼。这些广告行为不仅程度不同地触犯了法律的规定,更主要的是违背了基本的社会公共道德原则,使广告业的道德形象在公众心目中大为损贬,也令消费者对于广告的信心受到影响。

另一类与社会公共道德不符的是性别歧视的问题。现代妇女早已摆脱以往夫权至上的依附者形象,她们享受与男人平等的权利,并已在各个社会领域担起重任。但在涉及家庭厨房用品类广告时,几乎清一色地选用女性来扮演各类使用者的角色。洗衣粉、洗洁精广告中妇女们辛苦地洗涤着大堆脏物,或又在为抽油烟机的擦洗伤神。洗衣机、吸尘器等电器广告中,总是要借她们的现身说法来介绍产品性能,好像女性是这些产品的唯一使用者。把女性定位于传统的家庭主妇的地位,终日只能围绕锅台灶边的狭小空间的形象,明显带有性别歧视的成分。

其他一些歧视妇女的广告行为包括:不必要地以女性为酒等类产品作广告,实质与所推销的产品无关;让女性当作性暗示的角色亵渎女性尊严;过分渲染女性弱者地位,强调女性的依属于男人的地位等等。种种这些都与现代尊重妇女人格,保障妇女权利的公共道德相背离,是应在未来广告发展中予以警示的。

热心公益是我们道德生活的基本组成,广告活动也应积极参与其中。太阳神公司曾斥资百万支持第三届全国残疾人运动会,并推出相应广告《我们的爱天长地久》,充分体现了社会大家庭中人与人之间真挚的爱,此举广受赞誉,取得社会与经济上的双重效益。与之相比,前一段时间曾经被炒得沸沸扬扬的某明星所做的一则口服液广告,由于冒用希望工程的名义宣传其产品,在社会上引起公众的强烈不满。希望工程是全国人民和海外华人共同关注的一项崇高事业,是社会各界有识之士善心良知的体现。商家盗用这一良好的公益形象来粉饰自己,不仅是对希望工程的亵渎,也是对公众道德之心的玷污。此种有违社会公德的行为,马上遭到社会舆论的猛烈抨击,厂家以前依靠巨额广告费用创下的良好的企业形象因此大受贬损,实在是咎由自取。这也可以使我们从中看到社会舆论在对社会行为进行道德评价中所起的巨大作用。社会舆论之所以具有权威性,就在于它代表着广大群众的一种意志、情感和价值取向,并能给予被评价者以荣誉或耻辱。正所谓众口铄金、众怒难犯,广告活动作为全社会范围的信息传播方式,正处于公众评价的焦点,任何与我们社会道德原则相悖的广告行为,都逃不过社会舆论的评判,也必然会招致令人唾弃的下场。

三、全人类标准

这包括两个方面,一方面是人类自身健康发展的标准,保护人民身心健康是社会道德的基本原则。如果没有人的生命,便无所谓善或恶,道德或不道德。香烟对于人类危害早已有了可靠的科学依据,世界卫生组织最近的一份研究报告显示,在未来的 25 年中,预计有五亿人会死于吸烟;另外据估计我国烟民数量超过两亿人,因吸烟而导致死亡的人数会相当惊人。有鉴于此,我国的《广告法》第22条明确规定,禁止在大众传播媒介或者公共场所、公共交通工具、户外发布烟草广告。此类禁令在世界上大多数国家都有。在强大的社会压力下,烟草广告沉寂了一段时间,但令人担忧的是,目前它的魔影又开始悄然在社会中出现。某些烟草广告改头换面,以生产企业名义在电视中大做广告,其定格在画面中的图案却完全是一张放大的香烟壳;另外某些城市入口处,国外烟草厂家的广告赫然耸立,甚至城市中心的公共汽车站牌也被烟草广告所侵占。此类行径无异于诱人自杀,公然挑战法律规定与人类基本道德原则,有关部门应予以高度重视,严厉制止。在涉及人民生活的产品广告中,如食品、药品、化妆品、医疗器械、家用电器等,必须符合国家规定的卫生许可事项,或注明保护人们生命健康的警示标志。这些都是广告从业人员作为社会组成部分的基本道德所在。

第二方面是生态环境保护的标准。经济、科技的迅速发展,带来人们生活水平的大幅度提高,但同时带来的环境问题也是极为严重的。20世纪中期世界经济进入一个飞跃发展的阶段,人类对自然界采取掠夺式的开发利用,认为自然界资源是用之不竭。可是仅过了20年左右,一系列问题相继显露,大气环境的污染,淡水水源的枯竭,土地沙漠化加剧,野生物种的迅速灭绝,温室效应,酸雨现象等等,都开始对人类的生存与发展构成严重的威胁。于是生态伦理学被提出并迅速得以发展,它是人类道德认识的一次重要升华,将人类过去要求战胜自然,转变为与自然和谐共处,成为合乎自然道德规律的一分子。这些也是对未来广告发展的基本道德要求,在广告中,不能宣传有碍环境和自然资源保护的商品,如对于直接或间接表现以国家严令禁止捕猎、捕捞的野生物为原料的制品广告。还有如广告材料的环境保护问题,很多商家都喜欢将企业的各种宣传广告印制在塑料包装袋上随产品送给顾客,但是这种白色污染物对城市环境保护极为不利,而且回收起来也相当麻烦。国家曾规定要以布制或纸制包装袋替代塑料袋,但由于相对成本较高,一直未能得到企业响应,这从生态伦理学角度是不可取的。全球范围内提出的可持续发展战略,就是要不以眼前个体、局部利益为目标,而应有寻求人类长远发展,留福于子孙的道德责任感。

令人欣慰的是,目前广告业中的一些有识之士已关注于这一问题,提出"绿色广告"的营销战略。他们在制定和实施市场营销策略时,在力求满足消费者需求的同时,更以环境保护为主题来宣传企业,将对人类生存空间的维护视为企业未来发展生存的条件与机会。在广告制作中,以自然美景或动、植物为素材,表现人与自然和谐相处的价值取向,正日益成为一种时尚。

一种道德能否真正应用于社会,主要在于它最终是否转化为社会成员自觉的道德修养,所以广告伦理是否能在社会生活中得以实行,要依靠广大从业人员道德修养的不断完善与提高,这既需要外在的道德教育的灌输培养,更需要内在的自我塑造、自我改善。作为广告受体的普通消费者也同样有一个提高道德修养的问题,广告业有一种"投其所好"哲学,即要研究大众的喜好来进行广告的策划活动。因此消费者也应加强自身道德品质、道德情感及道德习惯的培养,形成高尚美好的生活品位,这自然会对广告产业的道德取向产生积极的影响。

第八章　企业伦理(上)

在市场经济条件下,企业是最基本、最重要的市场活动主体,是市场机制运行的微观基础。企业是一个集合生产要素,在利润动机和承担风险条件下,为社会提供产品和服务的经济组织。现代企业制度的典型形式是公司制。因此,企业伦理(公司伦理)是经济伦理中不可或缺的基本组成部分。

企业伦理学最早出现于美国,起源于 20 世纪七八十年代美国公司丑闻接连曝光的巨大反响之后,经过几十年的发展,它已成为国际流行的学科。不仅在美国本土,而且在荷兰、法国、意大利和西班牙等欧洲诸国及东南亚都得到了长足的发展。随着我国社会主义市场经济的日益进步,企业伦理学的研究在我国也日益引起企业界与学术界的关注。企业性质的伦理意义、企业行为的伦理准则、企业管理的伦理规范以及企业伦理与经济繁荣的内在联系都成为企业伦理学的研究对象。

第一节　企业的经济伦理二重性与社会责任

企业是什么？长期以来人们只用经济学的眼光观察企业,认为企业的意义只在于赚取利润,而否定企业与道德的联系,轻视企业作为社会主体的其他意义。实际上,企业不仅是经济性实体,而且还是伦理性实体,具有经济与伦理二重性。正是这二重性,要求企业在追求其利润增长的同时还要承担社会责任。企业经济活动与伦理道德的互动是渗透于它的经济关系、经济目标与经济信用之中的。

一、企业的经济伦理二重性

(一) 企业的经济关系离不开伦理支持

企业作为一个经济组织,其内部的基本关系是以利益为中心的经济关系。在社会主义市场经济体制中,这些经济关系又以契约关系的形式表现出来。

一般说来,企业的经济关系分为内、外两部分。就内部经济关系而言,主要包括企业与员工(含经理人员)、股东、员工家属的关系,在这一经济关系中,还可区分为所有者与经营者、管理者与被管理者等层次。就企业的外部经济关系而言,从狭义看包括企业与政府、民族、社区、其他企业、消费者及社会公共部门等的关系;从广义看,还包括企业与区域性的微观生态环境的关系和企业与全球性的宏观生态环境的关系。这些经济关系的处理和协调，绝不是仅靠经济力量就能完成的，而在每一个经济行为背后都有着道德规范和道德原则的支撑，这些经济关系本身，都有着伦理内涵。如前所述，这些经济关系在现实经济生活中都是以契约关系的形式表现出来的。这些契约从签订到履行不仅是经济行为，也是伦理行为。只要不是胁迫或欺诈，在正常情况下，签约各方都是基于如下信念：相信对方是值得信任的，是会如实履约的，相信契约会受到法律保护。如果没有这样的伦理信念，就不可能完成立约。签约后，在各个签约者面前也会有几种伦理性选择：或是积极履约，或是消极履约，或是违约或毁约。这些不同的契约行为本质上是签约各方道德原则的实践，反映的是签约人的道德水平，从这个意义上看，经济行为也是伦理行为，经济关系也渗透着伦理关系。恩格斯说："人们总是从他们进行生产和交换的经济关系中，吸取自己的道德观念的。"为了使契约关系得以成立、维系，使经济活动得以顺利展开，诚实信用原则便被奉为契约伦理的核心道德原则。两个具有明显经济色彩的经济行为：追究违约责任和损失赔偿，作为诚实信用原则的具体化，而成为契约伦理的重要道德原则，即违约责任原则和损失赔偿原则。由此可见，企业内、外部经济关系需要伦理支持。

（二）企业经济目标离不开伦理调节

企业作为经济组织，通常将追求利润这一经济目标放在首位。但是，将追求利润最大化奉为企业的唯一目标，在实践中往往产生缺陷：经济目标唯一化会使企业不由自主地将获利作为经济行为的主要动机和衡量行为价值的唯一尺度，见物不见人，见一己私利不见社会公利及他人利益，导致企业行为失范。如只讲经济责任，不讲社会责任；只讲物的发展，不讲人的发展；只讲近期利益，不讲远期利益；只讲生产成本代价，不讲环境资源代价等等：这类情况，在我国现实经济生活中已屡见不鲜。现实生活中的假冒伪劣商品，坑蒙拐骗行为均属此例。除了这种明显的经济失范行为之外，经济目标唯一化还会使各种隐蔽的害人利己行为找到滋生土壤：一是表面利他实为害他，如银行向某些使其有利可图的客户提供假资信证明和信用担保；二是小利他大利己，如公司经理在政策许可范围内，付给员工高于社会最低工资却低于其贡献的工资；三是表面利他实为利己，如证券公司向大股民透露股市行情；四是大量引发有利于交易双方却损害第三方的"外部性问题"，比如工厂排放的废气、废水影响附近居民生活的问题等等。诸如此类，都是经济目标唯一化所带来的弊端。经济目标唯一化的这种缺陷能否靠自身得到克服呢？西方发达国家企业运行的历史对此给予了否定的回答，实际这也是西方在 20 世纪七八十年代掀起企业伦理学研究热潮的原因。自那以来几十年的历史进一步证明，企业的经济目标需要作伦理的调节，也就是经济目标中要渗透伦理道德精神。这就要求企业的任何行为不仅要具有经济价值，还要具有伦理价值。以伦理尺度调节经济目标，要求企业的经济动机不是单纯利己，而应当把尊重他人的正当利益同时作为自身利益追求的界限之一，也就是说，对方正当利益的满足不仅是达到自身利益的一种手段，也是内在的道德要求。这就是人们常说的"双赢"结果。因此，以伦理规范与原则来调节企业的经济目标，就要反对和制止一切不正当的损人利己行为，反对和制止一切表面或近期利他而实际上或远期是害他的行为，反对和制止一切满足他人不正当利益的行为，反对和制止一切满足交易双方利益而损害第三方利益的行为。这一对企业经济目标的伦理调节，协调着企业与社会的整体利益与物质利益。

（三）企业经济信用离不开伦理保障

企业信用是企业总资产中一种特殊的资产。企业作为经济组织，其经济信用自然是首要信用。由于我国经济伦理的研究起步较晚，因此长期缺乏对企业信用的深度思考。实际上，企业的经济信用与伦理信用是密不可分的，经济信用以伦理信用为其伦理保障。俗话说"人无信不立"、"人而无信，不知其可也"、"信用就是金钱"，说的就是这一道理。市场经济是契约经济，又是以等价交换为特征的经济形态。英国古典经济学家约翰·穆勒在其名著《政治经济学原理》一书中，谈到经济信用时指出："信用以信任心为根据，信任心推广，每个人藏在身边以备万一的最小额资本亦将有种种工具，可以用在生产的用途上。如果没有信用，换言之，如果因为一般不安全，因为缺乏信心，而不常有信用，则有资本但无职业或无必要知识技能而不能亲自营业的人，就不能从资本获得任何利益：他们所有的资产或将歇着不用，或将浪费消灭在不熟练的谋利的尝试上。因此，社会若由较良的法律及较良的教育改良人的品性，使人互相信任，凭自己的品性就可以担保不会侵占或瞎用别人的资本，这种利益的收获，还会大得多。"[①]这就告诉我们，伦理信用是推动资本运作和生产交换"活"起来的内驱力，经济信用是建立在以信任、信誉、信心为内容的伦理信用基础上的。

其二，伦理信用也会增进经济信用。西方资本主义精神之父富兰克林就举例说明过伦理信用就是金钱的道理。他说："如果一个人信用好、信誉高，并且善于用钱，这样所得的总额就会相当可观。"如朋友出于对你的信用，将他的钱放在你处，逾期不取回，那就是将利息或者在那段时间里用这笔钱可以得到的一切给了你，这就是你的伦理信用创造了金钱。前已提及的德国经济伦理学家马克斯·韦伯也赞同这一看法，他认为信任是一种能给人带来实际好处的美德。换言之，伦理信用增进了经济信用，经济信用要以伦理信用为保障。历史上成功企业都以此为鉴：如北京有300年历史的"同仁堂"国药店，就以"德、诚、信"为其店铭。其店堂内高悬一对联，上联为"炮制虽繁必不敢省人工"，下联为"品味虽贵必不敢减物力"，横批为"同修仁德、济世养生"。该店经300年而不衰，就是以伦理信用推进了经济信用。当前驰名全国乃至在美国市场上站住了脚的山东海尔集团，也是始终把企业的信用放在首位，他们严格遵守"产品质量不打折，售后服务不打折"的承诺，以良好的企业信誉，使自己的产品走向全世界。

其三，经济信用体现并促进伦理信用的实现，并在一定条件下提升伦理信用。伦理信用作为一种道德准则，是一种实践理论，在经济活动中，它通过经济信用表现出来并具有经济价值。比如："由于交易双方的相互信赖，可以降低交易成本"，反之，如果经济活动中缺乏伦理信用，就会加大交易成本，就会引起交易双方不必要的考察费用，以及法律监督和对履行合同制裁的费用，因此，伦理信用的降低必然加大经济成本，而经济信用的提高必然有伦理信用的作用和影响，是伦理信用的体现。经济信用与伦理信用相互作用所产生的良性循环，表现为一方面企业对社会资源的合乎伦理的有效配置，增进了企业效益和社会财富，为人们

---

① ［英］约翰·穆勒：《政治经济学原理》，金镝等译，华夏出版社 2009 年版，第 477—478 页。

的生活提供了更好的物质条件，实现了经济信用的伦理价值；另一方面，企业经济活动的成功，将对企业自身及其他公众的各种活动产生深刻影响，企业人会由于经济信用给自己和相关利益人带来福利而对发展经济信用所必需的伦理信用有更主动的实践需要，当这种需求随着企业经济信用的成长而成为一种行为定势时，就会进一步提升企业的伦理信用的品格，促进企业进一步良性发展和企业人道德的完善。

综上所述，可以看到企业活动与伦理道德具有不可分性，这正是企业伦理学（公司伦理学）得以诞生的原因。

二、企业社会责任

企业社会责任（corporate social responsibility，简称 CSR）是经济学、管理学、伦理学等众多学科共同关注的热点问题，更是经济伦理学研究中的重点问题。

（一）企业社会责任概念

有关企业责任的思考始于 20 世纪 20—30 年代西方国家。究其原因是因为当时资本的不断扩张而引发的劳资冲突、社会不公及贫富差距等一系列问题。自 1953 年鲍恩（Howard Bowen）在其著作《商人的社会责任》中明确提出现代公司社会责任概念以来，关于企业社会责任这一概念的定义可谓层出不穷。如世界银行将企业社会责任定义为："企业与关键利益相关方的关系、价值观。遵纪守法以及尊重人、社区和环境有关的政策和实践的集合，是企业为改善利益相关方的生活质量而贡献于可持续发展的一种承诺。"[①]欧盟的定义为："企业社会责任是指企业在自愿的基础上，将对社会和环境的关注融入其商业运作以及企业与其利益相关方的相互关系中。"[②]国际劳工组织的定义为："企业社会责任是指企业在经济、社会和环境领域承担某些超出法律要求的义务，而且绝大多数是自愿性质的。因此企业社会责任并不仅仅是遵守国家法律，劳工问题只是企业社会责任的一部分。"[③]在种种定义中，被广泛引用的是美国学者卡罗尔所提出的定义："企业社会责任意指在某一特定时期社会对组织所寄托的经济、法律、伦理和自行决定（慈善）的期望。"[④]在这一概念的基础上，卡罗尔建立了著名的"企业社会责任金字塔"。

在这一金字塔图形中，经济责任、法律责任、伦理责任、慈善责任，从底部到塔顶，逐一上升。卡罗尔认为，处于底部的经济责任是基本责任，上一层的法规责任则是社会期望企业遵守的法律集成，再上一层的伦理责任则要求企业做正义的、公平的事，尽量避免和减少对雇员、消费者与环境等方面的损害，而处于塔顶的慈善责任则要企业成为企业公民，为社会公益作贡献。卡罗尔"企业社会责任金字塔"的提出受到广泛认同，也被广泛引用。但批评者认为，这样做反而有将经济与伦理割裂之嫌，似乎企业在尽经济责任时，没有伦理要求，而事实是企业社会责任应是经济与伦理责任的内在统一，伦理责任是内在于、渗透于经济责任之

---

① 转引自李彦龙：《企业社会责任的基本内涵、理论基础和责任边界》，《学术交流》2011 年第 2 期。

② 同上注。

③ 同上注。

④ ［美］阿奇·B·卡罗尔：《企业与社会：伦理与利益相关者管理》，黄煜平等译，机械工业出版社 2004 年版，第 23 页。

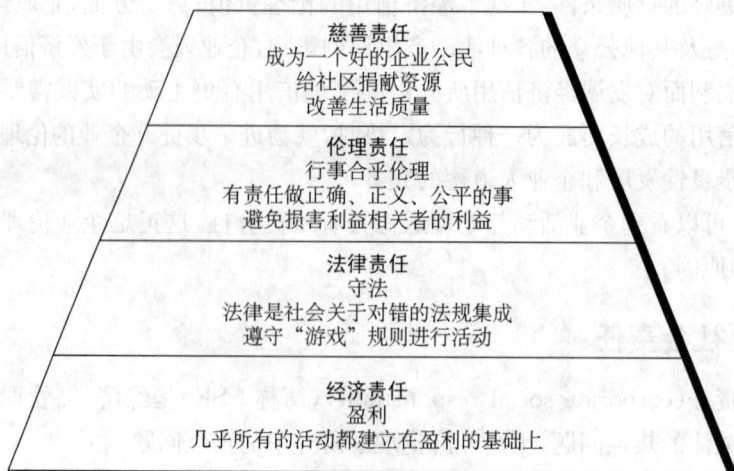

企业社会责任金字塔

中的。尽管卡罗尔在提出这一"企业社会责任金字塔"时,也一再强调这一划分并不表示各种责任之间是互不兼容的,他说,"从这个金字塔图中不应该得出这样的理解:企业按由低到高的次序履行其责任",而应当是"同时履行其所有的社会责任的"。[1] 但人们从图示中往往将之理解为责任度的依次递减,由此甚至有人将企业社会责任理解为"经济——法律——伦理"的责任层序。

正是为避免这一缺陷带来的误读,20 世纪 70—80 年代,美国经济发展委员会及后来的"商业圆桌会议",改用"三个同心圆"来描述公司社会责任(如左图)。

从图上看,"内层是范围清晰的有效履行经济功能的基本责任,包括产品、就业机会以及经济增长;中间一层是将改造经济功能的责任与对变化中的社会价值观和主要问题的敏锐感相结合,例如环境问题、与员工的关系问题、顾客对信息的更高要求等等;外层则是新近出现尚不清晰的责任,要求公司更积极介入到改善社会环境的活动中去,例如贫穷和城市问题"。[2] 从同心圆的设计中,我们可以看到,它已经体现了企业经济责任与

企业社会责任同心圆

伦理责任的交融,但是,分为内、中、外三层,仍然将企业的经济责任视为最核心的责任,在其基本思路上,与金字塔的设计还是一致的。

我们认为,经济与伦理是内在统一的,从这一立场出发,企业的经济责任和伦理责任是相互交融、相互渗透的"经济—伦理"责任,它是你中有我、我中有你的化合现象,这一现象是难以用几何图形来表达的。一般而言,企业社会责任的共同理念是企业在创造利润的同时,还要承担对员工、社会和环境的责任,包括遵守商业道德、安全生产、强调职业健康、保障劳

---

① [美]阿奇·B·卡罗尔:《企业与社会:伦理与利益相关者管理》,黄煜平等译,机械工业出版社 2004 年版,第 27 页。
② 沈洪涛、沈艺峰:《公司社会责任思想起源与演变》,上海人民出版社 2007 年版,第 60—61 页。

动者合法权益等。

（二）企业社会责任的基本内容

在吸收国内外关于企业社会责任研究成果的基础上,我们认为,企业社会责任是一个有结构、有层次的社会责任系统。企业社会责任从责任涉及的社会内容区分,可划分为经济责任、法律责任、道德责任以及慈善责任等四大责任。其中,经济责任是企业在经营活动中应承担的与其经济权利与义务相对应的责任;法律责任则是其作为"企业公民"必须在其一切活动中依法、遵法、守法、不违法;而道德责任则是要求其遵守一切社会公德;慈善责任则是要求其对社会弱势群体及社会公益事业作出贡献。

企业社会责任如果从企业的存在及其关涉的对象区分,可以有如下基本内容:

1. 企业对出资人(即股东)的责任

在国有企业中,出资人即国家,在民营企业中,则是个人投资者,或合伙人。企业与出资人的关系是企业中最重要的内部关系。企业对出资人既有经济责任,也有法律责任与道德责任,虽然出资人(即股东)利益受法律保护,但股东利益的真正实现还得靠企业的良知和社会责任等。

2. 企业对员工(雇员)的责任

企业和员工是建立于劳动合同上的供需关系共同体。企业根据合同向员工付出的劳动提供薪酬和法定责任。在社会主义市场经济中,劳动合同的签订就意味员工进入了"企业共同体",由此,在规定的时限内企业对员工在经济、法律及道德方面都负有责任。"自家的孩子自家抱",发生天灾与人祸时,企业对员工都有支援、保护的义务,这是企业必须履行的道德底线。

3. 企业对消费者的责任

社会的所有成员都是社会企业的消费者。企业社会责任就是要为消费者提供合法合理的优质产品和优质服务。这不但是企业应尽的社会道德责任,同时也是企业得以生存、发展的基本条件。

4. 企业对社区的责任

企业总是存在于一定的社会空间之中,它与周边环境存在着必然的联系。企业对社区的责任包含广义和狭义两种情况,所谓广义责任是指该企业对所在城市的所有社区负有责任,因为社区是居民的集聚点,企业和社区之间可以结对互帮互助;所谓狭义的社会责任则是指企业仅对其所在的社区负责。企业对自己生活的社会环境负有责任,一般说来,它可以提供就业,繁荣社区经济文化生活等,但也有部分企业,在其生产过程中会污染环境,影响居民健康,这时,企业就有防控污染,改善社区环境的责任,总之,建立良好的社区关系是企业对社区的主要责任。

5. 企业对政府的责任

在企业与政府的关系中,企业是主体,政府是客体,企业创造社会财富,政府管理社会财富,企业的生产经营活动离不开政府的监督和管理。政府通过税收形式从企业获得运行的资金支持,为企业创造适合其生存发展的政治环境、经济环境和文化环境。企业也有责任通过开展社会公益活动、支持福利事业和慈善事业等行动支持政府,从而促进社会健康和谐发展。

6. 企业对环境的责任

虽然社区也是一种环境,但社区环境更多指的是人的环境,而此处的环境,既是指企业生存的自然环境,也是指企业面对的生态环境。企业需要树立生态保护、自然环境保护的自觉意识,尊重自然,爱护自然,合理利用自然。企业对环境的责任意识集中体现于其自觉的绿色企业意识,即倡导绿色生产、绿色管理,绝不只顾追求利润而破坏生态环境。

（三）企业社会责任的伦理实践

企业社会责任不仅是一种伦理理念,而且是一种伦理实践。企业社会责任的伦理实践,不仅体现在企业社会责任概念的不断深化演进中,也体现在企业的具体经营和运行实践中。在 20 世纪末到 21 世纪前十年,企业社会责任的伦理实践在东西方都有很大发展。

在欧美,一方面加紧企业社会责任标准的制定,另一方面又积极推进有关方面加强企业社会责任的实际行动,如 20 世纪末国际标准化组织(ISO)在葡萄牙里斯本召开了多次工作小组会议,讨论新的社会责任标准的制定,又如欧盟曾倡议"欧洲:做世界企业社会责任的标杆",德国技术合作公司(GIZ)曾花了三年时间,在中国组织了七次中国企业社会责任标准圆桌会议。21 世纪前十年,美国商务社会责任协会还组织国内力量讨论未来商业和企业社会责任的十大趋势等等。

随着企业社会责任伦理理念的影响不断扩大,其伦理实践的水平也不断提高。企业社会责任的承担方式在早期主要表现为各种慈善活动,实施慈善的主体主要是企业家个人。但随着企业社会责任这一理论的不断拓展,实践的内容也由慈善转向行为规则,即企业社会责任的制定。尤其是 20 世纪 80 年代国际上"企业社会责任运动"的兴起,使企业社会责任规则体系逐渐形成,成为企业行为的一种软约束。

所谓企业社会责任规则体系,是由国际机构、政府、行业组织和非营利组织对企业社会责任中一些被各国普遍接受的全球概念进行归纳、总结、系统化而形成的。有学者将此分析为四种类型,即原则与倡导、企业行为守则、行业社会责任标准和一般社会责任标准。这四种不同类型的社会责任对企业的约束力大小和约束方式是不同的,其制定者也各不相同,处于不同的层次。其中,原则与倡导一般由相关国际组织制定,它是一种通过呼吁与提倡以推动企业履行社会责任的方式。企业行为守则由企业自身制定,具有自我约束的功能,当然,这些行为守则也与行业的一般特点相关联,不同行业的不同企业,其行为守则并不完全一样,其中劳动标准、生产经营中的规范在企业行为守则中占有重要地位。行业社会责任标准则是以"社会监督"为特征的外部生产守则,标准依其覆盖范围不同又分为行业标准和一般标准。其中具有较大国际影响的是 SA8000 标准,这一标准为全球第一个可用于第三方认证的社会责任国际标准,其中具有的内容包括禁止强迫性劳动、保障结社自由和集体谈判权利等要素,并且要求企业有道德地采购和改善全球工人的工作条件等,它体现了对人权的维护及对社会公正的关切。

在推进企业社会责任的伦理实践中,"验厂"和"产业链认证活动"也是值得关注的一项有效工作。这项活动通过跨国公司对其供应商工厂进行劳工标准检查以推动企业社会责任的落实。国内一些企业违反国际劳工标准,存在工作环境恶劣、克扣工人最低工资、非法强迫工人加班等情形,就是通过"验厂"和"产业链认证活动"发现的。

总之,企业社会责任的内涵与外延将会随着社会发展与企业发展而不断有所变化,但"以人为本"原则是其"万变不离其宗"之"宗",也就是说,企业社会责任核心是"以人为本"。

第二节　企业经营伦理

在市场经济中,企业的经济活动可概括为生产、经营和管理三个基本部分,因此,企业生产伦理、经营伦理和管理伦理构成了企业伦理的基本组成部分。生产伦理在前面已作论述,本章将着重阐述企业经营与管理伦理。

企业经营伦理是指企业在确定经营目标、经营战略、经营战术的前提下,通过市场调研、产品开发、产品设计、品牌确立、产品推广、售后服务、形象塑造等手段和措施,协调企业和市场、消费者之间的关系,使企业在满足市场和消费者需求的同时,产生最佳经济效益。企业经营伦理就是应用规范伦理学的方法和目的来具体探讨企业在其经营活动中所应遵循的伦理准则。

一、诚信为本原则

诚信是企业经营最基本的道德原则,中国商界自古以来就有"以诚立业、以信取人"的传统,"诚招天下客",也是目前被许多企业写在门上、贴在墙上的条幅。诚信之所以是经营伦理的核心道德,就在于它是以等价交换为基本规律的市场经济得以运作的基本条件,诚信对于市场经济这只大船,是载舟之水,须臾不可或缺。对于这一点,西方经济伦理学家有过精湛描述。美国社群主义经济伦理学家托马斯·唐纳森和托马斯·邓菲合著的《有约束力的关系——对企业伦理学的一种社会契约论的研究》一书中说:"理性的缔约者会明白,成功的经济共同体和制度需要一种伦理行为的基础。至少,有效运行的企业常常需要一定水平的信任度。在某种文化中,共同基金会的发展会受到严重阻碍(如 20 世纪 90 年代的俄国),在那里你无法信任另一方会诚实处置你的基金,而那里的背景制度又不能为欺诈和挪用造成的损失提供法律补偿。此外,为了使资本市场有效地运行,许多交易必须以口头承诺为基础进行,支撑这些承诺的是基本的诚信。当一位共同基金经理向一个重视信义的会社预约出售一万股股票时,可以预期双方都会承兑这笔交易,即使股票价格突然发生各方都始料未及的剧烈变化,双方都不会对实际发生的事赖账——你一定是听错了,预约的是一千股而不是一万股。在一种经济结构中,交易常常是靠信义而不是通过昂贵的法律限制来保证的。"[①]另一位经济伦理学家 P·普拉利也指出:"在商业活动中,经济人不断地用一种伤害交换伙伴的方式追求利润,结果只能导致交换伙伴的离你而去。"[②]正因为如此,唐纳森先生和邓菲先生才会在他们的著作中作出这样的概括:"企业本质上是一种群体活动,大多数成功的企业关系的核心在于一些基础价值观,如可靠、信守诺言等。欺骗和盗窃财产会给企业造成重大损失。为了维护一个有助于经济有效运行的环境,一切形式的经济组织对道德行为有最低限度的要求。"[③]由此可见,诚信对于企业经营活动的作用至少有三:一是它是正常交易关

① [美]托马斯·唐纳森、托马斯·邓菲:《有约束力的关系——对企业伦理学的一种社会契约论的研究》,赵月瑟译,上海社会科学院出版社 2001 年版,第 35 页。

② [美]P·普拉利:《商业伦理》,洪成文译,中信出版社 1999 年版,第 126 页。

③ [美]托马斯·唐纳森、托马斯·邓菲:《有约束力的关系——对企业伦理学的一种社会契约论的研究》,赵月瑟译,上海社会科学院出版社 2001 年版,第 34 页。

系得以建立的道德心理前提;二是它可以大大减少交易成本;三是它是交易关系得以长期维系的道德条件。

作为市场主体的企业,其诚信的伦理品质应在企业与消费者、企业与合作者以及企业与社会的关系中体现出来。

在随着市场经济发展形成的买方市场中,消费者的需要越来越占据主导地位,因此,一个以诚信为本的企业,在经营活动中,首先,在产品生产之前就必须进行市场调研,以发现消费者的真正需求及其发展趋势,从而确定生产什么、如何生产、如何设计、如何推广等一系列问题,以满足消费者的需求;其次,在产品生产和销售过程中,还必须进行市场调研,发现消费者需求的变化情况,以及产品对消费者需求及其变化的适应程度,以便及时调整经营方向;最后,在产品销售出去以后,还必须全心全意地对消费者进行跟踪服务,进一步满足消费者的需求。对合伙人或合作者企业的诚信,我们已在契约伦理中作了阐述;对社会的诚信除了对以上两种对象的诚信外,还应包括广告诚信、产品质量诚信、对社会公共事业诚信等其他方面的诚信,概言之,即为企业的社会责任,此点将在另节阐述。

在此需要作说明的是,违反我国现行《公司法》规定须承担民事责任、行政责任和刑事责任,其中有十余种行为属犯罪范畴。为了保障公司法的顺利贯彻实施,第八届全国人大常委会第十二次会议于 1995 年 2 月 28 日通过了《关于惩治违反公司法的犯罪的决定》,这一决定主要针对刑法没有规定的违反公司法的犯罪行为作了补充规定,共 15 条,它公布的一些主要犯罪行为从反面诠释了企业的诚信应包含的内容,列举如下:

虚报注册资本罪。这是指申请公司登记的人使用虚假的证明文件或者采取其他欺诈手段虚报注册资本,欺骗公司登记主管部门,取得公司登记的行为。

虚报出资罪。这是指公司发起人、股东违反公司法的规定未交付货币、实物或者未转移财产权,虚假出资,或者在公司成立后又抽逃其出资的行为。

非法发行股票、公司债券罪。这是指制作虚假的招股说明书、认股书、公司债券募集办法发行股票或者公司债券,以及未经公司法规定的有关主管部门批准,擅自发行股票或者公司债券,且数额巨大,后果严重或者有其他严重情节。

提供虚假的财务会计报告罪。这是指公司向股东和社会公众提供虚假的或者隐瞒重要事实的财务会计报告,严重损害股东或者其他人利益的行为。

商业受贿罪。这是指公司董事、监事或者职工利用职务或者工作上的便利,索取或者收受贿赂的行为。这是对刑法规定的贿赂罪犯罪主体所作的重要补充。

侵占罪。这是指公司董事、监事或者职工利用职务或者工作上的便利,侵占本公司财物的行为。这一犯罪类似于刑法规定的贪污罪,但犯罪主体以及被侵犯的对象都比贪污罪扩大了。

挪用资金罪。这是指公司董事、监事或者职工利用职务上的便利,挪用本单位资金归个人使用或者借贷给他人的行为。

上述犯罪行为显然都是极端违反诚信原则的行为,要受到法律制裁。

对不诚信经营行为,除了法律制裁之外,还有行政制裁。政府对一些不诚信企业采取"封门"措施,将其赶出市场,让它们尝尝对市场进行经济与伦理监控的威力,它有力地说明了在经济竞争的大舞台上,没有诚信的企业是无法生存的。

二、双赢互惠原则

企业作为"集合生产要素,并在利润动机和承担风险条件下,为社会提供产品和服务的经济组织",在经营中追求利润最大化是其题中之义。那么企业采用什么样的利益原则才是正确的呢? 在西方经济伦理学界,将企业的利益原则分为以下几种类型:

一是石器时代经济学的利益原则。

一般说来,传统的"原始部落"将其生活环境分为三个同心圆。中央圆指的是较大的家族群,在这一以血缘关系维系的环境中,人际交往的自然方式是物品共享、利他和为家族作出牺牲的行为受人推崇。中间圆指的是邻里和部落中各氏族的关系,人际关系以平等交换为特点,只有平等交换,关系才能平衡。最外部的圆包括了与自己没有真正关系的人,对这些人他们采取了任意欺诈而没有任何顾虑的态度。这种内外有别、对待外部落人可不守信义的利益原则,被称为石器时代经济学的利益原则,显然这不是中央圆的"单向互惠"或中间圆的"平衡互惠",而是一种"负向互惠"。目前企业行为"负向互惠"状况的存在,说明这种原始石器时代利益思维原则还未过时。

二是极端利己主义的利益原则。

极端利己主义者只对自身利益感兴趣,自我利益超越一切,为了一己私利,对他人利益置若罔闻,甚至可以背信弃义。这种理论由于极端而没有任何公正可言,其不存在能够恰当处理各方面利益的规则。如果追求长远利益,就不能依赖这一原则。

三是无道德的商业利己主义利益原则。

这一理论拒绝把道德标准用于商业。这种理论认为,商界对利润的追求是一个超越任何道德关切的目标。在商界,追求个人私利,即便在与传统道德相冲突时,也不能认为不正当。要在市场竞争中取得成功,就得依赖于一种无所顾忌地追求私利的态度,这种态度不为道德关切所妨碍。他们认为,"在商界,我们只关心自己的利益,道德标准妨碍做最好的生意"。这一理论与极端利己主义十分接近。

四是小组或小团体利己主义利益原则。

这种理论将某个利益群体——小组或小团体的道德目标、团体利益视为最高,它意味着对小组或小团体内的个人利益要加以限制,以使本群体的利益达到最高。这种小组利己主义从来不认可用道德原则来保护小组外的任何利益,他们对群体外任何人的利益都麻木不仁。

以上四种利益原则的共同点,就是利己至上,所有这些理论都不承认、不尊重他人利益。交易活动是涉及双边或多边关系的经济活动,这种以邻为壑的利益原则,使企业经营活动以及与他方的交易关系难以正常维系,自然不是市场经济所需要的利益原则。

五是功利论利益原则。

功利论可以分为各种不同的流派,但任何一派的功利论者都遵守一条"无条件"的规则,即他们在进行伦理思维时考虑到每一个相关人的利益,认为每一个参与者都至关重要,每一个参与者的成本和效益都必须得到平衡。

在功利论中,行为功利论者主张人们应该接受这样的行为,这种行为能为绝大多数相关的人创造或努力创造最大程度的效益，善就是为个人创造出最大程度的效益。其中快乐论者将快乐作为功利的第一个标准，其创始人杰里米·本瑟姆认为，每一种利益都可以最终归结到快乐和痛苦的化解。而每一种快乐和痛苦都分别对应着一种价值观。当每一种利益都被归结到相应的快乐和痛苦时，接下来便是计算成本和效益，而最后便是要找到产生最大效益的行为，这就是善。但这种理论只是考虑个人对自己利益的追求，而没有考虑到另外一种完全不同的动机，即积极的社会福利动机，但本瑟姆相信追求个人利益可以间接地有益于社会。后来的功利论者企图克服本瑟姆的缺陷而不得不试图解释公共利益的动机是如何超越自我利益的动机，并要求人们超越自我的私利，他们的功利论利益原则是：人们应该选择那些能够产生最大社会效益的行为，即便这种行为与个人利益相悖。

行为功利论的另一派幸福论者则将幸福作为功利的标准，认为一切选择都可以加以评估，途径是将当前的利益与个人持久的幸福联系起来。最佳的选择应该是在较长一段时间内为所有相关的人创造出最大程度的幸福。这种理论对个人是极苛刻又极负责任的。

上述功利论利益原则是否与市场经济中的企业经营的实际要求相匹配呢？可能出现几种情况：一是一种选择似乎能给大多数人带来不小的利润，但却要少数人为此付出巨大成本。二是在商业交往中，并不是相关的诸方利益都能考虑到，而是弱势一方经常得忍受一些苛刻而又非人道的条件，处于强势地位的参与者往往会滥用功利标准作为剥削其他参与者的有效手段。三是企业不是政府，企业有自己的目标，并不要求完全以公共福利为主旨。如果在每一次决策中，企业都要从功利论中寻求有效解决办法，那么很多企业都将被迫关门。由此可见，商业之所以是商业，它只在一定范围内追求交易的最优化。企业作为一个经济实体，须为满足客户特殊的要求而服务，那些要求可以表述为具体的道德要求，如给用户提供安全、满意的产品，满足环保要求和劳动权利要求等，也只有在这些领域，企业才有义务满足这些要求。如果把考虑最大多数人的最大利益这一政府决策时要考虑的事下放到企业头上，只能使企业不堪重负而关门。因此，企业只能以"双赢互惠"为其经营原则。

所谓"双赢互惠"是说企业在经营活动中应建立在顾及他人利益的条件下追求自我利益并达到双方利益平衡的道德原则，让交易诸方都得到理想的效益，如果可能，通过利益共享来达到诸方利益平衡。也就是说，一种符合道德要求的交易，不仅要使己方获得最大收益，还要使他方同样获得最大收益，而且还要对非当事者承担起码的道德义务。这一道德原则承认每一位利益相关者都有追求自己利益的权利，其中包括自我利益，同时要求各自的利益达到基本平衡；在此，各自获得自己的最大利益是"双赢"，各方利益达到基本平衡是"互惠"。企业经营中贯彻"双赢互惠"原则的关键点有三：第一，人们不能无视合伙人、契约伙伴以及关民（所谓关民，是对所有与该桩交易利益相关者的简称）乃至非当事者的利益，不能将他们看作是利益权利被剥夺的外部人。应当承认，每个人都有权追求自己的合法利益，这是一种合理有效的动机，在追求利益方面，交易双方及关民等有同等的权利。这既与将一切道德归结为以自我为中心的极端利己论不同，又与置个人利益不顾而选择那些能产生最大社会效益的功利论不同，它以追求自己利益、尊重他人利益为基本道德态度。第二，交易中不能给弱势一方带来潜在的危机。在商业活动中，交易诸方往往在很多方面拥有不同、不对称的资源,诸如知识、技能、信息、市场地位以及资金财力上的差异,在这里,资源强盛的一方不能因其财大气粗而明里暗里占弱势方便宜,甚至给弱势方带来危机。如在房产交易中,开发商隐瞒质量隐患把劣质房出售给不知底细、缺乏经验的购房者,或在二手车交易中,供货方不向购车者提供车况的完整资料而给购车者带来事故隐患。这种因资源、信息不对称而造成的交易双方利益的不对称是违反双赢互惠的道德原则的,其给弱势方带来的危害是显而易见的。第三,交易双方在交易中必须保护第三方利益,这也是双赢互惠原则必须遵守的道德原则。在有机物与化学品交易中,极易发生污染环境、影响该地区居民正常生活等损害第三方利益的情况。如前几年一些地区的有害洋垃圾进口问题,这种交易使垃圾出口方卸掉包袱,使进口者肥了腰包,却使垃圾存放地的老百姓与垃圾处理部门的工人受到健康损害与污染,这类行为就是要明令禁止的败德行为。

总之,双赢互惠原则是使企业经营活动可持续发展所必须坚持的道德原则,它合乎以等价交换为首要原则的市场经济的客观要求,是建立健康的经济秩序的道德基础,对于当前发展社会主义市场经济来说,极为重要。中国传统经济思维认为"无商不奸",以为"不等价交换"、"贱买贵卖"是经商者发家致富的法宝,其实,这仅说对了传统商业的某些现象。对于现代市场经济而言,日益复杂的经营活动要求遵守契约,用健全的以互惠为特征的商业活动规则来尽量减低商业风险,提高经营者对投资回报的预见能力,从而推动经济繁荣。

三、经济效益与社会效益相结合的利益原则

企业作为一个经济组织,必以追求利润最大化为其经营目标。但企业并非生活在真空中,而是生活在一定的社会环境之中,企业本身就是一个以一定目标汇集起来的社会人的集合体,因此,企业还有它特定的社会道德责任。

关于何为企业的道德责任问题,一直是企业伦理学界争论的核心问题之一,其中有经济主义的、契约论的、共和主义的以及"企业核心道德责任三层次说"与"企业责任三方面说"多种观点。

经济主义的观点认为"企业应该力求长期的利润最大化",并认为这是无条件的。因此,霍曼认为除纯粹的利润最大化之外的所有道德要求都必须以规则的方式"从外部"注入经济制度之中,而不是一开始就作为先决条件纳入企业家的角色之中。在霍曼的带有传统自由主义色彩的理论中,企业家只是其自身利益的代言人,本身并不包括共同福利方面的责任。在此,弗里德曼的观点更有代表性,他认为,资源若不能用在为股东谋福利的地方,就如同未经股东同意而乱花他们的钱一样。解决社会问题是政府该做而不是企业该做的事。他说:"企业的社会责任只有一个:在遵守竞争规则的前提下,企业可大力推行能增加利润的各种活动;也就是说,大家公开且自由竞争,而没有任何欺骗。"弗里德曼认为股东只关心"财务收益率",如果企业行使社会责任就会增加经营成本,而这些成本总要有人为此付出代价,如因此降低利润和股息,则股东会受损;如以提价方式转嫁给消费者,则消费者会受损,如市场不接受高价,则企业销售额下降,就难以生存。因此,用经济分析的观点看,企业行使社会责任将使其全部组成要素受损,这是在削弱市场机制的基

础。弗里德曼这一经济主义和自由主义的企业社会责任观点一出台就遭到许多学者的反对，因为他使企业孤立化，而实际上一个企业的兴旺发达是离不开一个健康的社会的，何况弗里德曼假定企业行使社会责任必然对利润带来负面影响也没有充足的事实根据。

契约论的观点认为："企业与企业之间隐含着契约关系，公司作为生产组织的存在是为了满足消费者和雇员的利益而增进社会福利。"[①]如企业能提供价廉物美的产品和服务，不要求政府优惠，增进工人的福利，按社会契约标准将获得高分数，而那些效益差、价高质劣，不能提高工人福利的生产组织，违反了社会契约条款，它们必须改革，否则将失去其存在的道德权利。

"企业核心道德责任三层次说"是由经济伦理学家 P·普拉利在其专著《商业伦理》中提出的。他认为，"正如实行质量管理一样，企业也接受具体的道德"责任。在最低的水平，企业必须承担三种责任：

(1) 对消费者的关心，比如能否满足使用方便、产品安全等要求；

(2) 对环境的关心；

(3) 对最低工作条件的关心。[②]

普拉利把这三个层次的道德责任称之为企业的核心道德责任。他认为"首先企业有义务承担最基本的道德责任，即为消费者提供安全而又性能良好的商品和服务。在这一基础性和永久性的责任之上，现在又增加了新的道德责任。第二层次的道德责任的范围扩大了，涉及到关心环境和减少资源消耗。最后一个层次的道德责任指的是企业作为一个道德共同体的质量。这意味着起码没有滥用道德责任"。[③]为说明问题，普拉利还列了下表：

核心道德责任三种

道德责任	目标	内容
劳动条件	最低劳动条件标准	没有折磨 不雇佣童工 最低安全和卫生标准
	公正赏罚的最低标准	没有奴隶制 界定明确的工资和奖励制度
自然环境	输出导向的环境保护	废物处理的规范
	限制有害垃圾	逐步处理项目 过滤器具的应用 拆装设计

① 陆晓禾：《走出"丛林"——当代经济伦理学漫话》，湖北教育出版社 1999 年版，第 112 页。
② [美]P·普拉利：《商业伦理》，洪成文译，中信出版社 1999 年版，第 126 页。
③ 同上注。

道德责任	目标	内容
功能	输入导向的环境保护	减少废物项目
	减少自然资源的消耗	再循环
	消费者满意	满足消费者的需求,使用方便
	消费者安全	设计 生产控制 使用说明

　　"企业责任三方面说"是关民理论的进一步具体化。持这一观点的人认为,企业责任包括经济、社会和环境三方面。经济责任是竭诚为消费者服务,实现企业利润最大化,实现对业主和投资者财富的保值增值,同时处理好与合伙人、竞争对手以及雇员的经济利益关系。社会责任是遵法守法,尊重和维护社会公序良俗及文化遗产,参与社会政治生活和文化生活。环境责任是承诺保护和节约社会自然资源,实现可持续发展。这三方面又分为"起码的"、"积极的"和"理想的"三个不同水平的层次。如企业对环境的起码责任是不污染环境,积极责任是保护环境,理想责任是促进和改善环境。

　　这一从三方面阐述企业社会责任的理论,还对管理人员履行企业正面社会责任提出了四个方面的责任范围:

　　(1) 合理道德规范。在衡量企业的社会角色时,不能只停留在法律的规范之内,更要注重道德规范的约束力,即使遵守道德规范可能影响企业的短期利益,仍值得提倡。

　　(2) 动作策略。A. 致力于改善或提高企业内外部的现行标准;B. 在没有法律依据的情况下,也应负起赔偿污染受害者的道义责任;C. 应正确评估企业活动对股东及社会产生的影响,以及努力消除不良的影响。

　　(3) 对社会压力的反应。A. 应负解决问题的责任;B. 应与企业外部团体充分沟通;C. 随时向社会提供有关信息;D. 充分考虑企业外部团体的各种意见;E. 接受社会对企业的评估。

　　(4) 立法与政治活动。A. 积极参与有关环境保护法规的制定;B. 不追求对企业有特殊保护的法律规定;C. 企业与政府之间要保持坦诚的态度进行合作。

　　从目前西方企业伦理学的发展趋势看,现在人们一般都摒弃了经济主义的观点而倾向于契约论和利益相关者理论的观点。事实上,无论是"企业核心道德责任三层次说"还是"企业责任三方面说",其共同点都肯定了企业对利益相关者具有道德责任。一个颇能说明这一发展趋势的事例是美国学者已归纳出通用的利益相关者理论的四个核心原则,它们是:

　　第一,相关的社会政治共同体是为在它们的界线内形成或者运作的组织提供有关利益相关者责任的指导的主要来源;

　　第二,在与利益相关者责任有关的规范并未在相应的社会政治共同体内稳固确立的地方,组织有权决定应答利益相关者的要求和利益;

　　第三,组织所做出和影响利益相关者的全部决定都必须与超规范相一致;

第四，凡在相关的社会政治共同体之间就利益相关者责任存在相互冲突的合法规范的地方，应当优先考虑在决策中有着最重大利益关系的共同体的规范。否则，在存在相互冲突的规范但没有明确的优先根据的地方，组织有相当的自由在相互冲突的合法规范中自行进行选择。[①]

这四个原则的意义是为各组织确立两类利益相关者的标准：强制的和许可的。在这两种标准中，许可的标准允许组织自行决定对股东之外的特定利益相关者的利益作出回应，而不用担心被认为是违背了对股东的责任，或对其他具有相互竞争关系的利益共同体成员的责任；而强制的责任则是当规范和适用的合法规范为组织确立了非选择（即不能选择）的标准时而出现。这种利益相关者规范的类别，可参见下表：

利益相关者规范的类别

标准和（或）规范的类型	超规范的实例	共同体规范的实例
强制的标准	组织不可以赞同将不了解情况的人作为新药开发的实验对象	组织在裁减一般雇员之前应当先减低高级经理的薪资
许可的标准	组织可以起用当地的工厂安全标准，以保护雇员免遭伤亡	营利性的社会组织可以让出 5％的利润给慈善机构，而不被看作侵犯股东利益

表中实例不但说明关于企业伦理的利益相关者理论已被通用，而且还说明它已创造了可操作的实际经验。《有约束力的关系——对企业伦理学的一种社会契约论的研究》一书的作者认为："所有全球组织都应按照超规范的要求……通过建立和保持一套全球的利益相关者标准，确保雇员、顾客以及第三方不致遭受可以合理避免的人身危险。""普遍的原则会要求对利益相关者的利益作出回应。"

由此可见，经济效益与社会效益的关系既不能相互割裂，即只顾一头而不顾另一头，单顾经济效益而不顾社会效益将使利益相关者们受损，将使经济不道德行为大量滋生；而单顾社会效益不顾经济效益有违企业本质与企业经营目标，没有经济效益的企业在市场经济中是无法生存的。从根本上说，企业经济效益和社会效益的关系涉及的就是企业道德责任、社会责任问题。企业对消费者、对利益相关者、对环境、对一个国家或地区的公序良俗都负有不可推卸的社会责任。

在正确处理企业经济效益与社会效益关系时必须注意以下三点：第一，企业经营经济效益的基础性作用绝不可低估。在市场经济中，企业向社会提供产品和服务的直接目的是追求利润，企业作为一个经济组织，获取利润是生存的条件，利润的多少直接关系到企业的发展。在经济效益与社会效益的关系中，经济效益是基础，经济效益好了，企业可以承担更多的社会责任，社会效益也会提高。因此，忽视经济效益的做法是不可取的。在今天的中国，正如《企业伦理学基础》一书的作者施泰因曼教授所指出的那样："遵循赢利原则不仅完全必

① ［美］托马斯·唐纳森、托马斯·邓菲：《有约束力的关系——对企业伦理学的一种社会契约论的研究》，赵月瑟译，上海社会科学院出版社 2001 年版，第 312 页。

经济伦理学

要,而且同时也能充分确保社会的和平。"①第二,企业经营的社会效益切不可忽视。应看到满足人民群众对产品和服务的需要,创造新的就业机会,为国家提供社会财富,推动社会和公共事业的发展以及保护消费者权益、保护生态环境、防止污染是社会主义企业的社会职能。它反映着社会主义企业的本质特征。只顾经济效益而不顾社会效益,结果连经济效益也上不去。只有通过承担社会道德责任,取得社会和消费者对本企业产品和形象的认同,才会在这种认同中提高企业的无形价值,从而促进经济效益的提高。不能设想,一个缺乏社会美誉度的企业能够牢固地占领市场。第三,努力追求经济效益和社会效益相结合的经营原则。这就要求企业在经济活动和经济行为中,独立地履行伦理义务,独立地承担伦理责任,在企业的内部管理活动和外部经营活动中,始终不忘所担负的道德责任与社会责任,长期保持最佳精神状态,从而保障企业长期保持最佳经济状态。应认识到,企业的内在领域不是机械的机器,而是社会的连接点,企业的经营是在总体社会关系下进行的。企业经营不仅关乎投入产出的问题,更关乎道德、心理和社会文化问题,必须通过经济和道德的综合作用,才能获得成功。

第三节　企业管理伦理

企业管理是企业经济运行的重要环节。马克思在分析资本主义企业管理的性质和职能时就指出,凡是直接生产过程具有社会结合过程的形态,而不是表现为独立生产者的孤立劳动的地方,都必然会产生监督劳动和指挥劳动。因此,企业管理伦理也是企业伦理的重要组成部分。企业管理伦理是贯穿于管理全过程的有关管理行为的道德意识、道德原则、道德规范的总和。

一、管理思想的历史发展

管理实践同人类文明一样,有很长的历史,这是因为管理存在于人类的一切共同活动之中。只要有两个或两个以上的人,为了完成他们当中任何一个人都不能单独完成的任务,而必须把他们各自拥有的资源(体力、脑力、时间、工具以及其他经济技术手段)及活动有效地结合在一起,就需要管理。所以,一般说来,管理就是有意识地协调人们共同活动,达到一定目标的系统的工作过程。

企业管理是人类历史上出现了企业这个事物以后才产生的。也就是说,社会生产力发展到机器大工业逐步代替了工场手工业,由于商品经济的发展而出现了以大机器生产为特点、以赢利为目的的生产经营单位——工业企业之后,才出现了企业管理。随之,也出现了对这种管理的伦理道德方面的研究。美籍华人成中美先生在他的《文化·伦理学管理》一书中强调,企业管理伦理是"任何商业团体或生产机构在其经营管理过程中所应遵守的伦理规则"。② 美国伦理学家 J·P·蒂洛在他的《伦理学:理论与实践》一书中也说:"雇主、雇员、企

---

① [德]施泰因曼:《企业伦理学基础》,李兆雄译,上海社会科学院出版社 2001 年版,第 102 页。
② 成中美:《文化·伦理学管理》,贵州人民出版社 1991 年版,第 244 页。

业与消费者之间重大关系的确立和维持是企业管理伦理的份内事。"

在关于企业管理及管理伦理的研究中,法国管理学家法约尔和德国社会学家马克斯·韦伯提出的管理理论很具代表性。法约尔认为组织和管理经济活动由五种因素和诸条管理原则组成。五种因素是计划、组织、指挥、协调、控制;诸条管理原则涉及分工、纪律、个别利益服从整体利益、秩序、公平、首创精神、集体精神、责任、合理的分配报酬等。马克斯·韦伯在《社会组织和经济组织理论》一书中系统阐发了他的"理想的行政组织体系"理论。他认为,一切公共组织和企业组织,都应该合乎理性,合乎伦理的法律。这种理想的社会经济组织管理体系有以下几项特征:第一,每一种组织各有共同的目标,组织内部分为各种作业,分配给每一个成员,按本组织所规定的权利和义务,按合乎理性、合乎道德和法律的形式进行工作。第二,按职权组织体系,构成从上到下的权力结构和精神体系,每一级都必须受上级的指挥、监督和控制,自己既要对上级负责,也要对自己的下级负责。第三,组织机构内的成员,应根据职业伦理的要求行事,不得徇私和任人唯亲。第四,组织对内对外关系,以理性、道德、法规为准则,不得受个人情感的影响。第五,管理人员的升迁,应以有利于养成从业人员讲求集体协作和忠于组织的道德精神的弘扬为目标。第六,各级管理人员必须严格遵守法规、纪律的伦理,在规定的职权范围内工作,寻求团结互助、和谐协调,避免矛盾和冲突。韦伯的这些观点,也涉及了企业管理伦理的问题,在企业管理史上具有重大影响。在 19 世纪工厂中实行的泰罗制可以说是第一个科学的企业管理办法(被后世人称为"经济人"管理模式)。此后,企业管理模式从"经济人"(X)模式,发展出"社会人"(Y)模式,直至 20 世纪末又产生了"道德人"(Z)模式,俗称 XYZ 三模式。这些模式的演变,成为企业管理伦理思想演变的背景。

由于以泰罗制为代表的科学管理过分重视计量,忽视非计量因素,因此在实际运用中遭到反对。这种管理办法,虽然适应了机器大生产的节奏和秩序,但它把工人仅仅当作"机器人"看待,在管理者眼中,工人是可以互换的具有机器价值的个体,仅仅具有经济意义,而且工人努力工作,也只是为了工资与报酬,所以,他们认为对机器式的"经济人",物质刺激乃是推动生产的唯一动力。同时,泰罗制式的科学管理方式,在过分重视计量因素的情况下,往往忽视了非计量因素的重要性。这使得科学管理在企业的应用上受到很大限制。事实上,在现实生活中,影响管理的因素是很多的,特别是其中有许多难以控制的不定性变数。这些因素需凭借人的社会经验、学识和直觉来估计和判断。战后随着科技创新,在生产过程中人的主动性与创造力的发挥变得日益重要,于是作为科学管理理论对立面的行为科学理论便应运而生了。行为科学是以人群关系的研究为基础的。这一理论发源于 20 世纪 20 年代,当时空想社会主义者欧文针对资本主义初期把人当作"无生机器"的看法,提出了"有生机器"的概念,提出了应重视人群关系研究的主张。20 年代,美国人梅奥继续了这一传统,他通过著名的"霍桑试验"得出结论:职工的心理因素和社会因素对他们的生产积极性影响极大。他在 1933 年出版的《工业文明中人的问题》一书中提出了"社会人"的观点,他认为刺激人的积极性的动力不只是金钱或物质环境,还有社会和心理的影响。劳动生产率的提高不只是依靠工作方法和工作条件的改善,更取决于职工生产积极性以及职工生活中的诸如家庭、职工中的非正式组织、企业中的人际关系等诸多因素。梅奥通过"霍桑试验"的发现,引起了一场关于行为动机的研究浪潮,即研究人的行为如何和为何如此。由此使以行为科学为主的管理理论与方法成为管理发展的第二阶段。行为科学的理论普遍认为组织目标和个体目标的体现已不在物质利益，而在人的心理需求上。人们希望在工作中有人关心他们，尊重他们，能与他们交流情感，给他们以工作的挑战及自我实现的机会。行为科学认为动机支配人的行为，企业管理的首要问题是调动职工的积极性，也就是激励动机，而人的需要又是引起人的动机的动源。而马斯洛的"需要层次论"又将需要分为生理需要、安全需要、社会需要、尊严需要和自我实现的需要等五个由低到高的层次。如果说以泰罗制为代表的科学管理理论之所以把人都看作"经济人"，是因为他们对人性的看法坚持了"性恶论"，那么行为科学主张"社会人"，则是因为他们支持了"性善论"。二者分别以 X 理论与 Y 理论为其理论内核。主张"经济人"观点的 X 理论认为：(1)人有一种不喜欢工作的本能，只要有可能，他就会逃避工作。(2)由于人有不喜欢工作的本能，所以对绝大多数人来说必须加以强迫、控制、指挥，以惩罚相威胁，以便使他们为实现组织目标而付出适当努力。(3)一般人宁愿受指挥，希望逃避责任，习惯于明哲保身，对安全的需要高于一切。而行为主义的 Y 理论是以"性善论"为基础的，它认为：(1)要求工作是人的本能，一般人并非生来就厌恶工作。(2)个人追求的需要和组织的需要并不矛盾，只要管理得当、引导得法，二者能够统一起来。人对自己所参与的目标能实行自我指挥和自我控制。(3)在适宜的条件下，人乐意承担责任，而且多数人对工作负责，并有创造才能与主动精神。在现代工业生活条件下，一般人的智慧潜能只是部分地得到发挥。Y 理论作为 X 理论的对立面，是由美国社会心理学家道格拉斯·麦格雷戈于 1960 年提出的。无疑，Y 理论在对待人的问题上比 X 理论进了一大步。虽然从 X 理论到 Y 理论，都在寻找一种管理者与被管理者的和谐，而且和谐的取得又都是通过解决不和谐关系来达到的。然而，泰罗制只找到了利益关系这一点，他企图通过物质利益的满足来消除不和谐，而梅奥找到的则是和谐关系的另一点，即心理需要，他的行为科学满足了这一需要，从而解决了另一种不和谐现象。只有和谐，换言之，即在生产关系上人的精神状态适应生产力的要求，才能推动生产力的发展，促进劳动生产率的提高。因此，X 理论与 Y 理论，多年来对各国的企业管理产生了广泛的影响，成为与大工业相适应的管理思路。

现代科技创新所引起的科技革命，要求并呼唤着与之相匹配的管理新思路。1981 年 4 月，美国艾迪生—韦斯利出版公司出版了威廉·尤内的新作《Z 理论——美国企业界如何迎接日本的挑战》。此书一出版，便引起了热烈的社会反响，很快被译成多国文字在世界各地广为流传。Z 理论不像 X 理论或 Y 理论那样着重研究工作状态中的人，而是比较系统地论述了现代企业如何适应环境的变化而生存下去。它包括企业的组织形式，组织人们工作的方式和人与人之间的关系，及企业在长期经营过程中形成的企业文化。Z 理论不同于以往 X 理论、Y 理论的特点在于：一是强调企业中人的个体差异性和自主性。它认为人们是怀着不同的心理和需要加入工作的，因而必须采用不同的方法对他们进行管理。组织的形式与管理方式，必须与工作的性质和人们的需要相适应，如对脑力劳动者的管理，要更多地依靠他们内在的工作积极性，而对体力劳动者，则必须通过提高劳动效率而增加产品。尊重人的个性差异，才使人们有可能在企业内以自己的方式行事，发挥各自的主观能动性。当然，这样做的前提是这种意志和方式是与企业的价值观念一致的。二是强调企业中人际关系的亲和性和雇佣关系的稳定性。在 Z 型组织中，有许多自治小组，企业主管对它们没有明确的指令，而它们却在整个企业生命中起着"净化"和"粘结"作用。因为大家都生活在组织的大家庭中，一个人常常会去帮另一个人干活，或者下一道工序的工人往往会替上一道工序的工人补漏洞，而不是向管理人员抱怨上一道工序的质量不符合要求。管理人员不是单纯检查和考核工人的工作质量，而是与工人们合作，解决工作中出现的问题。为了企业的稳定，Z型组织的文化着眼于稳定雇佣关系，建立相互信任和和睦的人际关系，减少成员流动率。因为人们很难想象，在一个公司待一年即走的人会对公司产生依恋和自豪感。三是强调企业目标的不断更新和不断递进性。Z型组织的机构组成和管理层次的划分，职工的培训和工作的分配，工资报酬和控制程度的差异，都须从工作性质、工作目标、职工素质等方面考虑，而不是千篇一律，只用一种模式。但有一点是企业上下的共识，即当一个目标达到以后，必须确定新的工作目标，通过目标的更新与递进来不断激起职工的胜任感和责任心，从而为达到新的更高的目标而努力。Z理论的提出，对各国企业管理产生了广泛的影响。

从以上介绍中可看出，Z理论已不是在解决工业生产中的不和谐现象，而是实实在在地在创造一种环境，一种生活与工作相结合的场所，在这一场所中，充满着管理者煞费苦心追求的东西——和谐，而这正是现代生产对管理所提出的要求。由 X—Y—Z 这条发展链所反映的，正是劳动组织方式、管理方式逐渐与现代生产力相适应的过程，是由于科学技术的进步对劳动主体——人提出更高要求的结果。在资本主义生产方式中，虽然这一发展链的内动力离不开对企业利润与效益的追求，是被其所推动的，但是，它又在另一意义上反映了生产力发展内在的客观要求。现代化的生产力要求有独立人格和高水准主体性的人与之相适应。19世纪的工人是会说话的机器，管理人员要求人生命的节奏服从机器的节奏，采用了以惩罚为主要内容的管理手段；20世纪上半叶，激励成了管理中的主要方法，但是，工人依然是被动者，即使是职能管理人员，也是为谋生而工作。而Z理论所企图做到的，是使企业中的每个人都发挥潜力与主动性，不但在企业中工作，而且生活在企业之中。

二、企业文化——企业管理现代化的新潮流

如果我们用历史的眼光来看企业文化，那么就会发现，企业文化作为一种客观的社会现象，早已存在。正如各民族都有自己的民族文化一样，每一个企业都有自己的价值观以及自己的组织方法，只是以前并没有意识到它对企业发展的重要意义。企业文化作为一种新的企业管理理论而兴起，是在20世纪80年代。其导因，可以说是由日美贸易战所引起。二战以后，当第一辆日本制造的汽车在美国高速公路上奔驰时，美国人不以为然。作为二战的战胜国以及日本曾经的占领国，美国人甚至以为这也是美国实力的间接显示。但接踵而来的事实，令美国人瞠目结舌。1973年，日本出口到美国的集成电路仅62700万日元，到1980年竟猛增到7236100万日元。1976年日本向美国倾销了近300万台彩色电视机，当彩电进口遭到配额限制之后，日本又转而向美国倾销录像机。美国人在最初的惊讶过去之后，经过比较终于发现，促使日本经济成功的因素，实际正是美国人忽视的方面。美国企业与日本企业实质上的区别在于：美国人注重种种可以量化或可以用各种指标表示的"硬"的方面，而日本人不但注重"硬"的方面，而且更注意"软"的方面。他们注重人际关系，注意企业中各阶层利益的实现，注意企业的社会义务，也注意整个社会的秩序。在日本，企业不仅是个生产单位，也是个社会单位，日本人把工厂看作是他们的"第二家庭"。这就是日本的企业文化。

1982 年,一种新的企业管理理论研究在美国发端。这一年,美国学者迪尔和肯尼合著的《企业文化——企业生存的习俗与礼仪》——第一本系统地从理论上探讨企业文化的权威之作诞生了。此书被评为当年管理类四大畅销书之一。与其共享盛誉的还有《Z 理论——美国企业界怎样迎接日本的挑战》《日本企业管理艺术》《企业文化》《寻求优势——美国最成功公司的经验》。这些研究著作的问世,标志着现代企业管理进入了一个新的阶段和新的领域。虽然,从历史看,有企业就有企业文化,但将"企业文化"作为一个专门研究的主题提出,却是现代科技革命背景下市场经济的产物。在市场经济条件下,管理企业有两种办法,一是"硬"办法,靠法律、规章、制度等等,一是"软"办法,即依靠企业文化。企业文化,被管理界认为代表着管理的第四阶段。一般讲,可以从广义和狭义两个层面谈论企业文化。从广义上讲,企业文化是反映该企业特色的企业物质文化和精神文化的总和。物质文化包括厂房、设备、产品等,精神文化则包括企业精神、企业形象、企业的经营理念以及传统、风气和与之相适应的规章制度、行为规范等。从狭义讲,企业文化单指企业精神。就管理理论而论及的企业文化,主要是指企业精神与企业的经营理念、价值取向。据国内外权威人士们论证,企业文化一般包括五大基本要素:

(1) 环境。指企业所生活于其中的社会环境。包括现行法律、政府的经济政策、宏观体制以及社会需要,竞争对手的状况以及企业所在地社区的状况。

(2) 价值观。指企业的经营理念与价值取向。这种企业内全体员工共同认同的价值观,是企业文化的核心,是企业全体成员对企业经营活动及周围事物优劣的评价标准。

(3) 英雄人物。指企业员工中的先进人物。他们是企业价值观的集中体现者,是广大员工效法的典范。

(4) 礼仪和仪典。指该企业特有的、明确有力的行为规范,如公司歌、公司员工基本信条、公司基本纲领等等。

(5) 文化网络。这是一种非正式的信息传递渠道,它不是用来传递官方信息,而是用来传递文化信息的。虽然它是一种非正式的渠道,但是它往往能将上层决策者的意图传播出去,并将下层的反应反馈回来,这使上层的意图能及时得到传播和纠正,决策指令因而也就有较强的社会基础。

这五个基本要素组成了企业文化的整体。通过这五大基本要素,我们可以看到现代管理的一股新浪潮,即管理的软性化趋势。所谓管理,实际上是管理者运用一定的管理职能(如计划、组织、控制、协调、监督、指挥等),以追求达到企业目标的一个连续不断的过程。而这一软性化趋势,就是以人为中心的一系列增强企业凝聚力的措施。通过企业文化将个人追求和企业的组织目标融为一体,从而在企业内部形成一个良好的小环境,以达到感情上的交融和人际关系的和谐。通过这种和谐,使各种精神要素同企业的设备、制度和组织机构有效地连接起来,达到内在的平衡,使企业的运转处于最佳状态。企业文化构成了 20 世纪最后 20 年管理实践的主题。这股浪潮的掀起在管理理论上引起了一种革命性的变化,这种变化显示出在"高科技"下现代管理的新趋势:

第一,以突出宏观管理为特征的管理整体化趋势。

与近现代几次科技革命相适应而发展起来的西方管理理论有许多优点和实用性,但一般都把视阈局限于企业内部,主要侧重于微观管理。20 世纪造成的大生产、大科学、高技术的新形势,使经济的发展越来越具有一体化的趋势。这使现代管理也日益注重宏观管理和综合化管理。这种宏观管理表现为国家发展中综合国力的规划、经营的"国际化"、技工贸的"一体化",其着眼于管理对象的长远利益,考虑到与其相关的社会总体,强调对管理对象未来整体发展的宏观决策。综合化管理趋势表现为不仅把企业本身看成是一个多因素、多层次组成的复杂系统,而且还把它看成是一个处于更大系统中的并与周围环境进行着能量与信息交换的耗散结构系统。所以,在管理实践中注意"综合治理"与"动态平衡",如:既注意企业内部的结构和管理,也注意外部环境对企业的影响,随时调整企业与外部环境的关系;既注意企业活动中的技术和经济问题,也注意把技术、经济问题与影响这两者的心理因素、政治因素及其他社会因素联系起来作整体综合考虑;既注重企业的计划与执行情况,也注意把计划、执行同协调、控制与管理职能结合起来,实行将多种学科、多种技术、多种人才、多种行业优势综合的战略决策。

第二,以突出动态管理为特征的管理灵活化趋势。

传统管理一般限于静态分析,如人、财、物如何配合,随时间序列的变化这种配合可能发生的改变等。而现代管理则十分关注管理对象在时间序列上的动态行为,如在时空坐标系上企业的变化曲线,从而深刻认识企业的增长特征和发展趋势,由此通过这种对企业现行系统的动态研究,运用反馈原理,灵活地调整、改进管理政策和组织结构。这种管理的动态化与灵活化趋势,在西方管理学词汇中,也被称之为权变管理。它是以现实为中心,探索影响系统变化的多维参量,适时应变,选择自己的管理模式。

第三,以突出人的管理为特征的管理柔性化趋势。

虽然,科学管理与行为科学理论似乎都是围绕人展开的,但现代管理与之不同的是,它是在人、机、环境和社会相互作用的管理系统中考察人的因素,发挥人的因素。它既重视被管理者思想素质、专业知识的培养和专门技术的训练,也重视管理者的选拔、培养和才干的发挥;既重视不同层次、知识结构的生产者,也重视具有不同要求的产品的使用者和消费者;既重视人在产品制造流程中每个环节上的作用,也重视人与生产效益的关系;既重视人的个性心理和行为,也重视人与人之间的各种关系,由此使管理富于柔性与弹性。

第四,以突出电脑管理为特征的管理高技术化趋势。

一般说来,管理手段不仅包括法律手段、心理学手段、物质和精神激励、思想教育手段,也包括信息管理技术。信息管理技术可视为前面各种管理手段的技术基础。所以,这一以电脑管理为特征的高技术化管理趋势也就是现代管理技术基础的革命性变化。现代社会是一个高速运转的信息社会,适应于当代信息处理要求的现代化工具就是电子计算机及管理信息系统。电脑管理成为现代管理的总趋势。20世纪末,不仅是世界上的发达国家,就是像我国这样的发展中国家,应用于管理的计算机已达到全部所使用的计算机的70%—80%以上,成为使用计算机的主要领域。

三、现代企业管理的伦理原则

从上述企业管理方法和模式的历史演变中,从当前社会主义市场经济发展的实际需要中,可引申出如下现代企业管理的伦理原则:

（一）以人为本的原则

二战以后的近几十年来,随着新技术革命的兴起,企业管理日益摆脱"单纯技术主义"和"权力主义"的窠臼,逐步实现"从强迫技术向高技术和高情感相平衡转变",开始向"人道化"、"伦理化"转变。无论是 X 理论、Y 理论、Z 理论还是企业管理文化的发展,其中心都围绕着一个"人"字。人是生产力诸要素中唯一活的要素,没有人,再先进的设备也将成为一堆废铁。不论物质系统多么复杂,也只能代替人的部分功能。毛泽东就说过:"人是最宝贵的因素。"有人在总结了美国最成功的几个公司的经验之后得出结论:"把人——而不是基建投资或自动化之类——看作提高生产力的源泉。这就是我们的基本结论,这就是我们得出的基本经验和教训。"这些企业通过成功认识到的一条总原则是:"人是我们最重要的财富。"因此,以人为本的管理原则不仅是科技进步和生产力发展的结果,也是人们在生产和管理实践中认识不断深化的结果。

以人为本的伦理原则,其基本含义是指管理活动要从人的需要和愿望出发,要依靠人来进行,其目的又是为了人的素质提高,使人生活得更好。人是管理的主体,是企业管理活动的组织者和创造者,人通过管理实践把各种生产要素组合成一个改造自然和改造社会的有效系统。离开了人的主体作用,世界将一片黑暗。人又是企业管理中最具有活力的要素,管理中的其他要素诸如设备、组织、机构、环境等,只有通过人的掌握和调节才能发挥作用。同时,企业管理也是围绕人的需要进行的,它既要满足市场、顾客等组织外部人员的需要,又要满足企业内部职工的需要。

在企业管理中贯彻以人为本的原则,企业领导一是要关心企业员工的疾苦,了解他们的需求、愿望、爱好、情绪、家庭、子女以及其他需要别人关心和解决的问题,在自己的属下需要帮助的时候,向他们伸出援助之手,做到雪中送炭、风里送裘。二是要努力营造一个人性化的工作环境,使本企业员工能在一个清洁、环保、优美和充满温馨的环境中工作。所谓人性化环境既包括工作场所硬件设施、布置的人性化,也包括健康的、人性化的精神氛围,使企业职工既能得到身体健康的保障,也能得到精神健康的保障。三是企业规章制度要体现以人为本的善德。我们能在实际管理中观察到,凡是员工感到企业的规章制度对自己构成了威胁,通常会出现"不服从"或消极抵制的情况。一般说来,员工是否感到"威胁"的存在,与以下几方面有关:如规章制度是否突出了惩罚;企业中人际关系是否紧张,缺乏人际信任的组织,员工感到威胁最大;企业规章制度对员工的成长路线、个人安全或自我实现是否造成障碍等等。以人为本的规章制度,在上述诸方面就会采取积极的、正面的姿态,从而使员工受到激励而努力工作。

（二）信任为上原则

"信任创造经济繁荣",这是弗朗西斯·福山的名言,这一名言,成为他那本专讲企业管理的专著的书名。作为社会学家,福山对经济繁荣的解释不同于正统经济学家。新古典经济学家将利己作为理性人的本性,用私欲的追求来解释经济繁荣。福山说,"这个学说 80% 是正确的","剩下的 20% 只能给出拙劣的解释"。福山认为,经济繁荣取决于三种资本:经济资本、人力资本和社会资本。社会资本是人们在一个组织中为了共同的目的去合作的能力。社会资本来自人与人之间的信任,或者说,"社会资本是由社会或社会的一部分普遍信任所产生的一种力量"。"信任可以在一个行为规范、诚实而合作的群体中产生，它依赖于人们共同遵守的规则和群体成员的素质。"福山以日本与美国经济成功为例说明信任在企业中的重要性。日本企业大而且有效率就在于日本公司是一种"网络组织"，二战以后围绕某个银行由不同行业的公司组成联合体，这种网络已联合了30%的公司，其成员之间没有正式的法律关系，联结它们的是一种默契的合作与信任关系。此外，日本的终身雇佣制也有助于企业与员工的双向信任。对于美国，福山认为那种认为美国仅是一个以个人主义为中心的国家是一个天大的误解。美国的社群主义也是美国双重文化的另一部分。美国是具有高度发达的社群倾向的社会，普遍存在高度的社会信任，因而可以建立大规模的经济组织，在这种组织中，非血亲人员可以轻松地为共同的经济目标进行合作。

信任也是东方文化十分重视的伦理范畴。孔子曰："民无信不立"，"信则人任焉"。"人而无信，不知其可也。"中国封建社会的五常"仁、义、礼、智、信"，把"信"作为处理人际关系的重要道德准则。东西方文化对"信"的重视不谋而合，说明了"信"对于社会生活的重要性。

如何在企业管理中贯彻信任原则呢？从上述经验看，一是要求在企业管理实践中，要诚信不欺，相互信任，如孔子曰"敬事而信"，"信"是以相互间的坦诚、忠诚、诚恳、诚实为前提的，不诚则不信，至诚则至信，这也是企业管理成功的经验。二是要求在企业内部倡导相互的信任感。信任是人际关系的安全阀，是形成积极向上、团结友爱的组织气氛所必备的条件。信任可以大大减少企业的行政成本，可以大大激发人的自尊、自信、自立、自强的责任感和义务感，会对企业产生实质性的积极影响。三是要求使信成为企业的信念，崇尚企业信誉。当一个道德规范成为全企业员工长期实践和追求的目标时，它就成为企业信念，一个以信为企业信念的组织，必然产生巨大的组织吸引力，形成其特有的道德感情和道德关系，从而使内部凝聚力成倍增加，最终达到企业内部人际关系的和谐，人人为企业目标团结一致地奋斗。无疑，这样的企业，就能经得起市场经济风浪的考验。

（三）知人善任原则

这是企业人力资源管理的一条重要原则。企业能否成功发展，关键在于企业的人力资源，而不是物力资源和财力资源。而成功的企业，不仅要有英明的领导，而且要有多元化的人才配置结构，这样才能在商海中发挥人力资源的优势，到达胜利的彼岸。企业要形成人才优势，就必须倡民主平等之风，广开言路，让员工敢于对企业的经营管理发表意见，作批评或提建议。从根本上讲，企业的前途命运是由企业全体员工的责任心、进取心、关心、爱心、恒心、决心等共同缔造的。正如日本著名经营管理专家稻盛和夫所说："世界上再也没有比人心的结合更加牢固的东西。"而管理者的平等待人、平易近人、民主作风，则是凝聚人心最重要的东西。"人心齐，泰山移"，人心是人力资源的核心力量。

如果说得人心是管理者的力量的源泉，那么知人善任则是将其引向成功的桥梁和高速公路。知人善任是精明企业家驾驭企业的制胜法宝。现代企业管理是一门科学，各个环节都需要专业知识，知人善任可以把最合适的人放在最适合他的位置上，这就能起到"一个顶俩、顶仨甚至顶十个"的作用。人尽其才、物尽其力，是提高管理效率的捷径。企业管理者要做到知人善任的前提是：其一，管理者要具有宽阔的心胸，大量大度，具有"海纳百川"式的气魄，一个企业管理者如果没有这种气度甚至心胸狭小的话，那人才站在他面前他也会视而不见、听而不闻的,人才即使觅到了,天长日久也会因其上司的偏狭而再度流失。其二,管理者要具有"伯乐识千里马"的慧眼,也就是说他要熟悉企业的业务,了解各方面事物的现状及优劣,伯乐识千里马,是其实践经验和知识积累的结果,正如毛泽东所说,感觉的事物不一定理解它,只有理解的事物才能更深地感觉它。没有洞察力的企业管理者,是做不到知人善任的。其三,要有"三顾茅庐"、"礼贤下士"的纳贤作风。"没有梧桐树,引不来金凤凰",物质条件固然是吸引人才的因素之一,但若企业管理者高高在上、自傲自大,人才也是不敢登门造访的。只有企业管理者尊重知识、尊重人才、求贤若渴、礼贤下士,才能成为吸引人才真正的金梧桐树。知人善任,将使企业拥有强大而不竭的人力资源宝库。

第九章　企业伦理（下）

企业从事经济活动,必然要与外界发生各种经济关系。公关、契约、谈判是经济活动的必要环节,有关伦理规范和伦理原则,是经济伦理的必要组成部分,它们构成了经济伦理规范体系中的又一层面。

第一节　公关伦理

现代公共关系(public relation)产生于欧美,已有近百年历史。现代公共关系理论权威——英国著名的公共关系学者弗兰克·杰夫金斯在其撰写的《公共关系》一书中,对公共关系所作的定义是:"公共关系是由一个组织和它的公众之间为了达到事关相互理解的特定目标,在组织外部和内部进行的全部信息传播方式所组成。"[①]事实上,自 2000 年以来,"公关"成为中国市场上最红火的行业之一,有调查显示,公关公司眼下仍然是注册率最高的公司类别之一。因此,公关伦理是研究交换伦理的一个十分重要而且具有重要现实意义的课题。在交换过程中,作为市场交换主体的企业一方面需要让社会了解自己的信誉,取得社会的理解;另一方面又需要收集社会公众的各种反应,接受他们对企业的间接管理和监督,从而实现企业与社会的沟通,以取得企业盈利和社会效益的统一,这就需要企业建立良好的公共关系。而良好的公关职业道德,则是建立良好公共关系的基础。

一、国外一般公关伦理

"公共关系",是改革开放之后才传入我国的新名词,1987 年,当时我国最大的工商业城市——上海才成立历史上第一届公关协会。但公共关系在西方发达国家的发展,要早于我国数十年。英国、葡萄牙等老牌资本主义国家,不但早就建立了公共关系行业协会,而且从理论到实务都颇有研究。现在我们就以英国及国际公共关系协会的有关章程,来简述一般公关伦理。

---

① ［英］弗兰克·杰夫金斯:《公共关系》,陆震译,高惠珠校,甘肃人民出版社 1989 年版,第 2 页。

（一）英国公共关系协会章程的职业行为准则

该章程第 1 条规定："会员在其职业活动中,应尊重公众利益和个人尊严,有责任在任何时候都公正、诚实地对待其现时或过去的客户与雇主、其他会员、传播媒介及公众。"这就是说,公关人员应平等、公正、诚实待人,公关人员必须是可信赖的。

该章程第 2 条规定："会员不能有意不顾后果传播不真实的信息,并应用心避免因疏忽大意而出此类差错。他有责任保持诚实与准确。"这表明提供真实的信息是公关人员的责任,公关人员的职业信誉将有赖于他们的诚实与准确。

该章程第 3 条规定："会员不应从事任何会损害传播媒介的诚实性的活动。"这一条的目的是要求会员保护传播媒介的自由权,即不得采用诸如行贿或许愿购买广告栏目篇幅或广播时间来讨好传媒一类的行动。事实上,一个英国公关协会会员,如果被发现有腐蚀传播媒介的行为,就将被中止会员资格。

该章程第 4 条规定："会员不得参与下述活动,这类活动为了以不正当的手段获取隐蔽的或秘密的利益,蓄意作伪或使人误入歧途。他有责任以适当方式公开声明一个与职业相关的组织的真实利益。"在公关实务中,这一条涉及那种"挂名组织"的情况,即一个组织使用一个特定的名称而隐瞒这个组织的真正主办人。如一个制鞋厂起了一个"全国制鞋咨询中心"的名字,给人以虚假印象,以为它能公正无私地就一切制鞋事宜提供意见。

该章程第 5 条规定："未得当事人同意,会员不能为了私人私益或其他目的泄露(除非据具有司法管辖权的法院的命令)或使用那些出于信任而从过去或现在的雇主或客户那里获得的信息。"这又是一个涉及诚实和职业作风的问题,公关人员要给人安全感,必须遵守信息保密的原则。

该章程第 6 条规定："在充分提示事实之后,未得到有关各方的同意,会员不应代表互相冲突的利益。"这一规定,显然是为了保障公关服务的公正性。

该章程第 7 条、第 8 条均涉及经济利益。第 7 条规定："会员在为自己的雇主或客户服务的过程中,未得雇主和客户的同意,绝不能因这些服务而接受他人现金或实物的支付,不论这些支付的来源是什么。"第 8 条规定："会员如在某个组织中有某种财政利益,那么在公开宣告这种利益之前,也不应代表他的雇主或客户使用该组织的服务。"这两条都要求公关人员不得谋求额外利益,不能因同一件工作而接受两次支付,也不能推荐公关人员在其中有经济利益的组织,以防止以此谋私。

英国公共关系协会的章程共有 15 条,现列举其前 8 条,我们就可以窥其道德行为准则之一斑而见全貌。实际上,该章程全部内容可分为四个部分,即"私人的和职业的诚实"、"对客户和雇主的态度和行为"、"对公众和传播媒体的态度和行为"、"对同事的态度和行为"。1961 年在威尼斯通过的国际公共关系协会行为章程,即以此为蓝本。1965 年在雅典召开的国际公共关系协会全体会议上,又修改了威尼斯版本,正式通过了该协会的雅典章程。该章程确立了从事公共关系人员的行为准则,由三个部分共 13 条条目组成。

（二）国际公共关系协会章程的职业行为准则

第一部分　要求每个成员尽力做到:

(1) 努力创造这样一些道德的与文化的条件,它能使人类走向完美,享受他们不可剥夺的、为《联合国人权宣言》所确认的那些权利。

（2）通过促进那些必不可少的信息的自由流通，建立起这样的传播方式与途径，它们将使社会的每个成员都感到他们在被告知，并使他们意识到自己与之有关、自己的责任所在以及其他成员的休戚相关。

（3）由于公共关系人员的职业与公众之间所存在的关系，他的行为，甚至是私人行为，将会通过这样的方式产生影响，即人们会把这些行为作为整个公共关系职业加以评价。

（4）公共关系人员在履行其职责的过程中，要遵守《联合国人权宣言》所载的道德原则与规定。

（5）对人的尊严给以应有的重视并加以维护，承认每个人都有决定自己的事情的权利。

（6）促成真正进行思想交流所需的道德、心理和智力等条件，承认参与讨论的各方都有陈述理由、表达观点的权利。

第二部分　要求每个成员保证：

（7）在任何情况下，自己的行为总具有这样的方式，它使人能得到将与之建立联系的那些人们的信任并保持这种信任。

（8）在任何情况下都要以这样一种态度去行动，即考虑到与事情有关的各方面的利益，既考虑到自己所服务的那个组织的利益，也考虑到与公众有关的利益。

（9）诚实地履行自己的职责，避免使用很可能导致意义含混和误解的语言，并对自己的客户与雇主，不论他们是过去的还是现在的，都要保持忠诚。

第三部分　每个成员应该戒除：

（10）使事实真相屈从于其他需要。

（11）传播那些并非建立在确实的和可以查证的事实基础上的信息。

（12）参与任何不道德的或不诚实的或有可能损害人的尊严和正直的冒险事业。

（13）使用任何意在促成人们的潜意识的动机，使人们无法依自己的意愿行事因而不能对其行为负责的操作方法和操作技术。

上述国际公共关系协会的章程是一个在 90 个国家中都有其成员的团体的行为准则。同时，由 13 个公共关系组织组成的欧洲公共关系中心也遵守上述章程。

二、我国的公关伦理

我国很早就有"和气生财"、"信义经商"的民谚，当时尚无"公共关系"一词，但公关的基本精神已存在于民间了。进入改革开放新时期以后，公共关系的重要性逐渐为人们所认识，我国的公关事业也随之蓬勃发展起来。各地都先后成立了公共关系协会，企业的公关部如雨后春笋一般涌现，不少大学还开设了公关专业。由此，公共关系从业人员的行为准则、公关伦理也愈来愈引起人们的关注。经济领域的公关活动，应遵循哪些伦理原则呢？

首先，必须正确处理公关伦理与交换伦理的关系。前述的关于交换主体、交换客体、交换过程、交换手段诸方面的道德规范和伦理原则，是妥善处理各交换方（供货方、经销方、批发商、零售商、生产商等等）的关系的行为规范。就广义的交换过程而言，公共关系只是交换过程中的一个环节，公关工作就是以树立我方良好形象，为我方创造一个良好的外部环境，促进交换活动的顺利开展为工作目标的。因此，经济活动中的公关伦理应以交换伦理为核心,应围绕这一核心,形成更为具体的公共关系的职业行为规范。所有的交换主体只有从树立自己良好的商业道德和商业信誉入手,才能赢得合作方和消费者的信赖,从而建立稳定的贸易关系或顾客关系,保证经济活动正常和高效地进行。

其次,必须正确处理公关伦理与一般社会伦理的关系。公共关系从业人员是生活在社会之中的,公关人员要为企业树立良好公众形象,其自身必须首先有良好的个人形象,正如国际公共关系协会章程中所指出的那样:"由于公共关系人员的职业与公众之间所存在的关系,他的行为,甚至是私人行为,将会通过这样的方式产生影响,即人们会把这些行为作为整个公共关系职业加以评价。"可见,公关人员自身的道德形象关系到其职业的信度及信誉。因此,公关伦理应以一般社会伦理为基础,要求社会上一般人做到的道德规范,公关人员必须首先做到。他首先必须是个有道德的人,然后才是个有道德的公关人员。

在上述伦理原则的基础上,公关伦理应更强调以下行为准则:

(1) 公正和诚实。公共关系就其本质而言,"就是为了建立和保持组织与它的公众之间的相互理解而作的缜密的、系统的、持续的努力"。① 英国著名公共关系学者弗兰克·杰夫金斯将公共关系描写为:"公共关系是由一个组织和它的公众之间为了达到事关相互理解的特定目标,在组织外部和内部进行的全部信息传播方式所组成。"②因此,公共关系的责任在于取得公众对某企业、某组织的理解,在此,公正和诚实是基本前提,只有公正,才可能诚实,也只有诚实,才可做到公正,二者缺一不可。向公众提供虚假信息可能使公众一时被误导,但公众不可能长期或永久被误导。公正和诚实,是由公共关系的本质所决定的对公关行为的道德准则。正如杰夫金斯先生所说:"'道德即有效的经济',这不是一句油嘴滑舌、愤世嫉俗的话语,而是'诚实总会得到'的另一种说法。如果一件事情为人所信,那么它就可能取得成功。公共关系意在增进理解,它能带来由信任而先的好名誉、好声望。因而我们可使用另一种表述:'诚实是最好的策略',这一认识所遵循的是,除非能取信于人,公共关系决不做任何事情。"③因此,在英国公共关系协会章程的 15 条职业行为准则中,有 8 条谈到了公正和诚实。在国际公共关系协会的雅典章程中,13 条行为准则每一条都与公正和诚实有关。就是在发展中国家,非洲尼日利亚公共关系协会的章程中,也明文规定:"将真实和目的的正当置于其他一切考虑之前。"④

(2) 平等待人。平等待人是公关人员职业作风的另一个重要组成部分。相互理解是建立在相互平等的基础之上的,只有平等待人,公关人员才能与公众进行有效的沟通,才可能与公众建立起相互信任与相互尊重的良好关系。因此,英国公共关系咨询者协会的咨询实践章程的第 1 条就规定:"每个会员公司有责任平等地对待自己过去的或现在的客户、协会的其他会员和公众。"前面已提及的英国公共关系协会制定的职业行为准则的第 1 条也规定,"会员在其职业活动中,应尊重公众利益和个人尊严"。其基本要求就是平等待人,用杰

---

① [英]弗兰克·杰夫金斯:《公共关系》,陆震译,高惠珠校,甘肃人民出版社 1989 年版,第 1 页。
② 同上书,第 2 页。
③ 同上书,第 15 页。
④ 同上书,第 38 页。

夫金斯的话说,就是"一个身穿斜纹布工装裤的学生有着一位身穿都市服装的银行家一样多的生来就有的人的尊严"。

经济活动中的公共关系极易被误解为广告行为或推销行为,实际上,公共关系与广告和销售乃是有重要区别的。公共关系与广告的不同点在于:公共关系必进行一个组织的总体的信息交流,而广告限定于一件特定的事务如推销某种商品、征聘工作人员等等,公共关系工作包含比广告更为广泛更为全面的内容,它只是偶尔会使用广告。广告通过接受那些欲在刊物或电视、广播等处登广告者的委托而赚取酬金,而公共关系咨询机构是通过出售其人员的工作时间和专业知识,并根据所完成的任务量收取酬金。公共关系与销售的不同点在于:销售是为了将商品从商店中"搬运出去",它可以用长期计划和短期推销两种办法把商品推出去,长期计划如定期的产品示范表演、产品介绍等等,短期推销则是采用五花八门的促销手段,诸如漂亮包装、赠送免费礼品、低价提供佣金等等。销售只具一种商业功能,而公共关系具有财政和生产的功能,可用于或体现于销售的每一环节、每一部分,从给商品取名、包装、调查、定价、售卖、推销到售后服务,所有这些环节都程度不同地事关信息传播与商业信誉,都与公共关系有关。销售指导可以说是公关工作的一个重要方面,但公关工作不是销售本身。

(3) 廉洁自律。公共关系工作就其工作对象而言,涉及社会生活的各个方面。从处理与公众、传媒、政府、各种组织的关系到出版刊物、搞展览会、拉赞助以及做销售调查等等,每一个环节都与经济利益有关,因此,公关人员的廉洁自律就成为其职业道德的一个重要方面。在各国及国际公共关系协会制定的职业行为准则中,都将廉洁自律作为重要道德准则。英国公共关系咨询者协会的咨询实践章程对公职人员的行贿、受贿问题有明确的规定,该章程第 5 条规定:"每个会员公司对第 6 条中所说的担任公职却不是协会的理事、执法委员及雇聘的咨询人员的人们既不能自己向他们提供或给予,也不能促使客户向他们提供或给予任何意在使自己或客户获取更多利益的诱惑,如果这种行为与公众利益不一致的话。"第 6 条规定:"每个会员公司不应从事任何会腐蚀大众传播媒介系统或立法系统的诚实性的实践。"第 11 条规定:"每个会员公司不能口头上声称为某一公开宣布的事业服务,在实际上却谋取某种特殊的或私人的利益。"欧洲公共关系协会在 1978 年通过的里斯本章程中,也明文规定:"严格禁止任何欺骗舆论及其代表人物的尝试。禁止任何形式的敲诈勒索、贿赂或不适当地行使权力,在与情报信息传播媒介的关系上尤其是这样。新闻必须无偿提供,而不能以个人的友好关系为转移,也不能隐瞒因这些新闻的用途或它们的发表而得到的报酬。"可见,廉洁自律是由公共关系工作的特殊性质而引申出的对公关工作人员的道德要求,反映了公关伦理较之一般社会伦理、生产伦理和交换伦理不同的特点。

第二节 契约伦理

市场经济实际是契约化的经济,或者说,经济关系市场化就是契约化的过程。自改革开放以来,作为契约化经济的法律表现形态——经济合同几乎从无到有、从个别到全体地迅速发展、完善起来,从起初的个别购销合作发展到包括加工承包、技术合作、技术转让、联产经营、不动产租赁、企业承包、拍卖投标、中外合资合作经营等广义的经济交往活动,表明了我国经济契约化的发展势头。为适应这一改革开放的新形势,我国陆续出台了大批与经济合同有关的法规,如《经济合同法》、《涉外经济合同法》、《专利法》、《商标法》等,并在经济法规的制定和实践的基础上,颁布了《民法通则》。民法反映的是社会经济关系,民法准则以法律的形式表现了社会经济生活条件。如此,随着经济生活契约化以及法制建设的完善,契约伦理作为道德建设的重要内容被日益提到了议事日程。

一、契约理论的一般发展

现代契约理论是在古典契约理论的基础上发展起来的。古典契约理论是在 19 世纪时以大陆各国民法典的编纂为契机而形成的,它以契约自由原则和对价原理为其理论支柱。契约自由原则在《法国民法典》、《德国民法典》和英美法中都有鲜明表现。《法国民法典》第1134 条被 19 世纪法国注释学派作为法典确认了契约自由的无可辩驳的证据,该条规定:"依法成立的契约,在缔约的当事人之间有相当于法律的效力。""前项契约,仅得依当事人的相互的同意或法律规定的原因取消之。""前项契约,应以善意履行之。"从文本本身看,它们所表达的意思是多重的,但注释学者却把它简化为一条:契约自由。正是这一契约自由原则,后来成为 19 世纪契约法的基本原则。1896 年,《德国民法典》诞生了,这部充满了德国民族思辨色彩的法典一诞生,就被广为传颂,成为继《法国民法典》之后又一部产生世界性影响的重要法典。这部法典对契约自由的思想作了进一步的发扬,在其 305 条的规定中,实际上给了当事人更多的选择,即只要当事人遵守那些关于契约的一般公式(如要约、承诺、公证、时效等),任何内容的契约都是可以合法生效的。因此,每个人,不论其为雇佣工人抑或企业主,亦不论其为消费者或生产者,都可以平等地通过自由的、自我负责的决定来缔结原则上乃任意内容的契约;另一方面,这样签订的契约在任何情况下都受到保护,只要它们是基于有判断力的和有理智的契约当事人的自由意志。可见,与前述《法国民法典》第 1134 条的寥寥数语相比,《德国民法典》所体现的契约自由思想无疑明确得多,它主动将意思自治与契约自由思想引入了法典。虽然,该法典还有一些限制契约自由的规定,如第 138 条中规定,如果契约有悖善良风俗或契约一方当事人利用了另一方当事人的困境、没有经验或轻率大意,则所签定的契约无效;而有关雇佣契约一节还规定了雇佣人有义务提供受雇者工作职位意外事故的保障并在受雇人病假期间继续向其发放一定的薪金。但整个法典体现的仍是契约自由的自由主义精神,可以说是 19 世纪以契约自由和意思自治为中心的契约理论的"一个历史现实的审慎终结"。

对价原理是英美契约理论的轴心,在英美合同法中一直起着不可估量的作用。对价原理是在中世纪后期生成并发展起来的,它的产生最初是为了统一契约诉讼的需要,后来才进一步发展成英美契约中不可或缺的因素。在中世纪的英国,在契约领域,当时的诉讼程式只包含那些具备法定书面形式以及加盖了印章的合同,大量的非正式合同不能采取令状形式进行诉讼。因此,为了提高司法效率,英国法院的法官最终发明了对价原理,以此使各种契约纠纷能有一个统一的度量标准,使之成为能够在一种共同的诉讼形式下进行的诉讼。对价原理的内涵也与时俱进。将对价原理用于有关合同诉讼的司法实践开始于 16 世纪 60 年代,使对价最终成为实体契约法的中心的典型违约诉讼案例出现于 17 世纪。在这些典型案例的处理中,可以帮助说明对价原理的最初含义。如斯雷德一案(1962年):原告斯雷德在诉讼状中说他应被告汉弗雷的请求已将其在拉克帕克农场上的谷物卖给了被告,要求被告履行其支付价款的允诺,而被告汉弗雷却否认其曾作过此类允诺。法官通过对事实的分析后确认,既然被告从原告处得到了有价值的东西,而原告显然不是把这些实物白白送给他的,则被告必然已作出了支付价款的允诺。因此,被告支付价款的允诺有足够的对价,法院支持原告的请求,被告应如数偿付价款。从这一案例可以看出,对价的实际作用是要解决"在什么样的情况下作出的允诺应当产生合同性质的法律效力"的问题,而且对价为违约诉讼提供了计算公式。由于对价(consideration)在英语中有"考虑"、"尊重"、"报酬"、"补偿"等多种含义,在以后的发展中,法官们往往不是单一地把其中某一种含义直接拿来使用,而是在原有词义的基础上赋予其更专门、更直接的意义。为法史学家最为推崇的对价定义,是如此表述的:"对价是一种原因或可资报答的事情,据此要求双方在事实上或法律上相互(负担)补偿(的义务)。""事实上"的补偿就是从事实推断、按照常理应当给予的补偿,而"法律上"的补偿则是法律上予以肯定的补偿。二者结合起来,就是指基于事实而由法官认定应当给予的补偿。到此,"对价"一词正式取得了专业术语的地位。进入18世纪之后,对价原理成为契约法上的一个公理。当时,随着商品经济的发展,等价交换合同和赠予得到的财产之间有了严格的区分,而对价原理也借助于这种区分得到了充实和完善。当时的法学家布莱克斯通把用于进行财产权转让的合同定义为"基于足够的对价而进行某项特定行为的协议"。由于这一定义,可以推断出"合意"、"对价"、"待完成的行为事项"是合同必须具备的条件,其中合意是合同的本质,对价是合同的基础,待完成的行为事项决定合同的种类。由此,对价在合同中的核心地位就得到了确认。这位布莱克斯通在对价出现于违约诉讼几百年后,第一个指出了对价用来表述合同的交换性质的作用。他说:"在所有的合同中,……都必须要有一个作为交换的东西,或称为对等的或互惠的东西,这就是作为(缔结)合同的代价或动机的东西,我们称之为对价。"这一思想为后世的英美法学家所吸收,并以此为根据,建立了以对价为基础的合同的交换理论,这就使对价原理在19世纪有了新的发展。1881年,美国法学家霍尔姆斯出版了《普通法》一书,在此书中,霍氏继承并发扬了布莱克斯通的交换理论,并借此提出了对价的交换理论。他指出:"通过协议的条款来看,对价的本质在于它是作为允诺的动机或诱因而提出和接受的。简言之,允诺之做出亦是对价之给付的诱因。整件事的根本在于对价和允诺之间的互惠利诱关系。"显然,霍氏将对价原理进一步完善了,指明只有作为允诺的交换的损害或受益才能够成为对价。由于这一对价交换理论极为适应19世纪末20世纪初美国商品经济的发展,因此它很快成为美国契约理论的正统。但是到了20世纪二三十年代之后,由于资本主义世界政治、经济等领域的巨大变革,契约作为社会生活秩序的调节器也不可避免地发生相应的变化,此时,对价原理的缺点也明显暴露出来。

由于这一原理把契约的范围大大缩小了,从而使生活中的大量契约找不到法律调整的依据。尤其是1936年《耶鲁法学评论》刊出了富勒的《合同的损害赔偿中的信赖利益》一文,文章中提出的合同当事人对于对方基于信赖而产生的损害亦应承担责任的见解,打破了对价交换理论中无对价即无责任的定论,从而给这一理论以致命一击,至此,这一理论便在英美合同法的舞台上渐渐退居次要地位。这样为了实现当事人在契约活动中真正的自由和平等,诚实信用原则和社会公正原则重新在现代契约法中取得了适当的地位,并由此随着商品经济的发展形成了一系列新的契约规范,人们总是从他们的经济关系中引申出他们的道德观念的。与古典契约理论相比较,20世纪的契约理论已更能适应现实的经济状况,并使当事人的权益得到有效保障。据《二十世纪契约法》一书的作者傅静坤先生的分析,20世纪的契约法较之古典契约理论而言,已更具伦理色彩:

> 首先,二十世纪以来,诚实信用义务和缔约过失责任以各种形式在许多国家得到确认,当事人的契约责任得到了初步的加重,从而也使上一世纪不可动摇的绝对契约自由原则遭到了第一次打击;其次,作为形式上的对等交换关系的体现的对价学说遭到了越来越多的攻击,允诺后不得翻供原理遂在英美法中成为维持契约公正性的主要工具;第三,各国纷纷立法对定式合同中不公正合同条款进行限制,从而使古典契约理论所提倡的绝对的契约自由遭到了又一次打击;第四,随着第三人利益在某些种类的合同中的增长,用来限制当事人的契约责任的合同相对性原则受到了一定的冲击……①

在这一变化背后,契约伦理在契约理论的历史演变中慢慢积淀起来,愈来愈鲜明,也愈来愈适应现代经济关系的发展。

二、契约伦理的道德原则

契约是现代经济活动一个必不可少的环节,从某种意义上讲,现代市场经济即契约经济,一般说来,人们对能否确保契约得到有效履行的信心是市场经济能否正常运行的关键所在。因此,市场经济的完善程度往往是与契约制度与契约道德的完善程度同步的。在确保契约得到有效履行的诸种手段中,道德手段是除法律之外最重要的手段之一。契约伦理是契约从签订到履行乃至履行后的全过程中契约双方所应遵守的道德规范。适应于社会主义市场经济的契约伦理,由以诚实信用原则为核心的合约自愿原则、公平正义原则、违约责任原则所组成。

合约自愿原则。契约就其基本含义而言,是一种合意。契约作为一种合意,早在罗马法时代中就已被明确指出。当时的法学家盖尤斯在其《法学阶梯精选》第二篇中说:"契约之债,或以要物方式,或以口头方式,或以合意方式成立。"②而对于什么是合意,他解释道:"我们说,以上述形式设立契约之债时需基于合意,这是因为上述契约之债的设立并不要求有任何表达方式或文字上的特别之处,只要求缔约双方的一致同意。"由此可见,合意即指相互同意。此后,在《法国民法典》中,也指出契约是以合意为基础的:"契约作为一种合意,依此合意,一人或数人对于其他一人或数人负担给付、作为或不作为的债务。"被誉为实证主义法学全面胜利标志的《德国民法典》,虽然进一步发挥了合意的含义,即把合意进一步区分为当事人的意思与意思的表示两部分,认为内在的意思必须通过外部行为的表示才能变为真实可见,但其把合意作为契约的基本含义的观点仍是显而易见的。正因为契约是一种合意,因此,合约自愿就成为首要的道德原则。契约作为当事人双方自由意志的合致而形成,既不是出于外界的强迫,也不是出于一方的一厢情愿,而是双方自愿自觉地联手共事。因此,如果契约是由于受到外界压力、对方的胁迫或欺诈而订立,则该契约可以被撤销,上述行为则是

---

① 傅静坤:《二十世纪契约法》,法律出版社1997年版,第2页。
② 同上书,第172页。

不道德的契约行为。同样,如果契约当事人不具备作出正常意愿表示的能力,如患有精神疾病或未达法定年龄而不能作出正确判断,那么他所订立的契约可以因合意的欠缺或称瑕疵而被宣布无效,与上述人员立约的行为也是不道德的契约行为。因此,在我国 1999 年 3 月 15 日颁布的《中华人民共和国合同法》中,就明文规定了签订合同要遵循平等原则、自愿原则、公平原则、诚实守信原则和合法原则。其中指出:"合同当事人的法律地位平等,一方不得将自己的意志强加给另一方。""当事人依法享有自愿订立合同的权利,任何单位和个人不得非法干预。"

公平正义原则。对市场经济而言,契约实质上是保障分配正义的手段。因此,公平正义原则作为经济伦理的重要原则自然也是契约伦理的重要原则。在契约伦理中,公平正义原则具体表现为:一是契约动机的公平正义,即立约动机不得违反社会正义,契约中个人意思的自治及立约双方的"合意",须建立在合法与合理的基础之上。要求立约动机的公平正义,是从源头遏制违法契约的产生。以胁迫订立或以欺诈订立的合同,或基于无权代理而订立的合同,均源自契约动机的非正义。二是契约内容的公平正义。契约所涉及的交易内容不得违反法律、违反公序良俗、违反社会利益。所谓公序良俗,是指良好的社会各方面的利益,如社会自然资源与人力资源的利益以及社会经济、政治和文化进步方面的利益。三是履约过程的公平正义。这是交易的安全保障,包括履约手段的正义、当事人在交易过程中的诚实守信以及当事人须遵守允诺后不得翻供原则。作为"允诺后不得翻供,因为允诺就是一种约定,允诺人由于这个允诺而自愿引起了这个约定,其结果是接受允诺的一方有权期待允诺得到履行实现,而允诺者本人则应当遵守这个约定。从根本上说,契约之所以存在,正是由于它是当事人通过本人的允诺而主动设定的。所以,允诺是契约的基本概念与功能"。允诺后不得翻供原则也是维持契约公平正义的基本原则。当然,这里所谈的允诺,必须是自愿作出的允诺。在履约过程中,作为允诺后不得翻供原则的另一种表述,即违约责任原则。由于该原则是对契约中违反诚实信用原则和公平正义原则的不道德行为的"罚则",是从反面对以诚实原则为核心的契约伦理的坚持,其在契约伦理中具有重要地位。

违约责任原则。一般说来,违约分为理性违约与非理性违约。非理性违约是指契约当事人在合同债务到期时,因客观不能(如不可控力、意外事件)、经济不能(如因经营不善导致失去履约能力)、经济不合理(主要指情势变更引进的履约对义务人缺乏合理性的情况)及报复而产生的违约。而理性违约主要指契约当事人在合约债务到期或临近到期时,有能力履约,但由于经过经济分析、得失权衡认为违约比履约更能实现利润最大化而经理性选择作出的违约行动。它包括机会主义违约和效率违约两大类。所谓机会主义违约是指一方在接受了对方的对价物(主要指贷款)后不向对方履约,而把钱或物用于其他商业机会了。所谓效率违约是指契约当事人经算计认为违约的收益将超出履约的预期收益而作出的违约选择。显然,在以上两类违约中,理性违约主观恶意性是十分明显的。理性违约人不但无视契约对方的利益和社会利益,而且故意玩弄法律,造成的社会后果极为严重。

就违约责任原则而言,无论是非理性违约还是理性违约,首先他们都对契约对方造成了损害,因此违约责任原则的具体表现是实行损害赔偿。美国法学家查尔斯·弗雷德在他1981 年出版的《作为欢度的契约》一书中指出:"如果我向你作出了允诺,那么我便应按我允诺的那样去做;如果我没有遵守诺言,则要我向对方交出相当于履行的等量物是公平的……

在契约原理中,这表现为对期待的衡量……它给予违约的受害人既不多于也不少于如果没有发生违约他所能得到的。"弗雷德在这段话中既指出了损害赔偿的必要性,又指出了赔偿的"度"。

但是,毕竟理性违约与非理性违约具有道德上的重大区别,因此,我国法学界与伦理学界认为,对理性违约的现象应补偿与惩罚并重,而且这里的惩罚不光是民事责任意义上的惩罚,还有公法意义上的惩罚。因为经济合约中的理性违约,它不仅具有民事责任还具有经济责任的性质,因而它不仅是对当事人的责任,也是对社会的责任。这种违约同时损害了个人与社会的双重客体,而对社会利益的损害,在法律上是应当给予惩罚的。从责任形式上看,不仅让违约人承担违约金责任、赔偿契约当事人的损失,还要对其处以没收、罚款等其他惩罚,这是合乎道义的。因为如果只强调补偿性而轻视惩罚性,那么当违约的收益大于赔偿时,则会起"激励人违约"的反作用,从而使违约责任原则一文不值。我国经济生活中曾经存在大量违约现象,这与我们长期以来忽视了违约责任的惩罚性,特别是社会惩罚性不无关系。目前,随着我国社会主义市场经济的发展,面对大量的理性违约,我国许多单行法规在确定违约责任时,都强调了惩罚性。比如《农副产品购销合同条例》第17条规定:"如因违约自销或因套取超购加价款而不履行合同时,应向需方偿付不履行合同部分货款总值5%至25%的违约金,并退回套取的加价款和奖售、换购的物资;违约自销多得的收入,由工商行政管理部门没收,上缴中央财政。"这样做,将对提高经济合约履行中的道德水平产生积极影响。实际上,某种违约行为是否要受到惩罚,主要取决于违约人的主观动机有否恶意及客观上违约行为是否造成了损害(包括是否进行了积极补救)。对理性违约的惩罚性赔偿,正是对契约伦理中诚实信用原则与公平正义原则的维护与坚持。

第三节　商务谈判伦理

一、商务谈判中道德实践的复杂性

商务谈判一般可以划分为个人间、组织间和国家间三个层次。任何一个层次,都离不开谈判手出面的活动。当一个人代表他所属的组织与对手打交道时,人们可以发现,这里有两个层次的需要在起作用:一个是该组织的需要,另一个是该谈判者个人的需要。比如对于一项中外合资谈判来说,当某甲代表中方厂家与外方谈判时,促使他在谈判中积极主动、据理力争的,往往有两类原因:一类是他所代表的组织(中方厂家)的利益,中方需要引进外方先进的技术设备和投资以提高工厂产品的竞争力与市场占有率,另一类是他个人的利益,即他也许希望通过这次谈判成功,来证明自己的才能或赢得同行、同事与领导的赞赏。第一类原因是普遍都如此的,第二类原因会因人而异,例如,也许他并不在意领导的赞赏,而在意他的父母兄弟、亲朋好友的赞赏,以提高他在家庭中的地位。这种状况使谈判手在商务谈判中处于双重要求的辖制之下,这就产生了行为的价值取向问题,即谈判者能否以组织需要为主,以个人需要为次。心理学中关于自居作用的研究表明:个人往往会超越自身需要的结构界限,在精神上成为组织层次上的某个较大群体的一部分。因此,在某些情况下,这个群体的某种层次的基本需要,会高于他个人另一种更基本的需要,或者群体的无论什么需要,都被他置于其个人需要之上。这种情况表现在道德实践准则上,就是集团利益高于个人利益。如果反其道而行之,把个人需要凌驾于集团或组织需要之上,那就成为各种不正之风或腐败行为的根源之一了。因此,在商务谈判实践中所涉及的谈判伦理,不仅有内容上的多层次(即社会道德、商业道德、职业道德),而且还涉及谈判主体的道德实践原则,即将何者置于上、何者置于下。有的谈判者深感自己是某一群体的一员而时时处处以该群体的要求为己任。而群体历来又是分层次的,有车间、班组类小群体,也有阶层、阶级、民族类大群体。由于市场经济使各个商贸、生产单位与企业成为相对独立的商品生产者,经营权和所有权的分离,使经营者有了很大的活动处理权,由此,商务谈判中的伦理实践更具复杂性,谈判者将面临着多种道德取向的考验,除了上述在本集团需要与其个人需要之间,有一个把何者利益置于前的问题之外,还有一个如何处置该集团利益与国家利益、民族利益的关系问题。例如,在广交会上,有的企业通过竞相削价的办法挤掉国内同行,而换得了与外商交易的机会,从小集团利益看,是一次成功的需要的满足,对具体的谈判手来说,他也做到了废寝忘食为本单位争利,而将个人的疲劳及报酬置于一边,似乎是很道德的。但是从国家与民族的全局看,这样削价、压价、降价搞外贸的办法是损害了中国人的利益,而让外商在其中捞到了实惠。身为中国厂商,采用不正当手法打败自己的本国同行,而把本不该有的超额利润拱手让给外商,扰乱自己国家的外贸秩序,这又能算道德吗?所以,商务谈判中的道德实践归根结底是要科学处理好两类关系:一是个人、集团、国家三者利益之间的关系,二是经济效益与社会效益之间的关系。国家利益高于集团利益,集团利益高于个人利益,三者应统筹考虑、相互协调,这是一条道德实践准则。另一条准则是经济效益、社会效益须两头兼顾,不可偏废。

　　谈判伦理并不是谈判实践中进取的障碍,而恰恰是谈判取得成果的前提条件。因为它给谈判手提供了行为规则,这些规则就如体育运动所提出的竞赛规则一样,不只对某一方有约束力,而是约束双方。对参与的各方来讲,谁也不应有更优越、更特殊的地位来处理谈判行为。这便保证了在伦理实践上的"起点平等"、"约束平等"这种平等是谈判的必要前提。在具体谈判过程中,谈判伦理作为一种职业道德,可发挥积极作用。正是由于伦理上的"平等约束",谈判者可以利用它来保护自己,或回敬和约束对方。正如运动员研究和熟悉竞赛规则,尤其是禁区的界限之后,会运用"合理犯规"去追求比赛的胜利一样,在商务谈判中,能使谈判无效的犯规,甚至使合同无效或撤销的犯规,以及除此之外,还有被起诉被追索损害赔偿的犯规,都属于谈判伦理禁区,是不能明知故犯的。谈判伦理的存在使人们在谈判中的行为有所趋避,有所选择。一般来说,对谈判中道德行为的评价也可像一般道德评价一样,分为失当、正当和应当三类。失当是对不道德行为的评价,应当是对高尚行为的评价,而正当就是在这两极之间的合理合法行为。在商务谈判中,人们的行为既受伦理的约束,也受法律的约束,在一定范围内是伦理的问题,在一定条件下超过了伦理的范围就有可能是违法的问题了。所以,对商务谈判中"合理犯规"的问题,是需要慎重对待的。有的谈判者利用谈判的犯规往往是事后罚的所谓"时间差",把伦理犯规作为一种谈判策略来使用。例如,对标的物的特性在开始谈判时故意在禁区内犯规——即陈述有伪——将旧商品说成是新的,而当全局谈判进入尾声,价格条件、交货期均已谈妥时,再以"原物描述有误"或"自己原先不知晓","根据谈判了解贵方不需这种特性的商品,换一种为宜"等作为借口,对原先说的标的物特性予以纠正，同时对其他相应的条件也作出修正，以使自己从禁区犯规中拔出脚，并企图利用双方此时因交锋较长时间，彼此已经熟悉的有利条件，而获得自己如在开始阶段就讲实话所不能获得的对方让步。这种行事方法从严格的意义上讲是不合乎谈判道德的，因而是不能提倡的。

二、商务谈判的伦理原则

（一）涉内商务谈判伦理

在商务谈判中，商业往来的法律义务与道德义务的内容基本是相同的，两者的根本区别就在于其实施手段不同。法律义务是国家以法律的形式规定的，并且内容具体精确，人们几乎可以"对号入座"，对凡不履行这些义务的行为，法律将以强制手段使其就范。道德义务却是靠公众舆论监督，靠各人自觉遵守的，往往是对行为的一种原则性要求，因此，涉内商务谈判必须遵守以下原则：

一是国家、集体财产不得侵犯的原则。我国全民所有制和集体所有制企业的财产，都属于社会主义的公有财产，受到国家政策、法令的保护。为防止国有资产的流失，国家已颁布了具体法令。因此，谈判人员在经贸合同谈判中，必须严守这些政策法令，坚决抵制以低价竞销，诋毁他人信誉，单方毁约，以及转嫁自己损失于他人等唯利是图、侵害国有资产的种种有害现象。

二是坚持当事人必须具有独立活动能力和资格的原则。经贸合同的签约人必须具有法人资格和诉讼能力，如谈判人是当事人或当事人的受托人。谈判手必须事先验明资格问题，如在谈判前，可运用适当方式要求对方出具"授权证书"。对原授权证书上未明确"可以签约"的现象，可要求再出示"授权签约的证书"。解决此类"能力与资格"问题，既是对谈判双方的尊重，又保证了"谈判结果和合同的法律效力"。

三是遵循法律规范要求的原则。法律规范代表了国家、社会以及谈判当事人的长远利益与根本利益。遵守法律规范是公民的义务。因此，谈判当事人的一言一行均要符合法律、法令和政策等的规范要求，只有当事人的意志和言行与法律相符时，法律才保证当事人的行为所引起的法律后果，经贸谈判也才能在正当、有序的范围内顺利进行。

在我国，《中华人民共和国经济合同法》第六章第 53 条对不法经贸合同作了具体描述，如"订立假经济合同，或倒卖经济合同，或利用经济合同买空卖空、转包渔利、非法转让、行贿受贿……"这些法律规范也是谈判手的谈判伦理规范。

四是权利义务一律平等的原则。没有无义务的权利，也没有无权利的义务，相应的权利总是与相应的义务相联系，这就是权利和义务的平等性与一致性。合同的当事各方既然享受了权利，就必须履行该尽的义务；同样，既尽了义务，就有该享受的权利，二者不可分割。据此，在谈判中就不允许依仗权势或优越地位强迫对方服从自己不合理的要求，坚决反对以大欺小、搞"不平等条约"和"霸王合同"。

五是贯彻等价互利的原则。等价交换与等价互利，是商品经济的基本运行规则。贯彻等价互利原则，也就是坚持公平合理，这是权利与义务的另一侧面。在经贸活动中，无论是购销、承包工程、加工、租赁、借贷、运输、仓储、供电用电、保险等等业务必须坚持这一以等价交换为基本精神的等价互利的财产流转原则，坚持权利与义务对等、所得与所支等价。

六是坚持正大光明、诚实经商的原则。社会主义市场经济，不仅在交易上，而且在谈判过程中，都要坚持正大光明、诚实经商的原则，不允许坑蒙拐骗，也不允许挂羊头卖狗肉式的虚假广告、名不副实的宣传和以此为前提的谈判和交易手法。法律规定，采取欺诈手法签的合同不仅无效，而且还要赔偿已造成的损失。

七是反不正当竞争，坚持正当竞争的原则。商业竞争是一种调节和激励机制，可以推进商业活动主体素质的提高，有利于市场繁荣、降低费用和节约劳动，提高流通领域的经济效益，使消费者的需求得到满足，利益得到保护。坚持正当竞争、反对不正当竞争是每个商务谈判者应尽的义务。上文提及的"合理犯规"问题即属不正当竞争手段。

（二）涉外商务谈判伦理

大陆法系与英美法系是世界上两个主要的法律体系，这两个法律体系在本质上是相同的，但在形式、编制体例以及某些具体的法律原则方面，又各有其不同的特点。在这两个法系的商法及合同法中，集中体现了国际商务谈判的伦理规范与伦理原则，其主要表现为：

1. 合同必须合法

虽然两个法系都主张"契约自由"和"意思自主"是合同法的基本原则，但对契约自由都有一定的限制，即无论英美法系还是大陆法系的国家的法律都要求当事人所订立的合同必须合法，并规定，凡是违反法律、违反善良风俗与公共秩序的合同一律无效。根据某些英美法系学者的分类，非法的合同可以归纳为三类：第一类是违反公共政策的合同。这是指那些损害公众利益，违背某些成文法律所规定的政策或目标，或结果将妨碍公众健康、安全、道德以及一般社会福利的合同。显然，这类合同将损害公众利益。有些国家（如美国等）对这方面的要求还很严格，他们把冒充公职和妨害司法的合同也归为违反公共政策的合同一类，例如贿赂公职人员，或出钱出力帮助他们进行诉讼，为的是胜诉后分享利益一类的合同都属于非法。大陆法系中，则把违法、违反善良风俗与公共秩序的问题，同合同的原因与合同的标的联系起来加以规定。在《法国民法典》第1128、1131、1133条中规定："如原因为法律的禁止，或原因为违反善良风俗或公共秩序此种原因为不法的原因。"所以，大陆法系中构成合同非法主要指两种情况：一种是交易的标的物是法律不允许进行交易的物品，例如毒品和其他违禁品；另一种是合同的原因不合法，也就是说合同追求的目的不合法。例如，甲与乙相约，乙肯为甲去做某种犯罪行为，甲即允诺给予报酬若干，这种允诺在法律上是无效的，因为他所追求的目的是驱使他人犯罪，而这种行为是法律所禁止的。

第二类非法合同是指不道德的合同。按英美法系的解释，所谓不道德合同是指那些违反社会公认的道德标准，那些假使法律予以承认会引起正常人的愤慨的合同。

第三类非法合同直接指违法合同。这种违法合同包括的范围很广，例如以诈骗为目的的合同、同敌人进行贸易的合同、赌博合同等，都是违法的。此外，凡法律要求有执照才能开业的专业人员，如医师、律师、药剂师、设计师等，如没有执照即擅自与别人订立合同从事业务活动，也属于违法。

上述三类非法合同，既不产生权利，也不产生义务。当事人不能要求履行合同，也不能要求赔偿损失。法院原则上也不允许以无效的合同提起诉讼。由此可见，合同必须合法，不仅是法律要求，也是一条商务伦理的原则。

2. 合同必须真实

合同是双方当事人意思表示一致的结果,所以各国合同法中都强调"意思表示必须真实",如果当事人意思表示的内容有错误或意思与表示不一致,或是在受欺诈或胁迫的情况下订立的合同,虽然当事人双方达成了协议,但这种合同的合意是不真实的。这一交易中的伦理原则,在谈判中是很强调的。为此,无论是英美法系还是大陆法系,对"错误"、"欺诈"、"胁迫"都作了规定与要求。例如,《法国民法典》第 1110 条规定,错误是在涉及合同标的物的本质时,才构成无效的原因。一是关于合同标的物的性质方面的错误,这一性质自然不是指那种可有可无的一般性质,而是指"基本品质"、"决定性的考虑"或"买方非此不买的品质"。例如,买方以为他所买的是毕加索的画,但后来却发现并非真迹,他可依法主张合同无效。二是关于涉及认定谁是订立合同的对象上产生的错误。例如承包合同、雇佣合同或借贷合同等,因为在这些合同中,当事人的身份、能力、技能和品格对当事人决定是否同其订立合同具有重要意义。

关于欺诈,以英美法系中美国合同法为例,以下四点是可以构成起诉欺诈的因素:①对重要事实的错误陈述;②进行错误陈述时即已知道其虚假性;③怀有欺骗的意图;④给另一方造成损失。美国合同法认为,只要具备这四条,即已构成了欺诈。凡是虚假的陈述,自然也是错误的陈述。这就违反了合意必须真实的伦理原则。英国在 1976 年的"正确说明法"中把不正确说明分为两种,一种叫非故意的不正确说明,另一种叫欺骗性的不正确说明。所谓不正确说明,指的是一方在订立合同之前,为了吸引对方而对重要事实所作的一种虚假的说明。它既不同于一般商业上的吹嘘,也不同于普通地表示意见或看法。按英国法的解释,如果作出不正确说明的人是出于诚实地相信真有其事而作的,那就属于非故意的不正确说明,而如果作出不正确说明的人并非出于诚实地相信有其事而作的,则属于欺骗性的不正确说明。英国法律对于欺骗性的不正确说明的处理是相当严厉的,蒙受欺诈的一方可以要求赔偿损失,并可以撤销合同或拒绝履行其合同义务。这些都体现了对欺诈行为在道义上的谴责。

胁迫的非法性与不道德是十分明显的。胁迫是指以使人产生恐惧为目的的一种故意行为。各国法律都一致认为,凡在胁迫之下订立的合同,受胁迫的一方可以主张合同无效或撤销合同。因为在受胁迫的情况下所作的意思表示,不是自由表达的意思表示,不能产生法律上意思表示的效果。

3. 合同必须按条款严格履行

合同的履行是指合同当事人实现合同内容的行为。各国都认为,合同当事人在订立合同之后,都有履行合同的义务,如果违反应履行的合同义务,就要承担相应的责任。各国的法律对此都作了详细的规定。在德国民法中,把违约区分为"给付不能"与"给付延迟"两类。而给付不能又区分为自始不能与嗣后不能两种情况。如属于自始不能这前一种情况的,合同在法律上就是无效的。在与大陆法系有所不同的英美法系中,规定了如果一方当事人违反了合同的主要条款,对方就有权解除合同,并可要求赔偿损失。具体讲,在商务合同中,关于履约的时间、货物的品质及数量等项条款,都属于合同的主要条款,如果卖方不能按时、按质、按量交货,买方有权拒收货物,并可要求赔偿损失。这些条文,既是法律的,也是伦理的。作为伦理原则,它要求谈判手们自觉遵守,作为法律条文,它对违反者强制实行。

上述三条,是国外商务谈判伦理的基本原则,是以"信"为中心的伦理行为准则,也是合法与非法商务行为的界限。超越这一界限,便超越了合法的界限,将被绳之以法。但是,在合法的界限以内,法律还是给伦理留下了许多空间使其具有回旋的余地。从某种意义上讲,这是由资本主义商务的利己主义本质所决定的。以对欺诈行为的裁定为例,依美国合同法的精神,"沉默或秘而不宣本身并不是错误的陈述",也就是说,不能将"沉默或秘而不宣"作为欺诈一样对待。按美国律师的说法:在没有义务讲话的情况下,一个人不需要坦露他的高级情报。如一方要向另一方购买某个商品时,买主可以不告诉对方该商品的价值。若是古董买卖,买主不可能也无义务告诉对方该古董的连城价值;若是土地买卖,买主也无义务告诉对方该土地的资源情报,这些都可以说是高级情报,不需要披露。只有在两种情况下不允许沉默,一是一方已知某种陈述不真实,而另一方相信了该陈述是真实的,已知实情的一方不能保持沉默,而有说明的义务;二是某方无意中错误地陈述了一个事实,后来知道该陈述有误,应通知对方真实情况并声明前述有误。又如关于对"错误仅涉及合同标的物的本质时,始构成无效的合同",这是著名的《法国民法典》的第 1110 条规定,等于说并不是所有的错误陈述都可以列入欺诈的范围。按法律的规定,陈述是实质性的还是非实质性的,其区别不在于所制定的合同是不是实质性的,而在于欺骗对促成制定一个合同的诱惑是不是实质性的。也就是说,在谈判中有许多条件需要陈述,而这些陈述决定着交涉的结果。有的条件为次,有的条件为主,只有错误陈述在带根本性的条件即可促使对方成交的条件上发生,方视为实质性的陈述,上述《法国民法典》第 1110 条才适用,换言之,如不是发生在带根本性条件上的陈述,即使错误,也无追究的必要了。因此,我国谈判手在涉外谈判中,虽然自己不用欺诈手段来谋取合同,并以此作为自律的商务谈判伦理原则,但也不可粗心大意。诸如在"签约地的注明"、"仲裁地的明确"以及"问题与纠纷的处理方式"等实质性的条款谈判上,都应有适当防卫。

三、商务谈判的基本伦理规范

　　商务谈判伦理原则与伦理规范的关系是,原则是规范的展开,规范是原则的浓缩。当我们把上述原则概括为简约的伦理规范时,即为著名的"礼、诚、信"这一商务谈判道德三规范。

　　"礼"即礼貌待人,待人接物有修养有分寸。"礼"的表现是多方面的,守时守约是经济谈判中最基本最重要的礼貌,是对对方的友好与尊敬。因此,参加谈判中的各种活动,都应按约定时间到达,既不要过早,也不要迟到。过早,会使主人因未准备完毕而觉难堪,但迟到又会让主人和其他客人等候过久而失礼。如遇特殊情况不能按时赴约,应设法事先打招呼,因故迟到而又未及时向主人打招呼,则应主动及时地向主人和其他客人表示歉意。同时,言谈举止、接待的规格、座次及时间等都充满"礼"的学问。比如,无论是客座谈判还是主座谈判,从接待的礼仪、会谈的程序、接待人员的身份,到起居的条件(即使对方是自费的)、住宿的安排,都应给人一种"宾至如归"的感觉,或"受尊重与友善"的印象。尤其需注意的是,谈判交锋中,要注意倾听对方意见,哪怕是反对自己的不同意见,要摆事实,讲道理,以理服人。

　　"诚"即光明正大,诚心诚意地谈判。谈判是协商,而不是"竞技比赛",在协商的情况下,双方的利益关系是一种互助合作的关系,我方在帮助对方达到目的的同时,对方也在帮助我方实现我们的目标。在双方的利益都能得到满足的情况下,互相之间就能建立起一种友好的贸易关系,并能使之不断得到巩固和加强。"诚"就是在谈判过程中,始终以坦诚态度对待谈判对手,在谈判动机上,不含有不可告人的目的;在谈判运用的依据上,应是个"存在的事实",而不应是"虚构的或者是歪曲的事实";在谈判态度上,能注意对手的各种意见,也从行动上响应其真正合理的意见与要求,主动了解事实、正视事实,放弃或纠正自己无理的或过分的要求,使谈判能顺利进行。

"信"即谈判人言而有信,信守合同条文。从广义看,"信"具体反映在以下四个方面:第一,在债权与债务关系上讲信用,能获得金融机构或其他经济组织的信任;第二,信守合同,履约率高,获得贸易对象的好感和工商行政管理部门的好评;第三,在购销业务中,获得对方信任,经过长期业务往来,建立起良好的关系,使购销单位乐于与企业进行交往和交易;第四,在与消费者和顾客的关系上,企业的服务是信得过的,它的经营活动或行为也是信得过的。在具体的谈判实践中,"信"的突出表现是说话前后一致,出口即有凭据,言必信,行必果。那种信口开河,说话不算数,下午推翻上午的话,今天改变昨天的态度,己方张三推翻己方李四的发言,或主谈人与谈判组长或上级朝说夕改、朝三暮四等等,都是不可取的。致使谈判对手失信的原因很多,但最能使其推脱责任的是己方的失信。尤其对严肃的有声望的公司代表来说,谈判中的"失信"或"食言"是一大忌讳。

在"礼、诚、信"三规范中,"信"是基本之点。因为"礼"与"诚"都要通过"信"来检验,不守信用、言而无信,再周到的"礼"与再地道的"诚"也变为虚情假意。"经商信为本",是市场交易规范化的内在要求,也是商务谈判伦理的关键内容。

第十章　企业经营主体的道德素质

　　企业经营管理者是企业的奠基人,其自身素质的高低直接影响到企业的生存和发展。企业家是企业经营管理者的优秀代表。企业家不是一种职务,而是一种素质。上海有位著名企业家在总结其成功的经验时说:"作为国有企业的经营管理者来说,一是要会经营,二是不能有太多的私心。"简朴的语言表达了国有企业经营管理者必须具有良好的经营管理的业务素质和道德素质。对于其他所有制的企业经营管理者来说,也是如此。

　　从国际经济发展的潮流分析,"管理的经济"正转型为"企业家经济"。"企业家经济"的基本特征是一个具有职业精神的专业型经理人阶层的形成和一个成熟而健康的经济道德秩序的出现。中国离"企业家经济"还有多远? 一位专家认为:"中国企业家要真正地成为这个社会和时代的主流力量,那么首先必须完成的一项工作——一项比技术升级、管理创新乃至种种超前的经营理念更为关键的工作——是塑造中国企业家的职业精神和重建中国企业的道德秩序。"①这一观点是切中时弊的。

　　作为社会主义市场经济伦理学,要研究企业经营管理者的道德素质,特别要研究国有企业经营管理者的道德素质。这些道德素质可分为三个方面,即与生产力发展直接联系的道德素质、与人际关系协调相联系的道德素质、与内在德性相联系的道德素质。

第一节　与生产力发展直接联系的道德素质

　　在从事经济活动时,要获得良好的经济效益,必须提高自身的经营业务素质,这是人们所公认的。然而,经营者以道德风貌、伦理精神反映出来的道德素质也对经济活动有着重要影响,如开拓创新精神、敢闯求实精神、崇尚科技的精神,它们直接推动着生产力的发展。

一、开拓创新精神

　　1911 年,奥地利政治经济学家熊彼特将"创新"引入企业家概念,提出一系列的创新,包括过程创新、市场创新、产品创新、要素创新甚至组织创新。熊彼特突破性地研究了企业家

---

① 吴晓波:《大败局》,浙江人民出版社 2001 年版,第 7 页。

的创新性,提出创新模式。他指出现代企业家是管理者,其管理活动的核心是创新。企业家的创新产生了动态性的经济运动和经济发展。熊彼特将企业家视作"革新者",强调"创新"应作为企业家的真正职能和必备素质。只有能对经济环境作出创造性反应并推进生产增长的经理才有资格被称为企业家。

创新和开拓进取的精神是内在地联系在一起的。企业经营管理者特别是企业家为什么必须具有这些精神?这是商品经济发展的一般规律即价值规律所决定的。商品经济通过竞争,使价值规律得到贯彻,使社会必要劳动时间决定商品价值成为现实。从微观看,一个企业在商品生产经营中要取得比一般企业更多的利润,就必须采取先进的科学技术,提高生产者的劳动熟练程度,改善企业管理,以节约产品所消耗的活劳动和物化劳动,进而把产品的个别价值量降到社会价值量以下。从宏观看,各个企业出于获取超额利润的同一动机,争相提高个别劳动生产力,进而又缩短了该种商品的社会必要劳动时间,于是又开始了新的竞争过程。正如马克思所说的,商品经济的"这个规律不让资本有片刻的停息,老是在它耳边催促说:前进!前进!这个规律正是那个在商业周期性波动中必然使商品价格和生产费用趋于一致的规律"。① 竞争给人带来了压力,推动人们积极向上,树立进取精神。企业经营管理者要在竞争中成为强者,就必须不断开拓进取和创新。

改革开放以来,特别是社会主义市场经济体制确立以后,企业作为独立的商品生产者和经营者被推向市场。企业要自主经营、自负盈亏、自我发展、自我约束,企业的经营管理者没有开拓进取和创新的精神是不行的。在激烈的市场竞争中,企业必须有新的发展战略、新的营销手段和售后服务方式,特别是不断更新的产品。不思进取,产品就会被市场无情地淘汰,企业将会面临困境;开拓进取,企业才能生存发展。实践证明,企业经营管理者的开拓进取精神是企业兴衰存亡的关键因素之一。只有培养和造就更多的开拓进取型的企业经营管理者,企业才能真正搞活,中国的经济才能腾飞。

开拓进取的精神与墨守成规的思想状态是对立的。开拓意味着创新,进取意味着不知足。干什么事,都要以本本上是否有和前人是否做过为转移,这就窒息了开拓进取的精神。满足于现状就会不思进取;在经营管理方面,只有不知足,才会有新的思路。市场经济要求企业不断创新,而墨守成规束缚了人的思想。大凡在企业经营管理中作出贡献、为世人所瞩目者,决非墨守成规之辈。

当代中国的企业经营管理者要创新,就必须振奋开拓进取的精神,从中国古代先哲的思想中吸取积极的精神养料是有益的。《易传》曰:"天行健,君子以自强不息。"这句名言揭示了一条基本道理,即大地运行,刚健不衰;人生大地之间,要依靠大地又要改造天地。因此,必须因势应变,革新图强,奋斗不息。《易传》中刚健有力、自强不息的精神在古代儒家的著作和代表人物身上得到了充分的反映。荀子在《大略》中认为,人生一直要奋斗不息,只有到"望其圹,皋如也,巅如也,鬲如也,此则知所息矣"。意思是说,等到坟墓高高的、颠颠的、像锅底一样堆起时,方可得到安息。儒家的创始人孔子更是身体力行。为了实现自己的理想,他栖栖皇皇地奔波了一辈子。虽然在政治上不得志,但他从未消沉。他"发愤忘食,乐以忘

① 《马克思恩格斯选集》第 1 卷,人民出版社 1995 年版,第 358 页。

167

忧,不知老之将至"。① 他创立儒家学派,献身教育,以其不懈的奋斗精神走完了自己坎坷的人生之路。

当然,在中国传统文化中,也有一些先哲的学说是否定开拓进取精神的,这突出地表现为老子的"自然无为论"和庄子的"命定论"。老子认为,人在自然和社会面前是完全无能为力的。他主张"贵柔守雌",主张"无为","无为故无败,无执故无失"。他处世立身的三件法宝之一是"不敢为天下先",他断言,"夫唯不争,故天下莫能与之争"②,这样,进取精神被完全取消了。庄子继承了老子的思想,并走向了自然命定论。他借孔子的名义说:"死生存亡、穷达贫富、贤与不肖、毁誉、饥渴、寒暑"等社会遭遇和生活环境都是命中注定的,人只能"无可奈何"、"安之若命"。听任命运摆布的人,不可能具有开拓进取的精神。庄子取消了人的主观能力,也取消了人的进取精神。庄子理想中的"德者",形同槁木,心如死灰,连一点进取精神的影子都没有。

缺乏进取精神的社会不可能是经济迅速发展的社会。国外有位著名的社会学家认为,阻碍近代中国社会生产力发展的重要因素是进取精神的缺乏。他的观点也不无根据,中国自宋朝以后,儒、佛、道杂糅,形成了程朱理学。程朱理学禁锢了人的思想创造,造成了社会"宁蜷伏恶进取"的境地。在历史的变革时期,需要克服安于现状、惧怕变革的思想状态,需要振奋起积极向上的进取精神。明治维新时期,日本的著名思想家中江兆民认定,缺乏进取精神,对日本的发展极为不利。他具体分析了日本社会工商界不愿进取的表现:"经营手工业和商业的人,侥幸得到 10 万元、20 万元资金的时候,动辄心满意足,而不肯再去努力,一心只想怎样使自己的财产不致丧失,再没有其他的念头。"在他们中间,"几乎没有一个是不断进取,经营创造,至死不止的",近来只有少数几个人,"略微具备一点进取精神"。中江兆民接着说的一段话令人深思,他说:"一个国家的人民,无论什么阶级或什么职业,都满足于小小的成功,而不进行重大改革的时候,对于这个国家来说,实在是应当寒心的。"③历史和现实都昭示人们,改革、进取、创新、经济发展、社会进步,都是内在地联系在一起的,在 21 世纪,一大批具有开拓进取精神的企业经营管理者的涌现,将带来中国经济的更大飞跃和社会的更快进步。

二、敢闯求实精神

邓小平同志指出:"改革开放胆子要大一些,敢于试验,不能像小脚女人一样。看准了的,就大胆地试,大胆地闯。……没有一点闯的精神,没有一点'冒'的精神,没有一股气呀、劲呀,就走不出一条好路,走不出一条新路,就干不出新的事业。"④这揭示了改革开放时代的人们应具有的人格特征,对于企业经营者有着特殊的道德价值。

敢闯是一种精神状态,它在气势上压倒了困难,充分体现了敢闯者对前途的自信心,没有在自信心基础上的敢闯精神,任何企业家都不会获得成功,电脑大王王安博士在美国的创

---

① 《论语·述而》。
② 《老子》六十四章、六十七章、二十二章。
③ [日]中江兆民:《一年有半,续一年有半》,杨扬译,商务印书馆 1997 年版,第 41—42 页。
④ 《邓小平文选》第 3 卷,人民出版社 1993 年版,第 372 页。

经济伦理学

业史正是体现了这一道理。20 世纪 40 年代,王安远渡重洋,留学美国攻读博士学位。他在哈佛大学获应用物理学博士学位后,在该校计算机实验室的研究工作中发明了计算机的重要元件——存储磁芯。具有敢闯精神的王安并不把自己的事业仅仅停留在研究上面,而是迅速把自己的发明应用于计算机的制造中,要闯出一番大的事业。1951 年,他以 600 美元的积蓄创办了"王安实验室"。当时,王安的一些亲朋好友认为,亚洲人在美国受歧视,在当权阶层一统天下的领域开办公司不太明智,他们估计王安会失败。但是,王安经过谨慎考虑后,决心冒风险创大业。几十年后,王安的电脑事业获得了巨大的成功。1986 年,他的公司拥有员工 3 万人,营业额高达 30 亿美元。王安在其《自传》中说:"收集情况,并在考虑行动方针时分析这些情况,是十分重要的,然而世界的发展全在于具体行动,而采取行动是需要信心的。"[1]

处于改革开放时代的中国企业经营者与王安所处的社会历史背景有着巨大的差异,但是王安在创业过程中所表现出来的在自信基础上的敢闯精神,也是当代中国企业经营者所应具备的。敢闯必然要敢冒风险。"不冒点风险,办什么事情都有百分之百的把握,万无一失,谁敢说这样的话?"[2]在市场经济条件下,风险与竞争是相互伴随的。竞争的结果是优胜劣汰,而在竞争前,每个参与竞争的生产者、经营者都有失败的可能。马克思把私人劳动转化为社会劳动的过程,即商品生产者通过交换使其产品得到社会承认的过程,称之为"惊险的跳跃",这是一种形象而又深刻的比喻。企业经营者在市场激烈的竞争中,作出的任何决定都是有风险的,重大决定就有重大风险。一个思想观念停留在计划经济时代,害怕风险的企业经营者,绝不可能在市场经济中有大的作为。

企业经营者敢闯、敢冒风险的精神集中体现在决断魄力上,决断魄力是抓住机遇的关键。我们面临的是瞬息万变的信息社会,在客观的机遇面前,谁善于审时度势,不失时机地快速决策和快速启动,谁就能在竞争中处于有利地位。拖延决定,"一看二慢三通过",不仅丧失了机遇,而且在拖延过程中可能产生更多更大的新风险。企业的经营并不是单个人的行为,它需要团结、组织一批人共同进行。决断魄力使经营者在群体中树立了良好的形象,使大家对你充满了信心,愿意在你的领导下,全力以赴地去奋斗。犹豫不决,模棱两可,表明领导者本身缺乏信心,缺乏明确的方向,群众就会持观望态度,群众力量就无法形成合力,失败的风险就会上升。

企业经营者的敢闯精神又必须与求实态度结合在一起。敢闯敢冒风险决不是蛮干,经营者的决断是建立在切实的情报工作和细致的方案比较基础上的,掌握尽可能多的信息,才能"耳聪目明"。而设计各种具体方案并相互比较,在相互取长补短的基础上,可使方案更加优化,从而提高决断的质量。在实现企业目标的过程中,企业经营者要鼓实劲,不要鼓虚劲,要踏踏实实地工作,切实解决问题。

三、崇尚科技精神

在现代化的商品经济即市场经济中,经济竞争愈演愈烈,究其实质是科学技术的竞争。

---

[1]《美国电脑大王王安博士自传》,北京航空学院出版社 1987 年版,第 48 页。
[2]《邓小平文选》第 3 卷,人民出版社 1993 年版,第 372 页。

据统计,在刚刚进入现代科学技术发展阶段的 20 世纪初期,科学技术在经济中所占的比重为 20%左右,而到 80 年代,一些发达国家科学技术在经济增长中所占比重已达 60%至 80%。这就是说,当今发达国家经济增长中,约四分之三是靠科学技术来实现的。

在市场经济社会中,要获得竞争的有利地位,就必须降低成本和原材料消耗。而随着经济的发展,依靠矿产资源和廉价劳动力促使经济发展的作用日益缩小。资料表明,50 磅至 100 磅玻璃纤维电缆传递的信息量与一吨铜线电缆传递的信息量相同,而生产 100 磅玻璃纤维所消耗的能源只有生产一吨铜线电缆所消耗能源的 5%。光纤通信的普及导致金属材料价格下跌,并大大节省能源。企业经营者要充分认识科学技术在经济竞争中的地位和作用,充分利用高科技手段来发展生产,提高经济效益。

我们的党和国家在实行经济体制从传统的计划经济体制向社会主义市场经济体制转变的同时,提出了在经济增长方式上,要从粗放型向集约型转变,这种转变是具有战略意义的。在新中国成立以后的相当长一段时期内,我国经济走的是一条粗放型发展的道路。其主要特征是:经济增长主要依靠大量增加物质投入,投入产出率低、经济效益低;技术进步缓慢,生产工艺设备落后;资源浪费严重,生态环境恶化;产业结构不尽合理,产品质量差,附加值低;依靠高投入支持高增长,多次造成投资需求膨胀,导致经济总量失衡。就历史条件而言,由于当时处在从一个农业国向一个工业国转变的起步阶段,从发展上看是处于工业化的中前期,同时与此对应的体制选择是高度集中的计划经济体制,因此粗放型的经济发展是一个必经的历史过程。

随着改革开放的进行,一方面我国居民的消费水平和消费质量迅速提高,物质生活迅速改善,再继续进行粗放型的生产,已难以提供符合消费要求的产品;另一方面国内市场与国际市场更紧密地联系起来,只有集约型的生产,中国产品才能在国际市场上有较强的竞争力。如果企业没有及时地随同市场需求的变化调整生产结构,提高生产技术水平,增大产品的科技含量,那么在趋于激烈的市场竞争中就会处于越来越不利的境地。随着社会主义市场经济体制的建立,转变经济增长方式是企业发展的必由之路,只有重视产品的科技含量,才能使企业成为竞争中的强者。

企业经营者崇尚科技的精神表现在他重视对科技经费的投入上。搞科技开发与研究,没有一定的经费的投入是不行的。经费从何而来?银行贷款是一条途径,国家拨款也是一条途径,但最根本的途径是建立一套科技投入产出的良性循环体制。科技开发与研究,提升了产品的档次和品牌的含金量,提高了产品的毛利水平,而不断提高的毛利水平使企业得以逐年增加科技投入。增加投入又促使产品的科技含量越来越高,进一步提高了产品的毛利水平,于是一套"投入——产出——再投入"的良性循环体制形成了。作为企业的经营者,不仅要着眼于眼前的利益,更要着眼于长远的利益,这样才能重视对科技经费的投入。

企业科技开发与研究的主体是科技人员,他们的素质与积极性往往决定着企业产品的命运。企业经营者崇尚科技的精神也表现在尊重企业科技人员的劳动,充分调动他们的积极性上。经济竞争的实质是科技的竞争,而科技竞争的背后是人才竞争。企业拥有了一流的科技开发与研究人员,才可能开发出一流的产品。上海家化的成功经验之一在于组织了一支高素质的科研队伍,并充分调动了这支队伍的科研积极性,因而产生出一系列有较高科技含量的化妆品,在市场竞争中赢得了主动。他们的经验值得其他企业借鉴。

企业经营者崇尚科技的精神还表现在要以开放的心态学习国内外的先进科学技术,追赶世界科技潮流。开放的心态要求企业经营者站在国内外先进科学技术的制高点上,分析自己产品的不足,借鉴和吸收世界高科技产品的优点,生产优于竞争对手的新产品。博采众长,才能与世界科技发展同步。企业经营者还要走出企业的圈子,以开放的心态与科研单位、高等院校实行横向科技联合,建立企业科研与开发的核心层、紧密层、松散层,更好地为企业的发展服务。

第二节　与人际关系协调相联系的道德素质

　　人们在进行生产活动、经营活动时,总要结成一定的人与人之间的关系。人际关系的融洽与否,对人们的生产活动、经营活动有着举足轻重的影响。企业经营者在人际关系方面具有较高的道德素质,有利于树立良好的企业形象,有利于企业内部凝聚力的增强。相反,企业经营者缺乏这方面的道德素质,将使企业信誉下降,人心涣散,最终导致企业经营的失败。

　　企业经营者在人际关系方面的道德素质之所以起如此重要的作用,这是由企业经营者在企业经营活动中的地位所决定的。企业经营者作为企业的领导者和管理者,不仅要协调企业外部的人际关系,而且要理顺企业内部的人际关系。各种人际关系常常会发生矛盾和冲突,通过法制手段来加以调节是必要的,但还要通过道德手段,沟通感情,化解矛盾。企业经营者是员工的表率,他们在人际关系方面的表现影响到他们在管理方面的道德威信,"其身正,不令而行;其身不正,虽令不从"。[1]

　　要处理好人际关系,必须要有一定的技巧。随着竞争机制进入社会生活的各个领域,企业内外各种人际"摩擦"也许会有所增加,在这些"摩擦"中加些"润滑油",减少些"摩擦系数"是需要的。也就是说,懂得和掌握一些人际关系处理中的技巧,不无裨益。但是光靠技巧就能处理好人际关系吗?非也。隐藏在纷繁复杂的人际关系背后的是利益关系,在处理人际关系时,必须首先正确处理各种利益关系。在考虑自身利益时,也要考虑他人利益、集体利益;关心自己也要关心他人,理解自己也要理解他人,尊重自己也要尊重他人。如果一个人的道德素质很差,虽然精于人际关系技巧,也只能取悦他人于一时。人际关系的和谐必须以良好的道德素质为基础。

　　与西方国家不同,东方国家非常注重经营活动中伦理关系的道德协调,日本的企业经营者善于运用道德手段调节企业内部和外部的伦理关系,获得了成功。美国专家在归纳日本经济管理方法的最重要成果时指出:"它们在远超过美国的范围内,让组织中的每一个人都处于活跃状态,寻找机会把事情办得更好,并力求通过每一个小贡献使公司取得成功。这就像建造金字塔或观察一群蚂蚁的活动那样:几千名干'小'事情的人,为着同一个主要目的,就能移山倒海。"[2]美国专家将这里的"主要目的"概括为六点:

　　1. 公司是一个统一体,人在其中生活,应当与它打成一片并从属于它,它值得雇员和社

---

① 《论语·子路》。
② 〔美〕理查德·帕斯卡尔等:《日本的管理艺术》,张宏译,科技文献出版社1987年版,第202页。

第十章　企业经营主体的道德素质

171

会的赞扬和称许。

2. 公司的外部市场强调的是公司的产品和为人们服务的价值。

3. 公司的内部工作注意效率、成本、生产率、创造性、解决问题和关心顾客。

4. 公司要关心各类生产人员的需要，并把每个雇员看作是受尊重的人。

5. 公司明确地尊重周围较大的社会群体的准则、期望和合法要求。

6. 公司尊重对文化中"精华部分"的基本信仰。

从以上美国专家的总结中不难看出，日本的企业经营者以"尊重"、"关心"、"整体至上"的道德价值观来调节人际关系，使"每一个人都处于活跃状态"，即调动了每个人的积极性，从而产生了"移山倒海"的力量。他山之石，可以攻玉。日本企业界成功的经验也使我们窥见了企业经营者在处理人际关系中应具有的道德素质，为我们认识、培养当代中国企业经营者在这方面的道德素质提供了有益的启示。

在文化背景方面，中国与日本有着许多血缘关系，双方的借鉴和吸收较之西方国家，较为容易些。然而，在社会制度方面，中国与日本是截然不同的，中国的市场经济是与社会主义制度结合在一起的，当代中国企业的内外部人际关系，不仅具有市场经济的特点，而且要反映社会主义制度下人际关系的特点。当代中国企业经营者，特别是国有企业的经营者，必须充分认识到这一点。在此基础上建立起来的道德素质，才是我们社会所要求的。那么，具体说来，当代中国企业经营者在人际关系协调方面的道德素质应包含哪些内容呢？

第一，诚实守信。在经济活动中，诚实守信是经营者所应具备的待人处世的基本道德素质。中国传统伦理思想中，诚信有着极高的地位。孟子说："诚者天之道也，思诚者人之道也。至诚而不动者，未之有也；不诚未有能动者也。"[①]孟子的诚是真实不欺之意，他认为，真实不欺是自然的规律，追求真实不欺是做人的规律。极端诚心而不能使人感动的，是天下不曾有过的事；不诚心没有能感动别人的。尽管孟子与荀子的思想在许多方面是对立的，但在论述"诚"的方面却惊人的一致。荀子说："君子养心莫善于诚，致诚则无它事矣。……诚心守仁则形，形则神，神则能化矣；诚心行义则理，理则明，明则能变矣。……天地为大矣，不诚则不能化万物；圣人为知矣，不诚则不能化万民；父子为亲矣，不诚则疏；君上为尊矣，不诚则卑。大诚者，君子之所守也，而政事之本也。"[②]荀子所说的"诚"才能化万物，"诚"是"君子之所守也"正是孟子"诚者天之道也，思诚者人之道也"的另一种表述。

诚与信，两者的含义在本质上是相通的。许慎《说文》曰"诚，信"，又曰"信，诚也"。信的本意为诚实不欺，恪守信用。孔子把信视为"仁"的主要德目，并主张"敬事而信"、"谨而信"，[③]他认定信是治民、用人、交友等人际关系的重要原则。孟子进而把"朋友有信"纳入"五伦"规范，这在伦理思想史上几乎是尽人皆知的。

中国古代的先哲们对"诚信"道德原则的阐述，是中华民族宝贵的思想资料，但这些道德原则是建立在封建的自然经济基础之上的。在社会主义市场经济条件下，我们既要继承前人的积极思想成果，又要根据变化了的社会条件，在处理人际关系中正确认识和践履"诚信"

① 《孟子·离娄上》。
② 《荀子·不苟》。
③ 《论语·学而》。

经济伦理学

道德原则。

企业经营者讲诚实守信,有利于建立良好的社会主义市场经济秩序。社会主义市场经济秩序的形成和建立,需要一整套相应的法律和制度,同时也需要企业经营者以诚实求信的道德原则来规范自己的行为。设想一下,如果企业经营者普遍缺乏诚实的道德素质,做假账,偷税漏税,搞不正当的经营活动,难道会不影响社会主义市场经济秩序吗?如果企业与企业间不守信用,互相借债不还,"三角债"的情况就无法解决,这也难道会不影响社会主义市场经济秩序吗?社会主义市场经济活动本身就要求人们以诚实的态度从事经营活动,以信用为重的原则处理企业与企业之间的关系,诚实守信,是建立良好的社会主义市场经济秩序的重要保证。

企业经营者讲诚实守信,有利于建立良好的企业形象。市场经济的发展,使企业间的竞争日趋激烈。这种竞争不仅表现为价格的竞争、服务的竞争,同时也更多地表现为企业形象的竞争。企业经营者以诚实守信为信条,才能在消费者中建立良好的企业形象,杭州胡庆余堂是晚清"红顶商人"胡雪岩于清朝同治年间创建的,一百多年来,这家企业的店堂内一直挂着由胡雪岩手书的"戒欺"横匾。匾上还注有数行小字,写着:"凡百贸易均着不得欺字,药业关系性命,尤为万不可欺。余存心济世,誓不以劣品弋取厚利,惟愿诸君心余之心,采办务真,修制务精……"由于这家店坚持了"戒欺"的店规,用货真价实的产品做出了牌子,因而在消费者的心目中建立了良好的企业形象,企业的经营也百年不衰。胡庆余堂的百年历史昭示人们,企业经营者诚实守信的道德素质,是在消费者心目中建立良好企业形象的关键,是企业生存发展的重要条件。反观现实生活中的某些企业经营者,弄虚作假,欺骗消费者,虽然有时也能得利于一时,但最终将自食恶果。为了建立良好的企业形象,在社会主义市场经济的发展中,也涌现了一些新的做法,例如"承诺制",即企业对产品或服务的质量实行承诺。这些做法受到了消费者的欢迎,企业的良好形象也随之建立起来了。

企业经营者讲诚实守信,也有利于经营者在企业内部树立道德威信。企业经营者在经营活动中要扮演管理者的角色,而道德威信是搞好管理的必要条件。道德威信从何而来?诚信是根本的一条。经营者在企业内部人际关系中,以诚待人,不弄虚作假,注重信用,才能在员工中赢得威信。

第二,公正待人。公正问题具有深刻的思想理论内涵,也具有重大的社会生活价值。在经济活动中,企业经营者通过人们对自身利益的关心所产生的动力和激励作用,提高生产者的劳动积极性,从而提高经济效益。从理论上分析,这里企业经营者运用功利原则为企业的经营活动服务。但是,现实生活又告诉人们,企业的经营管理不仅需要功利原则,而且需要公正原则,才能切实有效地调动企业成员的积极性。

功利原则能不能包括公正原则?著名的功利主义伦理学家约翰·斯图亚特·穆勒断言:"(社会和分配的公正)已包含在功用原理,即最大幸福原理的本义内。"[①]这就是说,凡符合功利原则的也符合公正的要求,因为公正是包含在功利原则中的。但他的这一观点难以自圆其说。因为功利原则要求我们在决定怎么办时,计算每一行为、做法或规则对每一个人的影响,而且在计算每一行为或规则的比分时,不管有关的人是谁,对同等的结果要作同等

---

① [英]穆勒:《功用主义》,唐钺译,商务印书馆1957年版,第66页。

的衡量,可是,仍然会有这样的情况,即两种选择是按不同的方法分配同样数量的善,功利原则不能给我们指出应选择哪一种分配方法,而这只有依赖于公正原则。简言之,功利原则更多地属生产伦理,有助于提高效率,而公正原则更多地属分配伦理,有助于分配的合理,两者必须结合起来。

从改革开放后企业内部的人际关系分析,企业成员对企业经营者的最大呼声是利益分配要公正。经济体制的改革打破了平均主义,拉开了收入的差距,但谁应该多得,多得多少,都涉及公正问题。企业经营者要有效地提高企业成员的劳动积极性,就必须充分注意企业分配中的公正问题,以协调好人际关系。

公正通常被看作是个人权利和义务的平衡,是劳动贡献和报酬,功绩和它们被社会承认的程度,罪和罚等等之间的一致。如何理解企业内部的公正原则?这种公正原则一方面应是起点上的平等,也就是员工获取收入的机会均等,具体表现形式是竞争上岗,另一方面应是结果上的按劳分配,根据劳动的绩效拉开差距,在实施公平原则时,企业经营者还要注意收入差距的适度和"左邻右舍"间协调的问题。当前,企业中迫切需要解决的不公正现象是:在优化组合、确定上岗名单中,没有进行公开、公平的竞争,上岗与否取决于员工与企业经营者的亲疏关系;在经营管理人员、营销人员与生产人员之间,收入比例不合理等等。这些不公正现象的蔓延滋长,势必影响企业经营者的威信,影响企业的凝聚力。企业中不公正现象的解决有赖于各种体制的完善,也有赖于企业经营者自身道德素质的提高。

第三,宽容大度。宽容大度是企业经营者在处理人际关系中极为重要的道德素质。所谓宽容大度,就是在处理人际关系时,要气量宽宏,能够容人。林则徐说:"海纳百川,有容乃大。"气量大的人,容人之量也大,能和各种各样的人和谐相处。"大度集群朋",在有宽容气量人的周围,必然能集结起大群知心朋友。而有些心胸狭窄者,容不得别人特别是容不得在某些方面比自己高明的人,则必然成为孤家寡人。企业经营者,作为企业的决策者和指挥员,不可能事必躬亲,他必须依靠领导班子的其他成员去处理各种有关事务。在企业众多的人际关系中,首先要以宽容大度的精神处理好领导班子内部的人际关系,切忌明争暗斗。领导成员之间常常会发生一些矛盾、纠纷,尽管这些矛盾、纠纷中一部分也许带有一定的原则性,但大多数是无原则性的,是相互之间小的摩擦、矛盾引发的。如处理不当,矛盾逐步升级,矛盾的双方互相用自己掌握的权力作为对抗对方的资本,以致闹得不可开交。企业领导班子内部长期"内战"不休,则企业"危机四伏,管理混乱,经营亏损"。这样的例子在现实生活中是不少的,应引以为戒。如果企业经营者能够在领导班子中创造一种宽容大度的气氛,化解矛盾,理顺情绪,那么个人的恩怨不再会沿着损害领导班子团结的方向发展,或许它将会在萌芽状态被消解,企业也将会有更好的发展前景。

企业经营者不仅要在领导班子内部做到宽容大度,而且在处理与下级关系时也应宽容大度。上下级之间,由于各人所处的角色不同,经常会发生矛盾。有些企业经营者心胸狭窄,当下级提出不同意见时,总想压服对方。一旦对方压而不服时,又从狭隘的报复心理出发,给对方"穿小鞋"。这样,导致了上下级关系的严重对立,不仅没有提高企业经营者的威信,相反却使企业内部上下级关系处于高度紧张状态,员工的积极性受到巨大打击,一些确有才干的人才为了摆脱此类"小鞋"之苦,不得不设法向其他企业流动,最终遭受损失的还是企业。无论是同级还是上下级关系中,企业经营者都应以宽容心对待不同意见。俗话说"宰相肚里好撑船"，其中就蕴含着对管理者、领导者的要求。对于每一个问题，每个人可从不同的方面提出赞成或反对的意见。

企业经营者要以宽容的态度对待不同的意见。"兼听则明"，无论是赞成意见还是反对意见，对于经营者的决策都可产生积极作用。对于企业经营者工作政绩的评价，经营者不能只听肯定性评价，而拒绝否定性评价。即使一个人的经营管理再出色、再有成效，也永远有人不满意。"如果你想有所作为，就要准备承受责难。"对于责难的宽容，就可以获得更多的信息，就可知道自己的不足，就可以更加了解下属，同时在员工中树立起经营者良好的形象。

企业经营者还应以宽容心对待人才。人才虽有所长，也必有其缺点，而且常常是优点越突出，缺点也越突出。经营者既要用其长，又要善于容忍他的弱点。当然，容才之量不是说对人才的缺点不批评，而是要讲究方式，动之以情，晓之以理。在许多情况下，一个心胸狭窄的经营者耿耿于怀的并不是人才的缺点，而是人才的特点。例如人才不对上级的每个意见随声附和，而往往固执己见。企业经营者对人才要宽容，就必须正确处理个人尊严与事业的关系。不能把一些敢于提出不同意见的人看作是"大逆不道"，有时看似损失了一些"个人尊严"，但对事业的发展却是有利的，对此，企业经营者要有一个正确的认识。

中国古代伦理思想中有一个重要命题："将心比心"。一个人只有设身处地为他人考虑，而不是仅仅从自身出发，了解来龙去脉，才容易理解别人，宽容别人。从某种意义上说，宽容来源于理解，而理解基于沟通。因此，企业经营者应与同级或下级多多相互交流意见，增进了解，培养感情，以造就宽容、和谐的人际关系。

第四，关心员工，尊重员工的人格。企业经营者激励员工献身企业，不仅要运用物质利益原则，而且要贯彻关心人的伦理原则。一要关心员工的工作条件和劳动环境，不能为了追求经济效益而损害员工的身心健康。二要关心员工的生活状况，嘘寒问暖，如有生活困难，应帮助解决。人都需要别人的关心和爱护。关心员工，使员工在精神上得到了满足，从而激发起他们持久的工作热情。

关心员工，是一种"感情投资"。日本的一些企业正是运用这种"投资"，融洽了企业内部的人际关系，创造了经济的奇迹。日本的一些企业经营者在员工过生日时，亲自登门送礼品；有的企业经营者走访员工家庭，以示企业对他们的关心；有的企业经营者在职工业余活动时，亲自出席助兴。有位美国专家曾对在美国的12家日本子公司的美国雇员进行了调查，这些美国雇员都谈到公司对雇员个人的关心。在日本人管理的公司内，管理人员比美国公司的那些管理人员更经常地与下属并肩工作，增加接触。就花在每个雇员身上的社会活动和娱乐活动方面的平均费用而言，日本的子公司是美国人管理的公司的三倍。

关心员工与尊重员工又是紧密联系在一起的。企业经营者与员工是上下级关系，有些是雇佣与被雇佣关系，但在人格上是平等的，应相互尊重。企业经营者在管理过程中，应尊重员工的人格。有些企业发生了失窃现象，企业经营者以此为理由对员工上下班进出进行搜身，这是对员工人身权利的侵犯，是不尊重员工的表现。有些员工犯了错误，有的企业经营者在经济处罚的同时，还进行了体罚。企业经营者的管理不能在超越法律与道德的范围内进行，尊重员工是企业经营者必须具备的道德素质。要做到这一点，企业经营者要正确认识自己与员工在人格上的平等关系，同时也要重视自身的修养，用文明的方式进行企业管理，才能实现严格管理与尊重员工的统一。

第三节　与内在德性相联系的道德素质

随着市场经济的发展，人们对于社会生活需要一系列法律规范和道德规范来维持其健康运转，有了更清晰的认识。在道德素质中，重视对规则的服从和遵守是现代伦理生活的一大特点，企业经营者从经济生活中操作规范的重要性也会感悟到道德规则的意义，但企业经营者的道德素质仅仅停留在因为奖惩而遵守某种道德规范，只是道德的他律阶段。只有把外在的规范转化为内在的信念、意志，并自觉诉诸行为，才是道德的自律阶段，才是我们所要达到的目标。规则伦理是重要的，但规则伦理不能仅停留在规则上，而应把它与人的内心世界的塑造联系起来，与人的德性培养结合起来。规则伦理应该而且能够与德性伦理成为一个统一体。

"德性"或称"美德"，这是伦理学的基本概念。在中国，以孔孟为代表的儒家学说非常重视人的德性的培养和教育，这些学说至今仍不失其价值。在西方，亚里士多德以德性为核心，建立和形成了他的伦理学体系，两千多年后，面对西方的道德困境，美国伦理学家麦金泰尔又重提亚里士多德的德性传统，引起了国际学术界的高度重视。各派伦理学说对德性有着各种不同的理解，并有着不同的分类。德性可分为两大类：外显的德性与内在的德性。前两节所述的"与生产力发展直接联系的道德素质"、"与人际关系协调相联系的道德素质"的内容，笔者将它们归之于外显的德性，本节阐述的内在德性主要是基于人生观与价值观的内心世界的塑造。

企业经营者是否要注重内心世界的塑造？回答应是肯定的。日本的企业之父涩泽荣一在其经典名著《商务圣经》中提出了"士魂商才"的儒商人格理想，这一人格理想是传统儒家"内圣外王"人格理想的现代诠释。"士魂"就是"内圣"，要以儒家以天下为己任的精神塑造自己的内心世界，"商才"就是"外王"，要以卓越的经营才干开创工商事业。涩泽荣一认为，"所谓商才，原应以道德为本，舍道德之无德、欺瞒、诈骗、浮华、轻佻之商才，实为卖弄小聪明、小把戏者，根本算不得真正的商才。商才不能背离道德而存在"。[①] 涩泽荣一不仅提出了"士魂商才"的人格理想，而且身体力行。他曾在日本出任大藏大臣，掌理国家财政。辞官经商前，他经历激烈的思想斗争，商界是一个利益争夺的场所，投身其中常常会被污染，甚至会被毁灭，但是，工商又为富民富国之所需，作为一个以家国天下为己任的有志者，最终他毅然投入商界。同时，他又以儒家的道德理想作为自己心灵的支柱，决心在实现富民富国的理想的同时，保持自己高尚的人格不受玷污。后来，他正是数十年如一日地恪守自己立下的这一人生信条。

涩泽荣一的观点和人生经历给当代企业经营者以深刻的启示：首先，塑造高尚的内心世界，才能更好地在经营中大展宏图。涩泽荣一作为企业之父，创立了日本第一家股份制银行，并参与创立或主持了日本五百多家大企业，如王子制纸会社、日本邮船会社、大阪纺织会社等，这些企业已时逾百年，在今天的日本乃至世界仍具有巨大影响。没有富民富国的理

① ［日］涩泽荣一：《商务圣经》，宋文等译，九洲图书出版社1994年版，第5页。

经济伦理学

想,涩泽荣一就会缺少巨大的精神动力,就难以对日本的经济发展作出如此巨大的贡献。处于世纪之交的当代中国,要实现民族经济的腾飞,需要一大批大手笔的企业经营者。这些企业经营者如果没有高尚的内心世界,就不会有开阔的视野、远见的目光、过人的胆略。仅仅为了个人发财致富,其所创造的业绩必定有限。其次,塑造高尚的内心世界,才能在经营活动中保持健康的人格。涩泽荣一在进入商界前的担忧并不是没有道理的。经济活动中,人人都在追逐利益,利益是经济活动的杠杆。但其中又充满诱惑与陷阱,面临人格沉沦的危险。在当代中国,企业经营者的经营活动在一定程度和一定范围里是受到法律监督的,但由于中国社会主义市场经济体制建立的时间还不长,法律监督机制还不够完善,企业经营者的活动更需要自我道德约束。有些企业经营者内心世界存在缺陷,在财色面前打了败仗,结果身败名裂。

在社会主义市场经济的发展中,社会舆论迫切希望企业经营者能重视自身内在德性的修养,在社会生活中树立良好的道德形象。

第一,树立义利统一的价值观,是企业经营者内在德性的基础。企业经营的特点是要获利,获利的大小意味着企业经济效益的优劣。这似乎给人们造成了一种假象:企业似乎只要追求经济利益就行了,其他都是多余的了。而企业经营者"放于利而行",势必造成"多怨"。社会所痛恨的是企业及其经营者见利忘义的行为,为了企业或个人的私利,而损害了社会及他人的利益。义利关系问题自古以来就是中国伦理思想的核心问题,对于企业经营者来说,又是须臾不可回避的问题。

何谓"利"? 利指利益、功利,主要指物质利益与欲求。何谓"义"? 义指人们的思想和行为符合一定的道德标准。在价值观上,人们"不会违抗利益的激流",正如"河水是不向河源倒流的",利益是人们价值评价和价值远择的基础。即使是孔子,作为具有重义轻利倾向的儒家代表人物,对于利也并不全盘否定。他提出,"见利思义"①,"富与贵,是人之所欲也;不以其道得之,不处也"。② 见到利,首先不是拒绝它,而是考虑它是否合乎道德,然后决定取舍。做官发财是人们所追求的,但不用正当的方法去得到它,君子不接受它。这就是说,我们可以接受符合义的利,但必须拒绝违背义的利。当代中国的企业经营者的当务之急是用健康的道德精神来支撑自己的内心世界,为自己经商谋利的利欲活动安一个合理的伦理动机,确立一个神圣的价值指导原则,这个指导原则应是"义利统一"。

义利统一,可以从两个层面上加以理解:一是以人民大众之利为利,则利则义。古代墨家认为,义就是利,两者是一回事。他们把利理解为公利,在此基础上把义利统一起来了。在经济活动中,符合人民大众之利的事业必然符合道德标准,这里利即是义是毫无疑问的。二是在谋利的过程中,必须用道德规范其行为。用不正当的手段谋利,是违背义利统一原则的,必须反对;而用正当手段谋利,是义利统一原则所支持的。

义利统一的价值观要求企业经营者正确对待金钱,反对拜金主义。搞市场经济,就必须有商品交换、货币交换,金钱有其不可代替的作用。但人们对于金钱的态度,可能有两种情况:一种是获得金钱以满足生活和完成事业的需要,金钱的价值在于能用它来买东西,而另

---

① 《论语·宪问》。
② 《论语·里仁》。

一种是将金钱作为神灵一样来跪拜，为了得到它，可以不择手段。用通俗的语言来比喻的话，这就是前者将金钱视作"仆人"，金钱为一个人的生活和事业服务，而后者将金钱视作"主人"，被金钱牵着鼻子走。显然，前者的态度是正确的，而后者是错误的。把金钱当作偶像崇拜就是拜金主义。拜金主义割裂了义和利的关系，见利忘义，践踏了人类神圣的德性原则。

在近代史上，欧洲的人文主义者为了捍卫自己的理想和价值观而在人类文化史上留下了宝贵的批判拜金主义的典籍。莎士比亚曾斥责金钱是"万恶的渊薮，一切罪恶行径的根源"，这对拜金主义者来说是非常适用的。在市场经济条件下，一些企业经营者因崇拜金钱而失足，跌入了犯罪的深渊。从思想根源上来分析，现在社会上一些人认为"现在社会中只有钞票是真的"的思想是产生拜金主义的温床。"只有钞票是真的"意味着在当今花花绿绿的现实世界中，任何事情都可以用金钱来加以解决，这是片面的。诚然，金钱在社会生活中的地位和作用不可低估，然而，在市场经济社会中，还有许多东西不能贴上价格标签，以市场形式进行交易。换言之，市场经济社会中的人类活动既有市场形式，又有非市场形式，金钱并非能买到一切。社会拒绝将自身变成一架支付一定量货币便可换取一切东西的售货机。诚然，商品和服务都可以由金钱所标定的单一尺度来计量，它们的价值都能成为可比的：一本书等于 10 个面包或两瓶啤酒。但是，权力、人格和感情不能贴上价格的标签。全国著名劳动模范、"抓斗大王"包起帆说得好："不管市场经济如何发展，人还是要有尊严、理想，要有精神的，特别是共产党员，因为人的尊严，人的理想，人的精神是不能用金钱来衡量的。"有一次，包起帆到南方去转让一个技术项目。白天洽谈时，双方说定转让费 12000 元。晚上，包起帆的房门被对方敲开了。来人是对方厂长，厂长说："我给你出个好主意，你就把这图纸留下，我给你 6000 元现金，也不要什么发票啦，你回去就说没谈成。"包起帆面对对方的所谓"好主意"，断然予以拒绝。他意味深长地说："金钱有价，人格无价，共产党员任何时候都不能做让国家吃亏的事啊！"包起帆对待金钱的正确态度与高尚境界值得企业经营者学习。当然，企业经营者也是有层次的。作为一般企业经营者，只要能做到不唯利是图，遵纪守法，就是"达标"了。而对于国有大中型企业的经营者，他们中的许多人是共产党员，他们所承担的责任要求他们具有比一般人更高的道德境界。向包起帆学习，更多是指后者。

第二，协调好物质生活与精神生活的关系，是企业经营者内在德性的重要内容。市场经济的发展，带来了商业的繁荣，人民物质生活水平的提高。企业经营者收入不菲，在物质生活的提高方面往往走在社会其他成员的前列。现实向企业经营者提出了一个尖锐的问题：在物质生活日趋充裕的情况下，如何保持精神生活的充实与高尚？一些企业经营者出入于豪华酒家、高档舞厅、高档卡拉 OK 包房，在灯红酒绿之中，为了寻求精神刺激，填补精神空虚，不良情欲开始滋长。更有甚者，抵挡不住种种诱惑，或嫖或赌或吸毒，败坏了社会道德风气，影响了企业经营者的道德形象，并成为一个突出的社会问题。要解决这一社会问题需要综合治理，但基础性的工作是站在人生观的高度，从物质生活和精神生活的关系入手，解决好企业经营者内在德性的问题。

人都有七情六欲，欲望是人的一种存在形式。孟子说："天下之士悦之，人之所欲，……好色，人之所欲，……富，人之所欲，……贵，人之所欲。"[1]尽管欲望在孟子学说中的地位并

---

[1]《孟子·万章上》。

不高,但他在一定程度上肯定了人的欲望的存在。荀子认为欲望是与生俱来的,如"饥而欲食,寒而欲暖,劳而欲息,好利而恶害,是人之所生而有也"。[①] 所以,要求这些生理欲望之满足是人之本性。换言之,也可以说欲望是人类性情的具体表现,因而也是一种客观事实。作为唯物主义者,我们当然不能否认人的欲望的客观存在。

如何对待欲望?如何对待满足人们欲望的物质享受和物质生活?从历史到现实,都存在不同的观点。

一种观点认为,对物质生活的追求导致社会淳朴风气的败坏和人的堕落,主张尽量减少或压抑这种欲望。老子说:"罪莫大于可欲","祸莫大于不知足,咎莫大于欲得"。他提倡"少私寡欲",回到人的自然状态。墨子提倡苦行,认为只有每个人的最基本的需要才是应当加以满足的,超过这个限度的一切需要都是浪费奢侈,应当加以禁止,他在《非乐》篇中说:"且夫仁者之为天下度也,非为其目之所美,耳之所乐,口之所甘,身体之所安,以此亏夺民衣食之财,仁者弗为也。"

欧洲中世纪基督教把追求物质生活的欲望作为邪念加以压抑,把肉体的需求作为罪恶加以禁止。圣经很多章节讲"两个律的交战"。所谓"两个律",即肉体欲望的规律和灵魂所遵从的上帝的律法。肉体的规律是自然的情欲,它趋向于恶行,一切世俗的罪恶都出自这肉体之律。人类只有依靠上帝的圣灵,与肉体欲望作斗争,克服肉体的规律,使自己的心完全属于上帝,服从上帝的律法,才能灭绝恶的根源,使心灵得到拯救。

另一种观点认为,追求物质生活享受是人性之使然,享乐是至高无上的,主张放弃对欲望的抑制。这种观点在近代资产阶级思想家那儿形成了一个理论体系。他们从资产阶级的人性论出发,认为人是自然的产物,人的肉体感受性决定人性必然趋乐避苦,人们追求幸福的愿望来自人的自然本性。他们把这种愿望与人的生理机能联系在一起,把满足自然欲望看作是理想的生活和幸福的基本内容。有位资产阶级思想家说:"幸福是持续的享乐,或者是相继而来的享乐,或是愉快的感觉……"在国外某些城市,曾流传过一首《享乐歌》:"你活着为享乐,我活着为享乐,今晚你我共聚一堂,何不一起享乐。"然而,人欲横流,物欲横流,必然为道德沦丧、社会风气败坏提供温床。

以上两种观点,实质是禁欲与纵欲的对立。当我们反省新中国成立以来思想道德发展的轨迹时不难发现,这两种观点都失之偏颇,对于社会的健康发展都是有害的。"文化大革命"时期,由于受极"左"思潮的干扰,禁欲主义在社会生活中泛滥。谁要谈到"吃、喝、穿、住"等物质生活的欲求时,就要被斥之为"封资修"的东西而加以批判。改革开放后,市场活跃,商业繁荣,人们的消费水平有了很大的提高,物质欲望也比过去更多地得到了满足。但不可否认的是,享乐主义或曰纵欲主义也蔓延滋长,侵蚀了一些人的思想和肌体。因此,我们既要反对禁欲主义,也要反对享乐主义。

马克思主义认为,人的生活包括物质生活和精神生活两大方面。物质生活是重要的,因为一方面物质生活是人得以生存、活动和创造必不可少的条件,是理想生活的基础。缺乏必要的物质生活条件必然会造成痛苦和不幸。贫穷不是社会主义,社会主义要创造更多的财富满足人民物质文化需要。另一方面,物质生活的状况同时决定和影响着人们的精神生活。

---

① 《荀子·非相》。

"对于一个忍饥挨饿的人来说并不存在人的食物形式。"①

然而，理想的生活不限于物质生活，精神生活也是一个重要方面，而且比物质生活更高级更深刻，"吃、喝、性行为等等，固然也是真正的人的机能。但是，如果使这些机能脱离了人的其他活动，并使它们成为最后的和唯一的终极目的，那么，在这种抽象中，它们就是动物的机能"。② 人与动物的本质区别在于，人除了必要的物质生活外，还有精神生活，有精神追求。

一般说来，物质生活与精神生活难以区分孰轻孰重，但就社会生活发展的趋势来看，强调精神生活有其特殊的意义。物质生活是感性的、直观的，与人的自然本性相联系，其重要性无需多大教育就能认识，而对于精神生活的重要性的认识，需基于一定的道德修养水平。特别是科学技术的迅速发展，生产力水平的提高，人们的物质生活有了较大的改善，精神生活的充实被提到重要议事日程上来了。在 20 世纪初，一些西方思想家就注意到社会工业化以来，出现了人们感情枯竭、人格分离以及思想贫乏等令人忧虑的现象。第一个把它描述为"精神危机"的是心理学家荣格，然后诗人艾略特为之唱出了悲怆的"荒原"之歌，哲学家奥伊肯则在严肃地询问："什么是人生的意义和价值？"直到今天，一些美国的专家毫不隐讳地指出，西方属于机器人，他们缺少自然的情感生活和崇高的精神生活。美国前总统尼克松曾在就职演说中指出："我们发现自己在物质方面很富裕，但在精神方面却很缺乏；非常精确地到达了月球，但在地球上却陷入了一片可怕的混乱之中。……我们四分五裂，缺乏一致性。我们看到周围都是空虚的生活；缺乏充实的内容。"西方国家在工业化过程以来所出现的"精神危机"，反映了资本主义制度的特征，但同时又与经济发展到一定阶段人类所面临的共同课题有关，对此我们必须认真加以研究。

企业经营者要协调好物质生活和精神生活的关系，保持精神生活的充实是首要条件。这就意味着一个人必须有高尚的追求和强烈的事业心。当一个人把自己的事业与人民的利益和国家的前途联系起来时，他的思想状态将永远是积极向上的，精神生活永远是充实的。国有大中型企业的经营者的工作关系到经济体制改革的成败与否，要在这艰巨的工作中作出出色的成绩，没有高尚的追求和强烈的事业心是不行的。当一个人在为着崇高的目标、崇高的事业而奋斗时，就自然排除了由于追逐金钱、名利而引起的干扰，使自己拥有一个健康、充实的精神世界。

要保持精神生活的充实，还需要培养文明健康、丰富多样的生活情趣。文明健康的生活情趣，陶冶人的性情，有利于人的身心全面、正常的发展，它与低级、庸俗的生活情趣是根本对立的。社会生活中，黄色、淫秽的音像制品，宾馆、卡拉 OK 包房中"三陪"现象还未绝迹。追求文明健康的生活情趣，才能有效防范这些不良社会现象的侵袭。当然，文明健康的生活情趣也应是丰富多样的，集邮、摄影、旅游，参加棋类活动和球类活动，都能丰富一个人的生活情趣。企业经营者在紧张的工作之余，通过这些有益的业余爱好，能调节人的身心，保持精神生活的充实。

总之，在物质生活和精神生活的关系上，根本原则应是既肯定正当的物质享受，但同时

① 《马克思恩格斯文集》第 1 卷，人民出版社 2009 年版，第 191 页。
② 《马克思恩格斯全集》第 42 卷，人民出版社 1979 年版，第 94 页。

经济伦理学

又不能停留在肉体的需求状态中，不应当是肉体的奴隶，而应当用健康、高尚的精神指导和支配物质生活，把精神生活与物质生活统一起来。

第三，知行统一是企业经营者提高内在德性的关键问题。中国古代著名思想家荀子曾指出："口能言之，身能行之，国宝也。口不能言，身能行之，国器也。口能言之，身不能行，国用也。口言善，身行恶，国妖也。治国者，敬其宝，爱其器，任其用，除其妖。"[①]荀子在这里区分了四种人，第一种人是国宝，口言身行；第二种人是国器，身行口不能言；第三种人是国用，口言身不能行；第四种人是国妖，口言善而身行恶。通过对这四种人的不同评价，荀子强调了言行一致、行高于言的思想。企业经营者要提高内在德性，要重视知，更要强调行。

古希腊著名伦理学家苏格拉底提出了意义深远的命题："美德即知识。"他认为，知识是德行的必要条件，也就是说，任何行为只有受德性知识的指导，才可能是善的；反之，如果不受德性知识指导，便不可能为善。他甚至认为，知识是德行的充分条件；只要具备有关知识，人们就必然会做善事。苏格拉底把知和行等同起来，把知对行的指导关系看作是必然的决定关系，有失偏颇，但他把人的德行建立在普遍的理性的基础上，强调知识对德行的巨大作用，这是非常有价值的思想观点。处在经济转轨时期的中国，生产关系在社会主义基础上的变革，不能不使人们的道德观念发生变化。在个人利益和集体利益、眼前利益和长远利益、感性需要与理性需要之间，人们必须要有一个正确的认识，作为道德选择的前提。在社会价值观念发生巨大变化的时期，有时要形成正确的认识也并非易事。道德认识上的混乱，必然使道德活动走入误区。谓予不信，请看事实：

收受贿赂美其名曰："操心"理应索取；

严重渎职美其名曰：骏马也会"失蹄"；

独吞奖金美其名曰：反对"平均主义"；

伸手要官美其名曰："毛遂自荐"。

如此等等，不一而足。

"贿赂"与"操心"、"渎职"与骏马"失蹄"不可相提并论，独吞奖金与反对"平均主义"、伸手要官与"毛遂自荐"不可同日而语，两者有质的区别。提高道德认识，分清道德是非，才能产生良好的道德行为。

但是，人们有了一定的道德认识，并不一定能拳拳服膺。道德行为不仅依赖于"自觉"，而且依赖于"自愿"。亚里士多德曾指出："善是愿望的对象"，"德性是由于我们自己，出于我们的自愿"。[②] 善事，我们可以去做，也可以不去做。同样，对于恶事，也是这样。人的行善愿望与人的追求和信仰密不可分，它是人们在生活中通过自我修养逐步形成的。从这个意义上说，德性就是习惯或品性。

知行统一不仅要求企业经营者对于什么是善，什么是恶有正确的认识，而且要求在此基础上，自觉自愿地去践履，诉诸道德行为，形成道德习惯。这就要求做到：

第一，从我做起，从现在做起。中国古代的道德理论中强调"推己及人"正是包含了从我做起的意思。对德性的追求，是自我完善的行为，从我做起是应有之义。而从现在做起，才

---

① 《荀子·大略》。

② 周辅成编：《西方伦理学名著选辑》上卷，商务印书馆 1964 年版，第 305、310 页。

能体现一个人的道德决心，离开从现在做起，道德行为将会落空。有的人以"下不为例"来推诿现实的道德责任，这怎么能提高人的德性呢？

第二，大处着眼，小处着手。在道德的大是大非问题上，人们的选择应是明确而又不含糊的，而在生活中一些小事上，也应注意分清善与恶。古人云："勿以恶小而为之，勿以善小而不为。"有些企业经营者在一些小事上不注意检点，贪图他人的小恩小惠，结果被打开缺口，一失足成千古恨。积善成德，从身边的小事做起，是德性修养的必由之路。

第三，坚持不懈，孜孜不倦。一个人做点好事并不难，难的是一辈子做好事，不做坏事。在改革开放中，有些企业经营者为何会中箭落马呢？原因是复杂的。其中有的人的确是做过一些有益于人民的事，但没有坚持不懈地做下去，并正确对待自己的成绩，而是飘飘然，忘乎所以，结果跌了跟头。德性修养贵在坚持，几十年如一日。

第十一章　经济活动中的个体伦理

经济伦理学不仅要从宏观上研究制度、社会层面的经济伦理问题,从中观上研究企业层面的经济伦理问题,而且要从微观上研究个体在经济活动中的经济伦理问题。处于一定经济活动中的个体是生产关系和交换关系的承担者,他们之间的伦理关系和道德素质直接影响到企业与社会的经济发展,在经济伦理学的研究中我们必须给予足够的重视。微观层面的经济伦理问题,有其鲜明的特点,比较具体和特殊。由于各个社会的法律和道德环境不同,人们关注和敏感的问题也不尽相同,在本章中要覆盖微观层面的所有经济伦理问题是困难的。根据中国社会主义市场经济的特点和当代国际经济发展中遇到的共同的问题,本章从劳动关系、跨文化人际关系和职业道德修养三方面阐述微观层面的经济伦理问题。

第一节　员工的权利与义务

在企业的生产和经营过程中,必然会产生一定的劳动关系。在西方发达的资本主义国家中,这种劳动关系就是雇主和雇员的关系。而中国的情况与之不同,中国建立的是以公有制为主体的社会主义市场经济,在公有制经济和非公有制经济中,劳动关系有着许多不同。在公有制经济中,劳动关系是以经营管理者为代表的企业一方与职工的关系,而在非公经济中则是雇主和雇员的关系。为了表述的简便,这里通称为经营管理者和员工的关系。但在某些必要的地方,分别加以论述。

在市场经济条件下,以经营管理者为代表的企业一方和员工的权利与义务的关系是建立在契约合同基础上的。员工在完成了合同所规定的任务和职责后,从企业取得相应的报酬。企业除了支付合同所规定的员工的工资外,还应提供合乎社会标准的工作条件。这种基于双方意志签署的契约合同具有法律的效力,谁违反了合同,就要承担违约的法律责任。法律对于经济活动中劳动关系的调节是强有力的,但又不是唯一的调节手段,道德手段也是重要的调节手段。在当代中国,传统的计划经济正在转变为社会主义市场经济,传统的劳动关系正在过渡为新的适应社会主义市场经济的劳动关系。在这样的社会转型时期,新的劳动关系和旧的劳动关系并存,使整个社会的劳动关系呈现出复杂的局面。抽象的法律条文在调节社会复杂的劳动关系时,需要道德的支持,法律手段与道德手段的调节是相辅相成的。这首先表现在劳动关系的法规在制定原则上需要以一定的道德原则为前提,例如,劳动力是否如土地、资本和机器一样,是换取利润的工具? 是否应重视劳动关系上的人道主义原则? 其次表现在劳动关系的法规在内容上体现一定的道德原则,例如,禁止使用童工。再次表现在贯彻实施过程中,要用道德手段减少或避免利用法律的空隙或片面解释法规的情况。

在劳动关系上,以经营管理者为代表的企业一方和员工一方在形式上都是自由的,是平等的,但实质上不尽然。前者拥有生产资料和更多的用工主动权,处于"强势"地位,而劳动力通常供大于求,员工处于"弱势"地位,更多地被企业所选择。因此,劳动关系上的道德调节更重视前者的义务和后者的权利。以下对于劳动关系的道德调节的具体阐述正是根据这一特点展开的。

一、劳动用工中的权利与义务

关于劳动关系中双方的权利与义务,国家有关法律有具体的规定,企业和个人都必须服从这些规定,劳动合同中也会引用和反映这些规定。但这并不意味着劳动用工中的权利与义务的问题已全部解决。在不同的国家、不同的历史时期,人们用不同的道德价值观评价用工原则。日本的法律规定,雇主辞退雇员必须有正当的理由,并须提前一个月通知雇员。但在美国,实行的是"任意用工原则",这个原则表明雇主无须说明理由就可辞退雇员,甚至出于道德上错误的理由也可辞退雇员,法律上都认为没有过错。在新的历史时代,"任意用工原则"是否符合法律和道德的原则?

1982年,美国一家企业为了掩盖企业的违法行为,解雇了一名职员,目的是阻止她在调查中作证。结果,法院判决企业有权"任意"辞退雇员。面对大量类似的案件,人们对"任意用工原则"展开了一场争论。在道德评价上,"任意用工原则"究竟是善还是恶?

赞成者认为私有财产赋予雇主任意用工的权利,这种权利保证了企业的自由和效率。扩大雇员权利,会削弱企业的自主权,影响企业组织的效率和生产力。

反对者认为,不能把员工混同于机器。如果把财产权定义为物质所有权,那么雇主任意处置的只能是生产成果,而不是雇员。当雇主任意处置雇员时,是把雇员当作他的财产来处置,因而侵犯了雇员的权利。持这一观点的学者并未否定雇主的雇佣权利,而是强调雇主在行使这一权利时,不能损害雇员的权利,劳动关系应是平等的。"任意用工原则"错在任意上。也有的学者突破了传统雇主财产权框架,提出工作财产权理论,将工作权归属雇员所有。这种理论认为雇员不仅是工作场所的合作所有者,而且具有工作财产权,工作就是他最有价值的财产。工作财产权不容雇主无正当理由就予以剥夺。

从当前经济生活的实践看,"任意用工原则"已基本被正当理由解雇所代替。许多国家都制定了相应的法律,以保证劳动关系双方的正当权利与义务。法律规定,只有具有正当理由和经过一定的法律程序,才能辞退雇员。种族、性别和残疾等不是辞退的正当理由,难以得到法律的支持。但是,这并不意味着劳动关系中的权利与义务的问题彻底解决了。在实施法律条文的过程中,有些企业可能用不道德的手段,损害雇员的权利。在中国的经济实践中,这种不道德的行为有多种表现,在"试用期"上玩花样就是有代表性的一种。一些非公小企业和少数外资企业,为逃避缴纳社会保险费,纷纷利用劳动力市场化带来的双向选择之机,以"试用"为借口,故意不与职工签订劳动合同。而职工们迫于就业的压力,即使"忍气吞声"也不敢轻易丢失"饭碗"。有的企业在招聘启事中,规定所有应聘者均须经"试用"合格方可正式聘用。然而不久,那些在试用期内勤勉工作的应聘者,在莫名其妙地被辞退后,终于如梦初醒:自己原来是这家企业低价"试用"的牺牲品。[①] 当然,国家应该健全和完善劳动关系上的法规,减少一些人钻法律条文空子的空间,但道德手段介入劳动关系中权利与义务的调节是必不可少的,社会舆论应大力遣责劳动关系中的种种不道德行为,企业的经营管理者或雇主也应加强自律。

二、商业秘密、举报、电子邮件、性骚扰和员工的权利与义务

(一)商业秘密问题

企业在其生产和经营中,为了保持自身的竞争能力,必须保护其商业秘密以维护自身的合法利益。所谓商业秘密,是指不为公众所知悉、能为权利人带来经济利益、具有实用性并经权利人采取保密措施的技术信息和经营信息。具体来说,它主要是指有关企业本身活动、技术、计划、政策、记录等的非公共信息,其中包括生产过程、客户名单、市场资料和研究建议等。这些信息一旦为竞争对手获得,就会削弱企业的竞争力,极大地损害企业的利益。随着信息时代的到来,商业秘密的问题成为企业与雇员之间矛盾冲突的热点问题。

员工在为企业服务的过程中,必然接触大量的属于企业的技术信息和经营信息,而企业又必须信任他们。一方面,员工可能利用自己掌握的商业秘密在经营活动中为自己牟利。另一方面,员工在离开企业时,常常出现泄露、出卖商业机密的情况。但这些情况的认定又有其复杂性。大多数商业秘密纠纷涉及的并非纯粹信息问题。员工从一家企业"跳槽"到另一家企业,他的管理方法、研究方向、操作技能作为他的知识、思维和经验的一部分,也带到了新的企业。员工以这些知识、思维和经验为新的企业服务,是否侵犯了原来企业的商业秘密? 如果作出否定的回答,那么雇主的商业秘密如何保护? 如果作出肯定的回答,那么雇员择业流动的权利如何保护? 从美国的实践分析,它由仅仅保护雇主财产权的旧模式过渡到现在考虑雇主、雇员和公众利益以及竞争观点的兼顾模式。因为在保护商业秘密的问题中,既不能使雇员处于奴仆的地位,侵犯他们的合法权利,又不能损害企业的利益,使它们丧失创新的动力。

自从改革开放以来,商业秘密问题也经常困扰着我国经济实践中企业与员工的伦理关系。有些员工受其他公司高薪的聘请,"跳槽"到另一家公司就职,从事与原公司业务范围相同的工作。这是否违背了保护商业秘密的要求? 假定公司与员工签定的合同中明文规定,员工离职后五年内不得从事与现公司业务有关的工作,这样的规定是否合理? 由于商业秘密纠纷的复杂性,简单地下结论是困难的。但法律和伦理的精神是协调好各方的利益关系,这是毫无疑义的。

(二)举报问题

举报问题是员工与企业伦理关系中的一个有争议的重要问题。员工受聘于企业,应服从企业的利益,维护企业的利益,这似乎是天经地义的。但在企业经营管理的实践中,常常面临挑战。假如员工向上级和有关部门举报企业的违规甚至不法行为,这种行为是不是应

---

① 《经济参考报》2000 年 9 月 3 日。

该在道德上加以肯定？从企业的利益出发，员工的举报常常有损于企业的利益，似乎是对企业的"不忠"。有些举报员工也因此被"穿小鞋"，甚至以此作为"正当理由"而被辞退。然而，从社会整体利益和公民的基本权利出发，员工作为公民，其行使的包括举报权利在内的公民权是宪法所赋予的，是受到法律保护的。公民的举报对于社会的民主和法制建设，对于建立良好的经济秩序有着重要的意义。剥夺公民的举报权是非法的，在实践中对社会的稳定和发展也是有害的。

如何在理论与实践的结合上，保护作为公民基本权利的举报权，并为企业所接受？从理论上分析，解决在同一道德价值体系内的道德冲突的基本思路是以等级秩序为基础，低层次的道德要服从高层次的道德。企业在追求和实现自身利益的过程中，不能违背社会的整体利益，在道德的等级秩序中，反映社会整体利益的高层次道德处于优先的位置。企业的规章制度不能违背社会道德与法律的要求，换言之，在符合社会道德和法律要求的前提下，企业规章制度才能被认可，并真正发挥其功能。从实践上分析，必须对举报进行具体分析。举报的对象如果是企业内部的某些经营管理者，举报的内容是企业管理中的漏洞，那么这样的举报与企业的利益是一致的，举报可以在企业范围中进行，并首先通过企业内部解决。但是，如果举报针对的不是企业里个人的行为而是企业的组织行为，在企业内部难以解决的情况下，公开举报是必要的。社会应该支持和保护员工的举报权，保护他们的利益，这是民主、文明和法治社会的基本要求。这样做，也有助于企业的自律和市场经济的健康运行。

（三）电子邮件问题

电子邮件问题是信息时代企业管理中遇到的新问题。在现代社会中，随着经济运行速度的加快，人们特别是从事经济活动的人们迫切需要快速、便捷和低成本的通信方式。电子邮件适应了这种需要，因而很快风靡世界。它给企业带来了效益，同时也对企业的管理提出了挑战。员工收发的电子邮件中，既有涉及企业事务的内容，又有个人隐私的内容。有些员工利用企业的电子邮件干私活，影响了企业的工作效率，甚至极个别员工利用上网的机会，下载黄色图片，败坏了企业的声誉。为此，英国新制定了法律，认定雇主有权阅读他的员工的电子邮件，因为这个法律是从监听电话延伸到互联网的监视，既然法律上允许电话的监听，那么互联网的监视也是合法的。雇主表示由于员工的电子邮箱是他们所提供的，所以应该被允许监视员工的电子邮件。但英国个人隐私活动组织对此新法案感到不满，劳工局也反对这项新法案，而专家对此法案表示质疑，认为这涉及保护人权问题。在国内，由于网络越来越广泛地使用于企业的经济活动中，如何对员工在互联网上的表现进行管理，已提到议事日程上，并引发了争议。有一种被称为"神探"的软件，能够记录并实时监控员工在企业网络工作站所做过的事，并以图像的功能将每个员工的工作情况记录下来，企业负责人只要打开该软件浏览器，就可看到每个员工的工作表现。据悉，温州已有十余家企业安装了该种软件，一家中外合资企业的员工称，有时上网发电子邮件，给朋友的信老板都可随意看到，一点隐私都没有。一些员工也认为，使用该软件就像私自打开别人的抽屉，显然是不合适的。而许多企业负责人则认为，办公室里的电脑及上网线路等，都是为工作而准备的，不是让员工做私事的,企业有权进行管理,因此不涉及侵犯个人隐私问题。[1]

在企业经营管理者是否有权阅读员工的电子邮件的问题上,必须找到保护个人隐私与企业可得到最高利润的平衡点。一方面,企业作为经济组织,为了达到良好的经济效益,需要确立一定的行为规范,对其员工的行为进行必要的约束,这是合理的。但这种合理性是建立在一定的"度"上的。员工为企业服务,也并没有被剥夺个人的隐私权。员工在收发的电子邮件中,既有企业业务的内容,也难免涉及一些个人的隐私问题。如果企业经营管理者可以毫无限制地检查阅读员工的电子邮件,势必侵犯员工的隐私权。

然而,从另一方面分析,如果没有明确的法规的约束,企业中纪律松弛,员工中的相当一部分人会利用企业的电子邮件干私活,分散了工作的精力,影响了企业的经济效益。

解决这一问题的思路是如何将管理中的"他律"与"自律"结合起来,着重教育员工自觉遵守有关规章制度,对于少数严重违规的员工才给予必要的处罚。同时,对企业经营管理者的电子邮件检查也要制定必要的限制。

(四)性骚扰问题

性骚扰问题是当前企业人与人之间伦理关系中的突出问题。它原指男上司或男雇员用淫秽的语言或者下流的动作挑逗、侵扰女雇员,甚至强行要求与其发生性关系的行为,后引申为社会上以各种非礼的性信息侮辱异性(主要是妇女),或向异性提出性要求的行为。性骚扰尚无统一界定,一般认为有口头、行动、人为设立环境三种方式。性骚扰给受害者造成极大的心理压力,还可引起生理伤害和疾病。就其一般意义而言,性骚扰是指一方利用不平等的社会地位对不情愿的另一方施加的性需索,最常见的是雇主对雇员的性要求。在欧洲地区许多公私工作场所,性骚扰已成为一种相当普遍的风气,也成为所有职业妇女面对的严重问题,影响所及,不但伤害女性的身心及工作效率,企业运营也受到影响。

职业生活中的性骚扰问题日益突出,为人们所关注,绝不是偶然的,而是有着深刻的社会背景。在现代社会中,生存竞争异常激烈,作为弱势群体的妇女谋取一份稳定的职业并非易事,当然她们绝不肯轻易丢失工作。而在企业管理阶层中,男性占了绝大多数,其中一些有"花心"的管理者以"强势"地位为后盾,对下属员工进行性骚扰,侵害职业妇女的身心。职业妇女为了得到提升或免于解雇,常常忍气吞声。

为了有效解决职业生活中的性骚扰问题,一些国家开始诉诸法律手段,制定了法规文件。"骚扰"声不断的日本,近年来也下狠心治理法律中的这一灰色地带:出台了一份处罚性骚扰指导性文件。该文件确定性骚扰以"妇女的普遍感觉"为基础和标准,并把骚扰分为"法律性骚扰"和"环境性骚扰"两类。妇女因拒绝性侵犯而遭解雇或得不到提升构成"法律性骚扰";"环境性骚扰"指的是与性有关的玩笑、触摸,向对方发出与性有关的电子邮件或主动向对方展示黄色报刊和录像等。但在许多国家,性骚扰还属于道德范畴的问题,人们通过社会道德舆论和个体道德评价来抑制、减少这一问题的蔓延滋长。两性问题涉及当事人的思想、感情和行为,具有复杂性,因此性骚扰的认定也是有一定难度的,并且性骚扰的程度也不一,

---

[1] 《北京青年报》2000 年 11 月 20 日。

大多数情况下依然需要通过道德手段加以调节。为此,要建设健康向上的企业伦理文化,抵制低下、颓废的不良文化,要教育和帮助企业有关人员树立正确的人生观、价值观,要在企业的男女交往中确立良好的道德规范。

第二节　经济活动中跨文化人际关系的沟通

在经济活动中,个体有效地进行人际关系方面的沟通,是保持自己与他人、自己与企业良好伦理关系的重要一环。改革开放使中国的经济开始走向世界,而中国加入世界贸易组织又迎来了中国经济在更大程度上融入世界全球化潮流。经济活动的国际化必然带来跨文化的问题。在各大中外合资公司和跨国公司里,各种肤色、有着不同文化背景的员工在同一办公室里工作,使职业生活更富有竞争的活力。然而,不容忽视的是,由于文化背景的差异,来自世界各地的员工在相互交流、沟通和协调方面会遇到不少困难,甚至产生人际关系的麻烦。经济活动中的个体要了解中西文化的特点,认识中西文化的差异,才能在经济活动中建立良好的人际伦理关系,从而有利于自身的生存和发展,有利于提高企业的效率。

一、跨文化人际沟通及其意义

沟通是通过符号手段进行信息交流的过程。在自然科学中,计算机间的数据交换和生物发育过程中的基因表达都属于沟通的范畴。在社会交往中,沟通是指人们通过各种言语和非言语的形式而交流信息(如思想、感情、知识等)的过程。当信息的发送者通过一定的形式,将信息传递到对方,并为对方所接受和理解,就形成了沟通的一个完整过程。当信息的发送者和接受者不属于一个文化单元时,我们就说存在着跨文化的人际沟通问题。

沟通可分为个人内向沟通、人际沟通和大众沟通三种。个人内向沟通指个人内心的思考和自问自答;人际沟通指个人对个人的信息交流过程,往往是面对面的,沟通的双方能直接对对方产生反应;大众沟通则指通过大众媒介而进行的信息交流过程。这里,我们主要阐述的是跨文化的人际沟通的问题。

跨文化的人际沟通是不同民族、不同国家在经济交往中的需要,自古以来就已存在。当丝绸之路的驼铃在沙漠响起的时候,也必然地提出如何更好地实现跨文化的人际沟通的问题。但是,在生产力不发达、交通工具和通信手段落后的古代社会,这种沟通毕竟都是在非常有限的时空中进行的,与当代社会不可同日而语。

当代社会进入了经济全球化的时代,国际分工进一步细化,自然资源、人力资源和金融资源正以新的方式得到重新分配,各国之间经济联系日益密切。同时,地区经济区域化、集团化的趋势也不断发展。各类跨国公司与合资企业应运而生,不断发展。在这样的背景下,不同文化之间的时空关系被打破了。在以跨国公司和合资企业为主体的企业中,两种或两种以上文化在统一框架内并存,相互融合,相互碰撞。跨文化在经济活动与管理中,既有优势,又有劣势。英国的J·邓宁(John Dunning,1980)指出,跨文化企业的优势主要表现在:

(1) 企业的所有权优势:主要是指企业的无形资产的优势,包括商标品牌、生产技术、产

经济伦理学

品质量、科技含量、管理技能等。

（2）内部化优势：企业将资产转移到他国进行生产，从而减少市场成本和运作时间。

（3）区位优势：企业把以上优势与当地生产要素结合起来，以取得比单纯出口要高的利益。

当然，跨文化企业也可能有其劣势，例如：

（1）"客人劣势"：就像客人新到陌生的地方一样，对于东道国的文化、语言、法律、人力资源、环境等不甚了解，要花时间调查和适应。

（2）"市场劣势"：真正要把产品打入已被其他产品占领的市场或开辟新市场，需要一定的时间和资金投入。

（3）"跨文化管理劣势"：不同的文化有不同的时间观、价值观、管理风格等，如果各方不能很好地磨合和协调，在一些决定企业发展方向的问题上达成共识的话，就会造成多种矛盾，矛盾激化时导致合作破裂、企业破产。①

在跨文化的企业中，有效的人际沟通是企业发展的基础和生命。这种沟通在这里之所以放在个体的层面上加以讨论，是因为尽管我们需要在宏观层面上对跨文化人际沟通的重要性有深刻的认识，但其内容却是具体的，就大多数情况而言，这种跨文化的人际沟通是在一定的经济生活中通过个体得以实现的。不同文化背景的管理者和员工在价值观、语言表达、心态行为之间的差异需要个体间不断地交流、沟通，才能达成共识。上海近郊有一家中外合资的箱包厂，其产品畅销海内外。为了保证箱包的质量，厂方对箱包缝线针脚之间的距离有一定的标准，超过了标准，就被判为不合格产品。外方管理人员在一次车间巡视中，发现一工人生产的产品缝线针脚过长，不符合质量标准，于是在车间中当众将这些产品烧毁。但是中方管理人员对外方管理人员的这种做法表示了异议。中方管理人员认为，严格质量管理是必须的，但要区别情况。针脚稍长，不符合质量规定，但不会严重影响使用，可把这些产品降为处理品低价出售。而外方管理人员坚持认为，不能让任何一件不合格的产品流入市场，产品的品牌形象是企业的生命，绝不能含糊，将不合格产品当众烧毁，是表达企业加强质量管理的决心。深入分析一下产生分歧的根源，不难看出不同的文化背景对双方的影响。中方管理人员立足于资源的充分利用，有中国传统文化中"节俭"的思想烙印，而外方管理人员重视产品的信誉，有现代西方文化重视契约的背景。最后，通过双方管理人员的交流、沟通，对产品质量的管理终于达成了新的共识。由于这家企业的管理人员能够在个体与个体间有效地进行跨文化的人际沟通，减少了摩擦，使企业有了较快的发展。

跨文化的人际沟通能力是个体职业素质的重要组成部分，在个体求职和发展中有重要意义。随着中国加入世界贸易组织，合资企业和跨国公司在中国的数量大幅度地增加，在这些企业中就职成为许多人的职业选择。不言而喻，在这些企业和公司中，跨文化的人际沟通能力是员工的基本素质要求。当然，即使是国有企业，也必然要与外商进行商务接触，跨文化的人际沟通也是必不可少的。个体跨文化人际沟通能力的大小，直接影响他交往圈子的范围、被他人接受的程度、工作业绩的多寡。在对外开放的中国，面临全球化的经济浪潮，一个人有较强的跨文化人际沟通的能力，他就能与不同文化背景的合作者建立更为融洽的合

① 转引自严文华等：《跨文化企业管理心理学》，东北财经大学出版社 2000 年版，第 3—4 页。

作关系,获得更多的发展机会。而一个人如果缺乏必要的跨文化人际沟通的能力,他在与不同文化背景的合作者打交道时,往往会产生误解、摩擦和矛盾,甚至导致合作失败。中国长期实行的是计划经济体制,对外经济交往的数量和范围是极其有限的,大多数企业管理人员和员工对于国外的企业管理制度和文化是陌生的,缺少跨文化沟通的实践经验,而国外的大公司在进入中国之前,尽管进行了大量的可行性研究,但对异质的中国的文化了解并不多,对中国的市场、体制和环境也是陌生的。而跨文化的企业着重对员工在技术、纪律和操作方面的培训,在跨文化人际沟通方面的培训却相当不足,甚至不知如何培训。这样,具有较强的跨文化人际沟通能力的个体在企业的人才竞争中,有着显而易见的优势,更容易获得这些企业的青睐,并给自身创造更为广阔的发展前景。

二、跨文化人际沟通与价值观

个体间的人际交往和沟通,总是在一定的价值观念的指导下进行的。透过形形色色的交往形式,不难窥见不同的价值观念的交流、碰撞和融合。为此,个体要有效地进行跨文化人际沟通,必须正确地把握东西方文化的差异,认识东西方价值观的特点。

据国外学者的研究,在西方文化中占重要位置的价值观念是:个性、效率、守时、争先、金钱、男女平等、教育、率直、尊重青年、灵魂拯救等。而在东方文化中占重要位置的价值观念是:和睦、谦逊、权威主义、感恩戴德、集体责任感、热情好客、人的尊严、爱国主义、尊重老人、财产继承等。

东西方价值观念的差异最根本之点集中在个体和整体的关系上。在西方价值观念中,个体是核心,而在东方价值观念中,整体是核心。前者从个体出发,强调个体的权利和义务,要求人们在人际交往和沟通中,尊重对方的个性、对方的隐私权,在经济活动中强调个体的竞争和活力;而后者则从整体出发,强调把整体的利益放在首位,要求人们在人际交往和沟通中,要有集体责任感,协调好相互之间的关系,在经济活动中强调协作和团队精神。

从价值取向的角度分析,东西方价值观念的特点在于,西方是外倾型的,而东方则是内倾型的。前者强调人作为主体向外追求,去征服自然,改造自然,这就必然突出知识和科学的作用,在人际关系的评价中注重人的开拓和进取能力;而后者强调人作为主体向内追求,修身养性,去实现自我完善,这就必然突出伦理和道德的作用,在人际关系的评价中注重和睦和服从的素质。

东西方价值观念的差异和不同特点是在长期的历史发展过程中形成的,这就要求我们在把握这种差异和特点时,回顾以往,追溯历史。西方文明的源头是古希腊文明,当时占主导地位的是"自然崇拜",而东方文明,在中国古代占主导地位的是"祖先崇拜"。为什么在人类社会发展的最原始阶段,东西方文明会形成如此截然不同的特点呢? 这与东西方民族所处的地理环境和所从事的经济活动有关。

地理环境对于一个民族的经济文化有着深刻的影响,列宁甚至说:"地理环境的特性决定生产力的发展,而生产力的发展又决定经济关系以及随着经济关系后面的所有其他社会关系的发展。"[①]古希腊人居住在被崇山峻岭所包围的、面对海洋的滨海小平原上,腹地狭

---

① 《列宁全集》第五十五卷,人民出版社 1990 年版,第 446 页。

窄,土壤贫瘠,人口不多。因此,向海外拓展便成为希腊诸城邦的出路。古希腊人飘洋过海,进行贸易经济活动,逐渐挣脱氏族社会的血缘纽带。著名文化史家汤因比曾分析道:

> 跨海迁移的第一个显著特点是不同种族体系的大混合,因为必须抛弃的第一个社会组织是原始社会里的血族关系。一艘船只能装一船人,而为了安全的缘故,如果有许多船同时出发到异乡去建立新的家乡,很可能包括许多不同地方的人——这一点和陆地上的迁移不同,在陆地上可能是整个血族的男女老幼家居杂物全装在牛车上一块儿出发,在大地上以蜗牛的速度缓缓前进。……

> 跨海迁移所产生的一个成果……是在政治方面。这种新的政治不是以血族为基础,而是以契约为基础的。……在希腊的这些海外殖民地上……他们在海洋上的"同舟共济"的合作关系,在他们登陆以后好不容易占据了一块地方要对付大陆上的敌人的时候,他们一定还和船上的时候那样把那种关系保存下来。这时,……同伙的感情会超过血族的感情,而选择一个可靠的领袖的办法也会代替习惯传统。[①]

汤因比的这段论述也为古希腊神话所证实。泰顿巨族夫妇争权、父子夺位,迈锡尼王阿伽门农为妻所杀,其子俄瑞斯忒斯又杀母为父报仇,黑暗之神爱莱蒲司逐父娶母等故事,生动形象地反映了当时血缘纽带断裂的历史事实。这与中国氏族社会血缘纽带解体不充分形成了鲜明的对照。

跨海迁移使氏族社会血缘纽带加速断裂,同时在征服大海的过程中,人们追求知识,磨炼意志,大海给了西方人茫茫无定、浩浩无限和渺渺无限的观念。西方人在大海的无限里感到自己的无限的时候,就被激起了勇气,要去超越那有限的一切,去征服、掠夺,去追求利润,从事商业。

东方文明是在与西方文明不同的条件下孕育并发展起来的。以中国为例,中华民族先民栖息于东亚大陆辽阔而肥沃的原野间,领域广大,腹里纵深,回旋天地开阔,地形、地貌、气候条件繁复多样。这种地理环境的特点是古希腊文明与其他古老文明的发祥地所难以比拟的。在这种条件下,中华民族的祖先世代相沿,形成了本民族的生活方式。一首著名的古谣《击壤歌》写道:

> 日出而作,日入而息。凿井而饮,耕日而食。帝力于我何有哉!

这首古谣的前四句如实地反映了中国农民世世代代固守在土地上、周而复始的简单再生产的情形。如果不是出现大灾荒、大战乱,农民很少迁徙。即便为了躲避一时的灾祸而出走,只要条件许可,又总是迫不及待地回归家园。与古希腊人视海疆为坦途、以征伐为乐事的气度相对照,"故土难离"、"落叶归根"几乎成了中华民族数千年一贯的心理定势。

以农事耕作为主要生活方式,以及由此带来的对土地的深深眷恋,使中华民族在其历史演进过程中,社会组织血缘纽带的解体,不如古希腊那样完全、充分。在原始社会向奴隶社会发展的过程中,夏王朝的统治者用武力征服了各部族方国的反抗,但将原始氏族的血缘关系基本完整地保存下来了。后来,商取夏而代之,以商王为最高家族长的血缘系统成为国家的统治阶级。在夏商社会里,农业生产的基本组织形式都是以血缘关系为纽带的农村公社,直接生产者是奴隶。在殷墟甲骨文中,奴隶大多冠以族名,与古希腊社会中的债务奴隶、战

---

① [英]汤因比:《历史研究》上卷,曹未风等译,上海人民出版社1966年版,第130、132页。

俘奴隶大不一样。

血缘家族关系存留、血缘纽带解体不充分是宗法制度在中国千年不衰的历史渊源。长期以来，以宗法为基础的伦理关系渗透在中国古代社会中人际关系的各个方面，并深刻地影响着中国现代社会的人际关系。在中国文化背景下的人际关系的特点是强调整体，将小家（家庭）和大家（国家）置于个人的前面，强调人与人之间的上下尊卑关系，从而引出和睦、服从的观念。

东西方价值观念的差异，是造成人际交往方式不同的深层次的思想动因。在跨文化的人际沟通中，必须了解这种差异的历史渊源，才能更深刻地把握东西方人际交往方式的不同，同时为了有效地进行跨文化的人际沟通，必须采取正确的态度对待这种价值观的差异和交往方式的不同。事实证明，这种正确态度的基本点在于彼此之间要尊重对方的价值观念和交往方式。中国是一个发展中的国家，要认真学习和吸收世界各国反映先进生产力要求的观念和行为方式，以利于我们国家的发展，当然也要拒绝西方在全球化的过程中把他们的价值观强加于我们。在具体的跨文化人际交往中，作为一个中国人要不卑不亢，既要有民族的自尊心，又要有沟通合作的意愿和博采众长的胸怀。

三、跨文化人际关系的语言沟通和非语言沟通

沟通是交往双方相互理解对方意图的行为，包括感知、解释和评价他人的行为，它是通过语言信息和非语言信息来实现的。良好的跨文化人际沟通既要重视语言沟通，也要重视非语言沟通。

（一）跨文化的语言沟通

语言是人类认识世界的工具，也是人际沟通的工具，是社会的粘合剂。语言"不是蜜，但它能粘住一切"，它通过各种形式表达人们意愿、思想和感情。在人际交往中，人们借助语言这一基本工具，互相交流沟通，协调目标和行为。正确使用语言和正确理解语言，是人际沟通的必不可少的条件。然而，语言又是文化的载体，具有丰富的文化内涵。不同文化背景的沟通双方，如果使用同一语言，例如美国人和英国人，沟通即使有困难，也不会很大。不同文化背景的沟通双方，例如有东方文化背景的中国人、日本人和有西方文化背景的美国人和英国人，如果使用不同的语言，那么沟通的困难就会比前者大得多。这是因为，使用不同语言的沟通双方必须通过语言的翻译才能达到交流的目的，而语言在翻译转换过程中，必然会出现文化意蕴的流失或扭曲。有关专家指出，直接翻译在许多情况下是难以进行的。这是因为：

1. 构成语言基本单位的单词往往不止一种含义，造成接受方的误"读"。例如，第二次世界大战将要结束时，同盟国向日本发出最后通牒。日本首相宣布他的政府 mokusatsu 这份最后通牒，mokusatsu 既可解释为"考虑"，也可解释为"注意到"。日本首相的日语意思是前者，而不是后者。不幸的是，日本对外广播通讯社的译员选择了"注意到"这一词义。这一误译使美国断定，日本不愿意投降，于是先后在广岛和长崎投下了原子弹。假如没有这一误译，也许这一段历史会改写。

2. 许多词语因受文化限制，无法直接对译。例如"business"是一个含义广泛的词，有

"商业"、"工商企业"、"职业"、"事务"等含义,常常无法直接与某一含义对应起来。有人将"business ethics"译为"商业伦理学"有一定的根据,但无法涵盖"business"的丰富内容。因此,对于无法直接对译的词语,必须从它的使用中把握它的内涵,然后选择母语中适当的词语加以表达。将"business ethics"译为"经济伦理学"正是基于这一原则。这也告诉人们,在跨文化的语言沟通中,用母语中的某一词语直接对译对方的某一词语在许多情况下是过于简单化了。要提高跨文化语言沟通的质量,必须在外语上下一番功夫。

3. 文化观念可使直接翻译产生出荒谬的结果来。例如,有一位中国员工在加班时,外国上司对他说了一句:"You work like a dog."他感到人格受到了侮辱,一脸不高兴。后来,经人指点,方知是表扬之意,才转怒为喜。"狗"在中国文化中多含贬义,例如"走狗"、"狼心狗肺",而在西方文化中却不然,狗是"忠诚"、"善良"、"努力"的象征。又如,我国"紫罗兰牌"男衬衣,曾因浪漫的商标名而得到顾客的青睐,但销到西方后,销路却受阻。因为"紫罗兰"译成英文后,除了其本身的内涵外,还暗指"没有男人气的男性",男士怎么可能踊跃购买呢?

(二)跨文化的非语言沟通

人际交往和沟通是语言沟通和非语言沟通的结合,两者缺一不可。国外绝大多数研究专家认为,在面对面的交际中只有 35% 左右是语言行为,其他都是通过非语言行为传递的。在跨文化交际中,非语言交际行为和手段比语言交际行为所起的作用更大,在语言交际发生障碍时,往往能代替、维持甚至挽救交际。要在跨文化经济活动中建立良好的人与人之间的伦理关系,必须重视非语言的沟通。

根据国内外有关专家的研究,非语言沟通可分为四大类:①

1. 体态语

体态语的表现形式是多种多样的。一个眼神、一个手势、一种表情、身体的某种动作或姿态,几乎都可以传情达意。体态语是非常复杂的。据统计,人体可以做出 27 万种姿势和动作,比所能发出的声音还要多。然而,即使是同一种姿势和动作,在不同的文化背景下也有不同的含义。例如用手指敲打太阳穴部位,在美国表示"太愚蠢了",而在荷兰则表示"真聪明"。同一含义,不同文化背景的人可以用不同的体态语言表达。同样是表示"不",中国人摇摇头或摆摆手,西方人则耸耸肩。同一体态动作,不同文化可以作出不同的伦理评价。男女之间在街上搂腰挽臂而行,在中国文化中的伦理评价中倾向于否定,而在西方文化中则是肯定的;相反,同性之间在公开场合的亲密行为,中国文化并不否定,而西方文化则是否定的,认为这种行为有"同性恋"之嫌。

2. 副语言

它也可称为伴随语言特征,指的是音质和发音,同时也包括沉默即无声的反映或停顿。对于副语言,不同的文化往往有不同的评价。中国人喜欢保持沉默,重视交际中沉默的作用,认为停顿和沉默"既可以是无言的赞许,也可以是无声的抗议;既可以是欣然默认,也可以是保留己见;既可以是附和众议的表示,也可以是决心已定的标志"。在人际关系中,中国文化对沉默是持肯定态度的,认为它是符合道德要求的,而在西方文化中则截然不同。西方

① 毕继万:《跨文化语言交际》,外语教学与研究出版社 1999 年版,第 6—7 页。

文化认为成人听清了问题就必须回答,沉默是不尊重对方的人格,甚至包含蔑视对方的成分。宁可说一句"我不想告诉你",也比沉默不语强。西方人在公开演说时可以开怀大笑,但是在大多数场合声音却比中国人低得多。他们对中国人在公共场合高声交谈感到很奇怪。有位中国血统的外籍人士曾在媒体上呼吁"中国人说话的声音应该轻一些,再轻一些",但收效甚微。这在很大程度上是因为中国的文化背景,在当代中国人的生活习惯和伦理评价中,高声交谈并不都被列入不道德行为之中。

3. 客体语

客体语指服装、衣饰、化妆品等。这些物品具有实用性,但同时具有交际性,也可传递非语言信息,展示使用者的文化特性和个人特性,因而,它们是非语言交际的一种重要媒介。以服装为例,西方国家强调衣着在人际交往中的重要意义,美国有的服装设计师说:"衣服决定一个人是走向'卧室'还是走向'董事会议室'。"在正式场合,衣着美观庄重,体现着装者的形象魅力,也是对对方的尊重。不同文化背景的人在一定的人际交往场合中对服饰有不同的要求,在跨文化人际沟通中必须加以重视。例如,西方女性服装更注意突出身体的魅力和对异性的吸引力,袒胸露肩的服装在正式社交场合出现是合乎礼仪的,甚至会获得赞誉,但如果中国女子也这样做,就会遭到他人的非议和耻笑,因为这类服装与庄重的中国礼仪规范相冲突。

4. 环境语

这里的环境语包括时间、空间、颜色等,它们提供交际信息,成为影响人际沟通的重要因素。以人际关系的空间距离而言,不同的空间距离表示了不同的人际关系,空间距离的变化可影响交际,甚至还可超越言语的作用。然而,不同文化背景的人对于空间距离的伦理评价却不尽相同。专家研究表明,中国文化和西方文化在非语言交际上的本质差别是前者的聚拢性和后者的离散性。中国人比西方人更能容忍拥挤,在上下班高峰的公共汽车上,乘客之间的距离如此贴近,是西方人难以想象的。而西方人在交往时,要求与他人保持一定的距离,不愿与陌生人有身体的接触,甚至不惜以粗暴的举动阻止他人触碰自己。在他们心目中,个人的空间是不可侵犯的。跨文化的人际沟通必须重视不同文化背景下人们对交往空间距离的伦理要求。

第三节 职业道德及其修养

企业在经营活动中要获得成功,必须重视员工的素质,特别是职业道德素质。员工的职业道德素质直接影响企业的产品质量和服务质量,直接影响企业的形象,最终影响企业的生存和发展。职业道德素质为越来越多的公司所看重,这是一种趋势。特别是那些掌握着企业大量的技术或其他资料的信息知识型员工,如果职业道德素质很差,对企业会造成很大的危害。所以,现在有些企业在招收知识型员工的时候,要求应聘者提供反映他以往工作中的职业道德素质水平的材料,这是企业重视员工职业道德素质的重要标志。从个体的角度分析,职业道德素质的高低直接影响员工在人才市场上的竞争力,直接影响个体事业发展的前景。加强对员工的职业道德教育和增强员工自我职业道德修养,是提高员工职业道德的重要途径,也是经济伦理学研究的重要内容之一。

一、职业道德及其特点

什么是职业道德?要回答这个问题,有必要首先说明什么是职业。社会发展的进程表明,人类的职业生活是一个历史的范畴。职业不是从来就有的、永恒不变的,而是在历史上产生并随着社会历史条件的变化不断发展变化的。职业作为一种社会现象,是与社会分工和生产内部的劳动分工相联系的。在这个意义上可以说,它是一种以社会分工和劳动分工为纽带的社会形式和社会关系。所以,自社会出现分工以后,人们一经进入社会生活,便分别终身地或较长时期地从事某一种具有专门业务和特定职责的社会活动,并以此作为自己获得生活资料的主要来源。因此,一般地说,所谓职业,就是人们由于社会分工和生产内部的劳动分工,而长期从事的具有专门业务和特定职责,并以此作为主要生活来源的社会活动。

职业作为人的社会关系的一个重要方面,它对人们的道德意识和道德行为,对整个社会的道德习俗和道德传统,不能不产生重大的影响。以一定的方式进行生产活动的个人,发生一定的社会关系和政治关系。这些个人从事着各种活动,进行着物质生产,因而在一定的物质的、不受他们任意支配的界限、前提和条件下能动地表现着自己。这里所说的进行生产活动的一定方式,就是人们的职业生活。在职业生活中,各种职业间的相互交往及其表现的道德意识和道德行为,往往因职业不同而呈现出种种差别。各种职业活动不仅仅反映社会道德状况,而且影响个人道德行为发展的趋向。

大体上说,人们各种职业生活的实践,主要从三个方面影响人们道德心理的特殊倾向,制约着道德调解的特殊方向。其一,职业的分工不同,从事不同职业的人们对社会所承担的责任不同,影响着人们对生活目标的确立和对人生道路的具体选择,以至于不同程度的影响着人们的人生观和道德理想。当然,一个人确立自己的人格特征,选择自己的人生道路,往往受到多种社会因素和个人因素的影响。但是,人们更多地是从自己长期直接从事的某一特定的职业实践及其所积累的生活经验,来了解人生的目的和意义,确立具体的志向和理想。其二,不同职业的不同利益和义务造成人们不同的职业良心。不同职业所具有的不同利益和义务,直接影响着人们的道德信念及其用以评价行为的道德标准,从而造成人们之间不同的职业良心。作为在特定职业中长期生活的人,有其特定的职业地位和职业利益。一个人一旦从事特定的职业,就直接承担着一定的职业责任,同所从事的职业的利害紧密地联系在一起。他们对一定职业的整体利益的认识,就是他们对具体社会义务的自觉。这种自觉,可以逐步升华为职业良心。其中,人们的职业活动方式及其对职业的利益和义务的认识,对职业良心形成有着决定性作用。其三,职业活动的不同影响着人们的情趣、爱好以及性格和作风。职业活动的环境、内容和方式,以及同业内部的相互影响,强烈影响着人们的情趣、爱好以及性格和作风。这些方面,虽然并不都是道德问题,但其中都包含着一定的道德涵养和道德情操,都从一个侧面反映着从事一定职业的人在道德品质和道德境界上的特殊性。综合上述不难看出,职业道德中的准则和传统习俗,是由各种职业的具体利益和义务,以及具体活动的内容、方式等决定的,是在长期的特殊职业实践中逐步形成的。它表现着各种职业集团或个人道德调解的特殊方向,比较稳定地影响着人们在一定职业活动范围内的具体道德关系和道德行为,以至会影响到人们整个品德和人格的形成。

综上所述,所谓职业道德,就是同人们的职业活动紧密联系的、具有自身职业特征的道德准则、规范的总和。从事某种特定职业的人们,由于有着共同的劳动方式,经受着共同的职业训练,因而往往具有共同的职业兴趣、爱好、习惯和心理传统,结成某些特殊关系,形成特殊的职业关系,从而产生特殊的行为模式和道德要求。

职业道德的特征表现为三个方面:

第一,在范围上具有专业性和局限性。职业道德是从特定的职业活动中引申出来的一种道德规范,故具有很强的专业性和浓厚的职业色彩。每一职业道德都有其代表自身特征的道德规范,例如教师道德的"为人师表",律师道德的"秉公执法",商业道德的"买卖公平"等等。但某种具体的职业道德规范,对本行业适用,对其他行业并不一定适用。例如在经济交往中,必须遵守"诚实"的职业道德规范,而医生对一个患了绝症的病人,在某种特定情况下隐瞒实情,并非与医生的职业道德要求相悖。

第二,在形式上具有丰富性和多样性。这种丰富性指随着社会分工的发展,新兴行业不断涌现,各类职业道德各具特色,丰富了职业道德的形式。适用性是指各种职业集团往往从本行业的道德实践中,将职业道德以制度、章程、守则、公约、须知、誓词、保证、条例等简洁明快的多种形式公布于众。这样做,有利于从职人员的接受和实行。

第三,在内容上具有相对稳定性和继承性。从事一定职业的人们在长期的职业生活中形成一种稳定的职业心理和职业习惯,并转化为相应的稳定的职业道德品质,进而形成职业道德传统,在该行业中能够世代相传,表现出一定的连续性。

二、职业道德的内容及其修养

社会职业是多种多样的,职业道德的具体规范也有其个性。但基本的道德要求却大多是相通的。在经济活动中,特别要注重强化员工队伍的职业道德意识,明确以岗位为重点的职业道德规范,提高企业和行业的职业道德水平。对职业道德的主体——每一位员工职工而言,就是要确立良好的职业精神,正确处理职业劳动对象、与同事同行的伦理关系,做到热爱本职工作、总于职守、钻研业务、通力合作等基本规范要求。

(一) 树立正确的择业观,培养爱岗敬业的职业精神

社会主义市场经济的建立和不断完善,为人们的就业开辟了广阔的舞台。与传统的计划经济时代相比,人们在职业选择方面有了更大的自由度。人们选择什么样的职业,在很大程度上取决于人们对所选择的职业的评价和认可。三百六十行,行行出状元。"你在哪个位置,就应该热爱这个位置,因为这里就是你发展的起点。"潜心工作,都会为自己留下自由的天地。

从一般的意义上说,择业,也就是一种比较、选择。一是就业前的选择,一是在职后的选择。择其最优,不仅是要与自己的愿望相吻合,而且更重要的是自身的实际条件与客观要求相一致。这不仅仅是为了寻求一种"谋生的手段",而是包括发展个性、尽社会义务等多方面的统一。在市场经济大潮下,人们对经济利益的关注尤为突出。在择业过程中,"人往高处走"是可以理解的,但择业不仅仅是为了高待遇高收入高福利,老是"这山望着那山高",既难以安心本职岗位,也势必影响对业务的钻研和学习。不能把"干一行,爱一行"当作过时的

经济伦理学

教条。

择业的自由，既包含着自觉、自主的含义，又有着各得其所、各司其职的要求。通过择业（也可能是多次的择业），有利于人们发挥自主、自立和不断进取的精神，充分体现各自的知识和才能，提高工作劳动的积极性，为社会服务。同时，也能最大限度地减少和避免由于工作岗位的某种不适应和不合适，而给具体单位造成的种种浪费和损失。择业的自由，也应该是有序的，选择了某个职业后，应遵守该职业所要求的基本道德规范。

作为员工要充分认识各自工作的意义，了解自己的职业在整个社会生活中的地位和作用，增强工作的主动性、积极性和创造性。同时，要有职业的荣誉感，这种荣誉感，既是员工对自身工作和本行业意义的一种体验，也是社会公众对行业职工行为的道德评价。良好的职业责任感是具有职业理想和信念的具体表现，岗位上的认真负责态度是职业理想和信念的直接反映。有了责任感和负责态度，才会有事业心，才会在职业中有所作为。

（二）忠于职守，把为人民服务放在首位

忠于职守就是要求员工尽心尽力地做好本职工作。在社会主义建设事业中，各行各业只是分工的不同，都是一个不可缺少的有机组成部分，都有着各自的社会责任和应履行的义务。首先是要对社会负责，为人民服务，提倡"我为人人，人人为我"，把自己的职业道德活动同人民的利益联系起来。我们社会主义国家是人民当家作主的国家，人人都是服务对象，人人又都为他人服务。为人民服务可以通过不同层次、不同形式表现出来。不论何种工作岗位，不论个人能力大小，不论职务高低，都能而且应该实践为人民服务的道德。在社会主义市场经济条件下，更应该在全体人民中倡导为人民服务和集体主义精神。一般来说，每个社会成员，既是服务他人的劳动者，又是接受他人服务的消费者。这在服务性行业尤为突出。如一位公共汽车的售票员，工作时为他人服务，但在餐厅吃饭、在商店购物，则成了消费者。因此，人们常说，"吃菜想到种菜人"、"修路想到行路人"，就是反映了这个问题的两个方面。在服务性行业中，应强调以礼待人，诚恳和蔼，主动热情，而不能盛气凌人，粗暴蛮横。每个人都有自尊心，当一个人的人格受到某种侵害或侮辱时，就会反感和愤怒。我们在职业岗位上应尊重服务对象的人格，全心全意地为他们服务。

社会上也有些人认为，现在是市场经济，经济活动就是"为人民币服务"，谁给钱，就为谁服务。这种观点貌似有理，但却是片面的。诚然，在经济活动中人们的服务不是无偿的，需要一定的经济回报，但这种回报是建立在一定的法律框架内和一定的道德基础上的。有些服务即使给了钱，也不能做，例如"三陪"色情服务。虽然在社会生活中，我们还不能杜绝这种现象，然而社会主义职业道德绝不会肯定这种现象，恰恰相反，对于这种现象要给予强烈的谴责。总之，社会主义职业道德要求人们在义与利、经济效益与社会效益的统一中，在为人民服务中获得更好的经济效益。

（三）刻苦钻研业务，提高创新能力

"每种首创事业的成功，最要紧的还是所有当事人的基本训练。"职业道德要求员工忠于职守，但做好本职工作，没有一定的本领和业务能力是不行的。因此，职业道德内在地要求广大员工刻苦钻研业务，掌握本行业、本岗位的业务技术和技能。上海华联商厦照相机柜台

有一位普通的营业员，在平凡的岗位上作出了不平凡的业绩，被誉为"服务明星"。他从商业服务传统的"一手交钱，一手交货"的被动操作中解脱出来，赋予商业职工集"情感"、"智慧"与"技能"为一体的新颖服务模式。他勤奋好学，刻苦钻研，自费学习摄影专业的文化课程，获得中国摄影函授大学的毕业证书，同时为了不断提高服务质量，他自费订阅了大量的国内外照相专业的报纸杂志。在行业中他开创了三项"唯一"，即在我国的商业史上，唯一由普通营业员自费编写出版了照相机专业书籍；在世界 35 厘米照相机历史上，唯一由中国人填补了专业空白；在商业零售领域里，唯一成为专业上问不倒、操作上难不倒，能熟练驾驭高科技产品的，可誉为照相机销售行家的营业员。

业务水平的高低是一个动态的概念。随这社会主义市场经济的发展，新产品、新技术不断涌现，这就要求员工不断更新业务知识，增强创新能力，才能保持较高的业务水平。在计划经济条件下，商品的生命周期很长，甚至达到几十年，但在市场经济条件下，商品更新换代的速度不断加快。英特尔公司创始人摩尔曾经提出过一个非常有趣的规律：据 1959—1965 年半导体工业的发展数据，微处理器的性能每 18—24 个月提高一倍，而同样性能的电子计算机每 18 个月价格降低一半，人们就把这个规律称为"摩尔定律"。近几十年来，"摩尔定律"在信息产业已得到了充分的证明。它告诉人们，知识经济时代是一个淘汰迅速的时代，企业要想生存并良好地发展，就必须转型成为学习型结构的组织。员工必须随时汲取先进知识，消化并转化成为自己的力量，才能不被淘汰，才能在人力资本竞争中处于有利位置。

（四）增强团队精神，正确处理竞争与协作的关系

竞争与协作是一对矛盾，我们不能片面地肯定一方和否定一方。市场经济是竞争的经济，但并不拒绝同事与同行间的合作。一个行业，一家企业，相互之间既有竞争的一面，又有协作的一面。企业员工之间也是如此。市场经济的发展要求企业生产更多更好的产品，企业内部的不同工种、不同工序的员工只有通力合作才能做到这一点。员工之间应互相"补台"，而不应互相"拆台"。在管理层面和技术层面工作的知识型员工大多是团队作业，需要员工有较强的交流素质和人际交往能力。在工作讨论中，沉默寡言或固执己见都会影响工作效率。由于知识更新的速度越来越快，要求团队本身是一个开放型的不断学习的组织，如果员工不愿将自己的知识拿出来与他人分享，会影响整个团队的进步。总之，员工要学会竞争，同时也要学会交流、交往和协作。

第十二章 中外历史上的
经济伦理思想

　　"经济伦理"的概念,最初是由马克斯·韦伯在 20 世纪初提出来的。但是,经济伦理思想并非只有近百年的历史。在人类历史上,经济思想和伦理思想常常交织在一起发展,许多经济思想中渗透着道德理念,许多伦理思想为经济活动确立了行为规范。有些大伦理学家关注经济问题,有些经济学家一身兼两任,既是经济学家又是伦理学家。在发展社会主义市场经济的当代中国,吸收和借鉴中外经济伦理思想史上的有益成分,对于建设社会主义物质文明和精神文明意义重大。然而,对于中外经济伦理思想史的研究,目前还处于零碎的、尚未系统化的阶段。在这里,我们试图通过对中外历史上一些有影响的思想家的经济伦理观点的介绍,描述中外经济伦理思想发展的大致轮廓和主要发展线索。

第一节　中国历史上的经济伦理思想

　　中国的传统文化是伦理型的文化,伦理观念渗透于社会生活的各个方面。以孔孟为代表的儒家伦理学说是传统文化的核心部分,也是几千年来古代中国治理国家的理论基础。古人云"半部《论语》治天下",正是反映了中国历史的这一特点。在儒家看来,任何社会问题的最终解决都有赖于人际道德关系的协调,而理顺了人际道德关系,才能解决经济关系、政治关系等社会关系问题。儒家把实现人伦道德关系之和谐视作社会经济发展的崇高价值目标,并以此为基础建立了儒家的一整套经济伦理思想观念和道德规范。儒家的经济伦理学说对中国人民以及东亚一些国家人民的社会经济心态以及社会经济的实际发展都产生了重要影响。研究中国古代经济伦理思想,首先需研究以孔孟为代表的儒家经济伦理学说。

一、孔子的经济伦理思想

　　孔子是中国最伟大的思想家之一。他生活于春秋末年,主要思想反映在《论语》一书中。孔子的经济伦理思想的主线是义利关系。围绕义利关系,孔子阐述了经济生活中应以义为上的道德价值原则,并对求富、分配、消费等问题作了伦理的评价。

　　在孔子生活的年代,义和利的相互关系已成为社会生活中人们普遍关注的问题。当时,随着奴隶制生产方式的衰落和封建制生产方式的发展,出现了获得"利"或财富的不同途径和手段。这些途径和手段究竟是否合乎"义",具有不同道德价值观念的人会作出不同,甚至截然相反的评价。义利关系或义利之辩正是在这样的社会背景下应运而生的。

义利关系究其实质而言,是经济利益与道德价值的关系问题。从文字学的角度考察,"利"字本义为锋利,到了春秋中期,"利"演变成为一个具有经济学意义的概念,用作"货财之利",并与"义"连用,而获得了伦理学的意义。当然义利关系中的"利",不仅指经济利益或物质利益,还包括经济以外的其他实际利益,但其主要内容都是指经济利益。"义"字本义为"仪",春秋以后,"义"字用作为仁义之"义"。《中庸》曰:"义者,宜也。""义"实际是指人们的思想行为符合一定的道德标准。

义利之说是孔子学说的核心。以孔子为代表的儒家学说所讨论的问题,主要包括"义理自何而来,利欲从何而有,二者于人,孰亲孰疏,孰轻孰重,必不得已,孰取孰舍,孰缓孰急"[1]的问题。人们的社会经济行为的根本目的在于追求社会财富和物质利益,在这一追求过程中,如何处理经济行为与道德规范二者的关系,正是义利之说要加以回答的。孔子高举"义以为上"[2]的伦理旗帜,强调经济行为不能违背道德规范。在孔子的义利学说中,"义"是第一位的,而"利"是第二位的。孔子不是全盘否定"利",而是强调要"见利思义"。根据对"利"的道德评价,然后决定取舍。义利之间不仅是主从关系,而且具有贵贱的关系。孔子有一著名命题:"君子喻于义,小人喻于利。"[3]意思是:与君子谈事情,他们只问道德上该不该做;与小人谈事情,他们只想到有没有利可图。在孔子生活的那个年代,君子指地位尊贵、有道德修养的人,而小人则指地位低下、缺乏道德修养的人。"君子喻于义,小人喻于利"的命题又蕴含着讲义是尊贵的,而讲利是低贱的,义与利有贵贱之分。

孔子的"义以为上"的伦理旗帜,并不与求利、求财富截然对立。孔子曾说:"富与贵,是人之所欲也","贫与贱,是人之所恶也"。[4] 他把喜富恶贫说成是一切人的共同心理,并且承认自己也是愿意求富的:"富而可求也,虽执鞭之士,吾亦为之。"[5]这就是说,如果能够求得财富的话,即使做市场的守门卒,孔子也愿意。

从一切人都喜富恶贫出发,统治者实行富民政策,就能够得人心。孔子正是这样认为的。他在游历卫国时,赞叹说:"庶矣哉!"他的学生冉有问他:"既庶矣,何以加焉?"他回答说:"富之。"冉有又问:"既富矣,又何加焉?"他回答说:"教之。"孔子在这里主张"先富后教"的观点,在后来被孟子、荀子所发展。例如,孟子说:"乐岁终身苦,凶年不免于死亡。此惟救死而恐不赡,奚暇治礼义哉?"孟子在这里表达的只有在解决温饱的基础上,才能接受仁义道德的观点与孔子"先富后教"的观点有着明显的继承关系。

在财富问题上,孔子不反对追求财富,但他更注重采用什么样的方式获得财富。只有以合乎道义的方式得到财富,才是他所肯定的。相反,他反对"放于利而行",富贵"不以其道得之,不处也"。[6] 他还说:"不义而富且贵,于我如浮云。"[7]不仅个人如此,国家也如此。"初税

---

① 朱熹:《答时子云》。
②《论语·阳货》。
③《论语·里仁》。
④《论语·里仁》。
⑤《论语·述而》。
⑥《论语·里仁》。
⑦《论语·述而》。

亩"是"非礼"、"非正","用田赋"是违背"周公之籍"、"周公之典",由此而取得的财富,都是"不以其道得之",因而都被孔子否定了。

为了维护神圣的道德原则,孔子在"邦无道"的情况下,把"求富"一转而为"安贫",极力宣扬"贫而乐"的思想。他说:"饭疏食,饮水,曲肱而枕之,乐亦在其中矣。"[①]他非常赞赏颜回安贫、乐贫的人生态度,说:"一箪食,一瓢饮,在陋巷,人不堪其忧,回也不改其乐。贤哉,回也!"[②]在《论语》中,孔子宣扬安贫、乐贫的言论大大超过了求利、求富的言论,这是因为在"礼崩乐坏"的社会背景下,在道义和财富上,如不能两全,孔子宁愿选择前者。

在孔子所处的时代,由于社会的剧烈变动,人们的财产占有关系发生了引人注目的变化。如何对待这种变化,孔子认为"闻有国有家者,不患寡而患不均,不患贫而患不安。盖均无贫,和无寡,安无倾"。[③]尽管这段议论本不是专对财富分配问题而发,但说它代表了孔子对于财富分配的观点是不错的。两千多年来,儒家学派的代表人物都将这段议论作为财富分配问题的经典依据,一些进步的思想家经常引用"不患寡而患不均"来作为反对富室豪门和贫富不均现象的思想武器,以至于这一观点在历史上的影响极大。

但是,如何理解孔子的"不患寡而患不均",学术界对此的理解稍有出入。有的学者认为,孔子"是主张在各封建阶层尤其是被剥削者阶层内部,实现一种不甚悬殊的财富分配状况"。[④]也有的学者认为,这"是反对礼制所规定的占有财富的等级标准,反对改变奴隶主贵族之间在财富占有方面的均势"。[⑤]孔子从其所处的阶级地位出发,不可能主张在全社会平均财富,学者们对此无异议。要对孔子"不患寡而患不均"的理解取得统一,关键是如何理解"均"字。第一种观点认为"均"是不甚悬殊,这是从均的字义理解上而来的。第二种观点认为"均"是"均势",即不同等级的社会成员根据礼制所规定的占有财富的等级标准,这是立足于孔子思想的内涵而发的。依笔者所见,两种观点是见仁见智的问题。第一种观点更接近后人对孔子这一主张的理解,而第二种观点更接近孔子本人的思想体系。要使孔子的这一主张对现实生活产生影响,从第一种观点的角度理解似乎更好些。

孔子的"不患寡而患不均"的分配理论,从现代角度分析,实质是社会公正问题。孔子亲眼目睹了社会变动带来的他认为的社会不公正,于是他向社会发出了呐喊,要求改变这种状况。在历史发展的进程中,经济分配的不公正现象一直是进步思想家迫切想要解决的课题。批判并进而解决这类不公正现象,势必赢得民心,推动历史的进步。但把"不患寡而患不均"理解为"均贫富",在一定历史阶段有其进步意义,而在现代生活中却会带来某种悲哀。

在孔子"不患寡而患不均"的论述中,他把经济分配与社会稳定联系起来,这是很有价值的思想。他认为"均无贫,和无寡",就"安无倾"。经济分配涉及每个社会成员的实际利益,当社会成员认为经济分配不合理、不公正时,就会使社会孕育出不稳定的种子,在发展社会主义市场经济的当代中国,也必须充分注意经济分配与社会稳定的关系问题。

---

① 《论语·述而》。
② 《论语·雍也》。
③ 《论语·季氏》。
④ 胡寄窗:《中国经济思想史简编》,中国社会科学出版社 1981 年版,第 44 页。
⑤ 赵靖主编:《中国经济思想通史》第 1 卷,北京大学出版社 1991 年版,第 93 页。

孔子在消费观念方面是崇俭的。他主张治国要"节用而爱人"①，认为个人生活也是俭胜于奢，因为"奢则不孙，俭则固；与其不孙也，宁固"。② 孔子的消费观念也是对前人的继承和发展。公元前 670 年，鲁国大夫御孙就说："俭，德之共也；侈，恶之大也。"③那么，何为俭，何为奢呢？在孔子看来，在衣、食、住、行、交际、陈设、婚娶、丧葬、祭祀等各种活动中，应该严格按周礼的规定来进行。个人在消费中超过了礼制为自己的等级所规定的标准，就是"奢"；如果低于等级标准，就是"俭"。在孔子之前，鲁大夫臧孙达提出了"俭而有度"④，但语焉不详。孔子明确地把奢俭问题和周礼联系起来，这是孔子对先秦消费伦理观的一个发展。

孔子通过"奢"与"俭"的比较来倡导崇俭。他认为，"俭则固"，虽显得寒碜，有损体面，但"奢则不孙"，意味着对上层等级的傲慢和冒犯。因此，"礼，与其奢也，宁俭"。⑤ 从孔子的言论中不难看出，孔子不仅把消费看作是经济行为，更看作是伦理行为，是人的伦理地位、身份的表达。当季氏超越等级，"八佾舞于庭"，孔子怒不可遏，发出了"是可忍也，孰不可忍也"⑥的谴责。孔子强调以周礼为标准来判断消费行为是否适当，他自己也是身体力行，"非礼勿视，非礼勿听，非礼勿言，非礼勿动"。⑦ 根据周礼的要求，他在饮食方面"食不厌精，脍不厌细"，"割不正不食"⑧；服饰方面单、夹、裘均齐备；出门就得有车，"以吾从大夫之后，不可徒行也"。⑨

总之，孔子认为符合周礼的消费行为才是合乎道德的，要不折不扣地按照周礼的等级要求消费；反之，则是不道德的，要坚决反对和谴责。不难看出，无论是求富、分配，还是消费，孔子自始至终贯彻的都是"义以为上"的道德价值原则，这一道德价值原则是孔子经济伦理思想的核心。

二、孟子的经济伦理思想

孟子生活于战国时代，是孔子思想的忠实继承人。宋朝朱熹把《孟子》编入《四书》，《论语》、《孟子》并行以后，孟子的"亚圣"地位得以确定，孔孟之道成为儒学的正统。

孟子继承和发展了孔子的义利观，并把义与利的对立推到了极端。孔子"罕言利"，而孟子则认为"何必曰利"。例如，梁惠王问他："叟，不远千里而来，亦将有以利吾国乎？"他一再回答说："仁义而已矣，何必曰利。"因为在他看来，言利必然带来国家政权的崩溃，即"上下交征利而国危矣"。⑩ 又如有人听说秦楚将发生战争，打算从利害理由劝说两国统治者不要发动战争，但孟子认为应"以仁义说秦楚之王……何必曰利？"⑪他再一次表明自己的观点："君

① 《论语·学而》。
② 《论语，述而》。
③ 《左传·庄公二十四年》。
④ 《左传·桓公二年》。
⑤ 《论语·八佾》。
⑥ 《论语·八佾》。
⑦ 《论语·颜渊》。
⑧ 《论语·乡党》。
⑨ 《论语·先进》。
⑩ 《孟子·梁惠王上》。
⑪ 《孟子·告子下》。

臣、父子、兄弟终去仁义,怀利以相接",国家"不亡者,未之有也"。①

孟子不仅在治国中反对讲利,而且将"为善"还是"为利"作为圣贤还是强盗的区分标准。他说:"鸡鸣而起,孳孳为善者,舜之徒也;鸡鸣而起,孳孳为利者,跖之徒也。欲知舜与跖之分,无他,利与善之间也。"②这种区分实际是有失偏颇的。

孟子崇尚义,并把义建立在超越功利的基础上,这对于弘扬民族精神,提高个体的道德境界和意志力,是有利的。但排斥功利,对经济的发展却是不利的。

孟子经济伦理思想的突出之点在于为制民之产的伦理辩护。孟子认为:"民之为道也,有恒产者有恒心。苟无恒心,放辟邪侈,无为己。"③这就是为了维护封建的伦理秩序,必须使老百姓有固定地占有或使用的财产,这些财产能够做到"仰足以事父母,俯足以畜妻子,乐岁终身饱,凶年免于死亡"。④ 那么,这些恒产的具体数量是多少呢? 孟子认为,恒产的数量标准是五亩之宅,百亩之田。这些恒产从何而来? 孟子不主张让农民自行占垦土地,而主张由国家来"制民之产",即国家把给予每一农户五亩之宅、百亩之田作为一种制度规定下来。孟子详细描述了这种小农经济带来的理想生活:"五亩之宅,树之以桑,五十者可以衣帛矣。鸡豚狗彘之畜,无失其时,七十者可以食肉矣。百亩之田,勿夺其时,数口之家可以无饥矣。"⑤在保证百姓必要的物质生活条件的基础上,孟子提出了对他们"谨庠序之教,申之以孝悌之义"。⑥

孟子揭示了人的物质生活与道德生活的联系、百姓的物质生活保证与社会伦理秩序的稳定的联系,这是非常有价值的,它与管仲的"仓廪实而知礼节,衣食足而知荣辱"的思想是基本一致的。在中国古代经济伦理思想史上,它们是不可多得的思想闪光点。

分工概念是孟子卓越的经济思想之一。孟子反对农家许行"君民并耕"的主张,并有力论证了社会分工的必要性。在此基础上,孟子阐发了封建伦理关系的根据。他说:"治天下独可耕且为与? 有大人之事,有小人之事。且一人之身,而百工之所为备,如必自为而后用之,是率天下而路也。故曰:或劳心,或劳力。劳心者治人,劳力者治于人;治于人者食人,治人者食于人。天下之通义也。"⑦"君子劳心,小人劳力"的观点并非孟子首创,在他以前一两个世纪就不止一次出现过。但是,孟子首次将社会分工与封建的伦理关系、国家的统治秩序联系起来了。肯定脑力劳动和体力劳动的分工,并为之辩护,这是他的分工思想的积极方面。因为"当人的劳动的生产率还非常低,除了必要生活资料只能提供很少的剩余的时候,生产力的提高、交往的扩大、国家和法的发展、艺术和科学的创立,都只有通过更大的分工才有可能,这种分工的基础是从事单纯体力劳动的群众同管理劳动、经营商业和掌管国事以及后来从事艺术和科学的少数特权分子之间的大分工"。⑧ 但是,孟子把脑力劳动与体力劳动

---

① 《孟子·告子下》。
② 《孟子·尽心上》。
③ 《孟子·滕文公上》。
④ 《孟子·梁惠王上》。
⑤ 《孟子·梁惠王上》。
⑥ 《孟子·梁惠王上》。
⑦ 《孟子·滕文公上》。
⑧ 《马克思恩格斯选集》第 3 卷,人民出版社 1995 年版,第 525 页。

的分工和统治者与被统治者、剥削与被剥削的关系混为一谈,这是错误的。

三、墨子的经济伦理思想

墨子生活于战国初期,他所创建的墨学,在当时与儒学抗衡齐名,时称"儒墨显学"。墨子以"兼相爱,交相利"为原则,建立了他的思想体系。"兼相爱"更多地具有伦理的色彩,而"交相利"更多地具有经济的色彩,"兼相爱,交相利"在某种意义上说,达到了伦理原则和经济原则的统一。

墨子提倡"兼相爱",即天下人与人之间都应该同等地、无差别地彼此互爱:"视人之国,若视其国;视人之家,若视其家;视人之间,若视其身。"①墨子反对"别",即爱不应有亲疏、厚薄的差别,而应该是爱别人就像爱自己一样,他提出要用"兼"来代替"别"。从"兼相爱"的原则出发,墨子还提出了"非攻"思想,反对非正义的战争。

墨子的兼爱说与其他抽象地谈论人类之爱的学说也有一个明显的不同点,就是它不是从抽象的人的本性中引出,而是以功利为基础,将"兼相爱"与"交相利"结合在一起的。他认为:"虽有贤君,不爱无功之臣;虽有慈父,不爱无益之子。"②"贤君"、"慈父"对"臣"或"子"的爱也是基于功利的。他还认为,这种功利是互利的。这突出地表现在他的一段话中:"即欲人之爱利其亲也。然即吾恶先从事即得此? 若我先从事乎爱利人之亲,然后人报我爱利吾亲乎? ……曰:'无言而不雠,无德而不报。投我以桃,报之以李。'即此言爱人者必见爱也,而恶人者必见恶也。"③这里的"投桃报李"说明了爱是双向的,是建立在互利的基础上的。

以功利作为社会伦理的基础,使经济与伦理能更好地统一起来。这是墨子对先秦经济伦理思想的一大贡献。此外,墨子在消费方面的"节用"伦理原则也颇有影响。

墨子认为,国家的经济要发展,必须"去其无用之费"。④ "去其无用之费"就是节用。他甚至把节用对富国的作用看得比"生财"更重要,把节用看作是实现国家经济发展的主要手段。

先秦诸子都主张"崇俭"或"节用",但具体论点不尽相同,特别是儒墨两家更是大相径庭。在"奢"和"俭"的标准上,儒家以等级制为基础,以符合还是超过与等级所相适应的消费水平为标准,而墨子认为标准是"有用",财富使用在"有用"的地方,就符合节用原则,否则就是奢侈。这里的"有用",主要是指衣、食、住、行方面能满足基本生理需要。

在衣饰方面,墨子节用的标准是:"冬以圉寒,夏以圉暑""冬加温、夏加清"⑤,"适身体,和肌肤,而足矣。非荣耳目而观愚民也"。⑥ 在饮食方面,节用的标准是:"足以充虚继气,强股肱,耳目聪明,则止。不极五味之调、芬香之和,不致远国珍怪异物。"⑦在居住方面,节用

---

① 《墨子·兼爱中》。
② 《墨子·亲士》。
③ 《墨子·兼爱下》。
④ 《墨子·节用上》。
⑤ 《墨子·节用上》。
⑥ 《墨子·辞过》。
⑦ 《墨子·节用中》。

的标准是："室高足以辟润湿,边足以圉风寒,上足以待雪霜雨露。"①在交通工具方面,节用的标准是："全固轻利,可以任重致远。"②

从墨子的节用标准来看,他的节用论主要是针对统治阶级上层的奢侈消费而提出的。尽管他既反对"奢侈之君",也反对"淫僻之民",但他反对在衣饰方面"为锦绣文采靡曼之衣,铸金以为钩,珠玉以为佩。女工作文采,男工作刻镂,……单(殚)财劳力,毕归之于无用";反对在居住方面追求"台榭曲直之望,青黄刻镂之饰";反对在交通工具方面"饰车以文采,饰舟以刻镂"。③ 而在当时的历史条件下,普通老百姓在衣饰、居住、交通工具方面是不可能达到上述水平的。他这样做,是为了劝说统治者接受"俭节则昌,淫佚则亡"④的道理,而儒家崇俭着重反对的是较低等级的人在生活方面的僭越即超过等级标准的行为。儒墨两家在节俭或节用伦理观上的差异是显而易见的。

四、管子的经济伦理思想

管仲生活于春秋时代,他曾相齐桓公使之成为春秋时代的第一位霸主,是古代中国最著名而又最具有影响力的政治家之一。《管子》一书曾被人认为是管仲之作,而现在经考证,基本认定此书非一人一时之作,多为一些崇奉管仲的学者所撰述,基本体系形成的时间大致在战国中后期。在现存的《管子》七十六篇中,约有三分之二涉及经济问题,三分之一专谈经济问题,其经济思想资料之丰富,在中国古代文献中是罕与伦比的。在这些经济思想资料中,不乏伦理精神的光辉,"仓廪实而知礼节,衣食足而知荣辱"⑤是其中最著名的命题,至今还有广泛的影响。

经济与伦理的关系,在《管子》的第一篇就提出来了,管子认为:"凡有地牧民者,务在四时,守在仓廪。国多财,则远者来。地辟举,则民留处。仓廪实而知礼节,衣食足而知荣辱。上服度,则六亲固。四维张,则君令行。"⑥把"仓廪实"、"衣食足"这些人们物质生活条件的满足,看成是"知礼节"、"知荣辱",提高道德水准的基础,这实际上接近了物质生活状况决定社会道德风貌的认识,是唯物主义的观点。从这个观点出发,管子和他的学派认为管理国家必须先从经济入手,必须使人民富足起来。他在《治国》篇指出:"凡治国之道,必先富民。民富则易治也,民贫则难治也。奚以知其然也? 民富则安乡重家,安乡重家则敬上畏罪,敬上畏罪则易治也。民贫则危乡轻家,危乡轻家则敢凌上犯禁,凌上犯禁则难治也。故治国常富,而乱国常贫。是以善为国者,必先富民,然后治之。"

管子和他的学派治国思路是以"衣食足"为先决条件,把农民束缚在土地上,使之"安乡重家"。然后施之以德教,使之"知礼节"、"知荣辱",以收到"敬上畏罪"而"易治"之效。他们虽然认为道德的好坏决定于物质经济条件,但是又充分肯定道德风尚的作用。他们把礼、义、廉、耻定为"国之四维",并且认为"守国之度,在饰四维","四维张,则君令行","四维不

---

① 《墨子·辞过》。
② 《墨子·辞过》。
③ 《墨子·辞过》。
④ 《墨子·辞过》。
⑤ 《管子·牧民》。
⑥ 《管子·牧民》。

张,国乃灭亡"。①管子和他的学派提出"四维",这是对全社会的道德要求,而社会中人们所处的地位是不一样的。于是,他们从"礼"的角度提出了"大""小"不同的要求。"凡牧民者,欲民之有礼也。欲民之有礼,则小礼不可不谨也。小礼不谨于国,而求百姓之行大礼,不可得也。"②这里的"大"实际是对全社会的总体要求,"小"则是指对处于不同等级的人所提出的合乎各自身份的具体要求。管子和他的学派认为,社会成员都能做到"小礼",那么,"大礼"就可实现了。他们把伦理教育划分为不同层次的要求,并看到了不同层次伦理教育内容之间的联系,这是非常可贵的。

管子和他的学派在经济伦理思想上有一个显著的特点,就是把经济与伦理融合在一起。他们认为,礼义等抽象的伦理范畴无不包含着具体的经济内容,而重视发展经济以富国富民正是礼义的本意。他们认为,"德有六兴",这六兴是"厚其生","输之以财","遗之以利","宽其政","匡其急","振(赈)其穷",都是与经济生活联系在一起的。而义、礼等道德规范也注入了实在的经济内容。"义有七体。七体者何?曰:孝悌慈惠,以养亲戚。……纤啬省用,以备饥馑………""上下有义,贵贱有分,长幼有等,贫富有度,凡此八者,礼之经也。"③经济和伦理内容上的融合是对"仓廪实而知礼节,衣食足而知荣辱"这一理论观点的进一步发展,表明他们在一定程度上认识到经济基础与上层建筑的统一关系。

经济活动的动力是什么?是自利。这是管子和他的学派经济伦理思想中的一个基本观点。他们认为自利是人类的共同本性:"得所欲则乐,逢所恶则忧,此贵贱之所同有也。"④在中国历史上,他们首次将"自利"应用到社会经济问题的分析上。他们断定人的本性是"见利莫能勿就,见害莫能勿避",因此,"商人通贾,倍道兼行,夜以续日,千里而不远者,利在前也。渔人之入海,海深万仞,就波逆流,乘危百里,宿夜不出者,利在水也。故利之所在,虽千仞之山,无所不上,深渊之下,无所不入焉。故善者势(执)利之在,而民自美安,不推而往,不引而来,不烦不扰,而民自富。如鸟之覆卵,无形无声,而唯见其成"。⑤这就是说,"商人"也好,"渔人"也好,之所以能"倍道兼行,夜以续日",之所以能"就波逆流,乘危百里",是因为利益的驱动。人们在利己心的驱动下,会自己选择最适当的方式进行生产、流通等经济活动,完全不需要国家采取人为的办法实行干预和控制,即"不推而往,不引而来,不烦不扰,而民自富"。

这里,管子和他的学派提倡国家对私人经济活动采取"无为"的政策,正如他们所说:"无为者帝。"⑥"无为"思想源出于道家,但在管子和他的学派那里有了新的含义。他们的"无为"思想与道家有明显的区别,这表现在:第一,道家的"无为"是要使社会上的人都无为或不敢为,造成一种愚昧无知、不求进取的社会风尚,而管子和他的学派的"无为"是为了减少国家对百姓经济活动的干扰,以利于发挥百姓的生产积极性,使社会经济得以更快发展。第二,道家的"无为"是与寡欲、无欲联系在一起的,而管子和他的学派却是以承认人的欲望及

① 《管子·牧民》。
② 《管子·权修》。
③ 《管子·五辅》。
④ 《管子·禁藏》。
⑤ 《管子·禁藏》。
⑥ 《管子·乘马》。

满足欲望的道德合理性为前提的，他们的伦理观点来自经济生活，又为经济生活服务。

管子和他的学派的消费伦理观是颇为特殊的。一方面，他们宣扬节俭，但是另一方面，在某种情况下鼓励奢侈，很值得研究。有关节俭的论述在《管子》一书中是不少的，例如："夫物有多寡，而情不能等。事有成败，而意不能同。行有进退，而力不能两也。故立身于中，养有节。宫室足以避燥湿，食饮足以和血气，衣服足以适寒温，礼仪足以别贵贱，游虞足以发欢欣。棺椁足以朽骨，衣衾足以朽肉，坟墓足以道记。不作无补之功，不为无益之事，故意定而不营气情。气情不营，则耳目谷、衣食足。耳目谷、衣食足，则侵争不生，怨怒无有，上下相亲，兵刃不用矣。故适身行义，俭约恭敬，其虽无福，祸亦不来矣。"①

管子和他的学派认为，奢侈势必导致"邪巧作"，而危及社会政治、经济秩序，那种不从国家大计着眼而生活奢侈的人，是"不可使用国"的。他们认定"国虽富，不侈泰，不纵欲"。②以上这些观点与先秦许多思想家的观点并无二致，但管子和他学派决非专门崇俭的思想家，他们甚至在某种情况下鼓励侈靡。鼓励侈靡的观点比较完整地体现在《侈靡》篇中。

在《侈靡》篇中，作者认为："兴时化，若何？莫善于侈靡。"在社会生产不振的情况下，提倡侈靡能推动生产。"富者靡之，贫者为之，此百姓之总生，百振而食……"富人大量消费，穷人因而得到工作，这是人民生活的路子，通过发展各业而贫富相济。

在《侈靡》篇中甚至把"富者靡之，贫者为之"的观点推到一个不可思议的极端，即所谓的"雕卵然后瀹之，雕橑然后爨之"。在煮鸡蛋或烧木柴之前先将它们加以雕绘，这样可以增加从事雕绘的人的生计。作者还认为，"巨瘗培，所以使贫民也；美垄墓，所以使文萌也；巨棺椁，所以起木工也；多衣衾，所以起女工也。犹不尽，故有次浮也，有差樊，有瘗藏，作此相食"。把坟坑挖得很大，使穷人有工作做；把墓地造得很堂皇，使工匠有工作做；把棺椁做得特别好，使木工有工作做；把殡殓衣被做得特别多，使女工有工作做。此外，还要有各种祭祀包裹（"次浮"）、各种仪仗（"差樊"）、各种殉葬品（"瘗藏"）。用这些办法，贫民就可以有工作而获得衣食。

《侈靡》篇中有关消费伦理观点的思路是，侈靡消费——解决就业——促进经济发展。作者为侈靡所作的伦理辩护与《管子》其他篇幅中主张的消费伦理有着明显的不同。它是西汉时期的作品，与当时的社会大环境相吻合。在历史上，北宋范仲淹运用了《侈靡》篇中的思想观点，在解决旱灾问题中收到了良好的效果。但历代学者对此篇旨意未进行阐发。直至19世纪末，章太炎首先发掘出这篇被湮没了两千多年的重要论文，指出：《管子》之言，兴时化者，莫善于侈靡，斯可谓知天地之际会，而为《轻重》诸篇之本……"③20世纪50年代，郭沫若也对《侈靡》篇进行了研究，考证了该篇的创作年代，并指出作者是代表"商人阶级"说话的。④ 郭沫若的观点与章太炎的观点基本相同。《侈靡》篇之所以受到学术界的注意，是因为其中的思想观点虽然偏颇，但其中也有真理的颗粒。英国古典经济学创始人威廉·配第提出宁愿粉饰"凯旋门"以增加就业的看法，现代西方著名经济学家凯恩斯的公共工程政策，

---

① 《管子·禁藏》。
② 《管子·重令》。
③ 章太炎：《喻侈靡》，《章太炎选集》，上海人民出版社 1981 年版，第 20 页。
④ 《郭沫若全集·历史编3》，人民出版社 1984 年版，第 141—146 页。

都与《侈靡》篇中的观点有不谋而合之处。

第二节 西方历史上的经济伦理思想

在绵延几千年的西方历史中,古希腊文化占有极为重要的篇章。古希腊人在其涉猎的许多领域中都表现出卓越的才华和深刻的见解,在他们的思想中,我们"差不多可以找到以后各种观点的胚胎、萌芽",在经济伦理思想方面同样如此。亚里士多德作为古希腊最伟大的思想家,他的著述几乎涉及当时人类知识的每一个领域,并在各个领域里都有所建树。他是西方古代经济伦理思想研究的奠基人,研究西方历史上的经济伦理思想,不能不从他那儿起步。

一、亚里士多德的经济伦理思想

亚里士多德的经济伦理思想主要集中于《政治学》和《伦理学》两本著作中。如何对待财富? 如何获得财富? 这是经济伦理学中一个重要的问题。亚里士多德分析了两种财富观:"其一便是专以聚敛财富(金钱)为能事,另一却为生活而从事于觅取有限的物资。"[1]他批评了当时存在的一股"尚富的暗流",以及不顾道德追逐金钱的社会风气。有些人"信奉钱币就是真正的财富,而人生的要图在于保持其窖金,或无止境地增多其钱币",把自己的技术和才能"仅乎自然的正道而应用到致富这一目的上"。[2] 亚里士多德反对这种财富观,认为人们之所以产生这种心理,"实际上是由于他们只知重视生活而不知何者才是优良生活的缘故;生活的欲望既无穷尽,他们就想象一切满足生活欲望的事物也无穷尽"。[3] 他断言:"人类的恶德就在他那漫无止境的贪心,一时他很满意于获有两个奥布尔的津贴,到了习以为常时,又希望有更多的津贴了,他就是这样的永不知足。人类的欲望原是无止境的,而许多人正是终生营营,力求填充自己的欲壑。"[4]

亚里士多德认为,"优良生活者一定具有三项善因:外物诸善,躯体诸善,灵魂诸善"。"外物诸善"即"财富、资产、权力、名誉以及类此的种种事物","有如一切实用工具,(其为量)一定有所限制。……任何这类事物过了量都对物主有害,至少也一定无益",而"灵魂诸善"即德性则相反,"愈多而愈显见其效益"。可见,亚里士多德认为优良的生活包括财富、身体和德性,但在孰重孰轻问题上,他强调的是德性。对财富的追求必须加以限制,而对德性的追求却多多益善。他认定,"灵魂也一定比我们最富饶的财产或最健壮的躯体为更珍贵。(我们还要注意)所有这些外物(财产和健康)之为善,实际都在成就灵魂的善德,因此一切明哲的人正应该为了灵魂而借助于外物,不要为了外物竟然使自己的灵魂处于屈从地位"。[5]亚里士多德强调德性高于财富,德性统帅财富,反对德性"屈从"于财富而造成堕落。

---

① [古希腊]亚里士多德:《政治学》,吴寿彭译,商务印书馆 1965 年版,第 29 页。
② 同上注。
③ 同上注。
④ 同上书,第 73 页。
⑤ 同上书,第 340—341 页。

经济伦理学

亚里士多德的财富观中贯穿着他的"中道"伦理原则。他说:"自私固然应该受到谴责,但所谴责的不是自爱的本性而是那超过限度的私意,——譬如我们鄙薄爱钱人就只因为他过度的贪财。"①亚里士多德认为"过度的贪财"是违背"中道"伦理原则的,所谓"中道",就是"适度"、"适中"、"执中"的意思,也就是"无过无不及"的中间境界。追求财富本身不能与恶画等号,"过度的贪财"才是恶。可见,亚里士多德主张用理性来节制的欲望,使人对财富的追求不超过德性所规定的限度。

亚里士多德认为:"财富是些有用的东西,对有用的东西的使用,既可以好,也可以坏。一个人能够对每样东西都良好地使用,他就具有了对这东西的德性。一个人能对财富最好地使用,也就具有了在财物方面的德性,这样的人也就是个慷慨的人。"他运用中道伦理原则划分人们在财富方面的道德是非,在"财物上的过度就是浪费,在财物上的不及就是鄙吝",而财物的给予和接受上的中道是慷慨。他充分肯定慷慨在德性中的地位,指出:"在一切德性之中,慷慨几乎为人最钟爱,因为在给予之中,可以有助于人。"亚里士多德对慷慨行为的内涵也作了阐发,他认为,一个慷慨的人应该"以应该的数量"、"在应该的时间"、"以应该的方式"给予"应该的对象"。慷慨并不在于"所给予东西的数量,而在于给予者的品质"。②

在财富观上,亚里士多德有个引人注目的观点,即对经商和钱贷作了道德上的否定。他将致富分为两种方式:一种是通过农、牧、渔、猎致富,另一种是通过经商致富,并认为"前者顺乎自然地由植物和动物取得财富,事属必需,这是可以称道的;后者在交易中损害他人的财货以牟取自己的利益,这不合自然而是应该受到指责的"。亚里士多德认为,钱贷"则更加可憎";"这种行业不再从交易过程中牟利,而是从作为交易的中介的钱币身上取得私利","是最不合乎自然的"。③ 如果亚里士多德反对的是高利贷,那无疑是正确的,但一般地反对"货币增殖货币",这就站不住脚了。亚里士多德认为经商不合道德,"应该受到指责",显然是不对的。

亚里士多德从经济交往中论证伦理原则的重要性,他在其伦理学著作中写道:在商品交换活动中,当"双方还保持着他们自己的产品的时候,而不是在已经发生交换之后,必须把交换的条件归纳成用数字表示的比例,否则双方中的一方将试图争取优势,以少量换取多量。数字比例确定以后,双方这就可以进行公正的联系,否则两者之间是不可能建立恰当的平衡关系的"。④ 这里,亚里士多德提出了经济交往中的伦理原则——公正性问题,他认为为了取得互惠的效果,双方交换的产品必须以量化的比较形式达到平衡,而这种平衡引出的伦理原则就是公正性问题。数字比例不合理,其中一方认为不公正,商品交换就夭折了;数字比例合理,双方都认为是公正的,商品交换就成功了。亚里士多德认为,"公正就是某种比例,而这种比例所固有的性质不仅是抽象的目的,而且是普通的数目","公正就是比例,不公正就是违反了比例,出现了多或少,这在各种活动中是经常碰到的"。⑤ 公正在古希腊的伦理

---

① 〔古希腊〕亚里士多德:《政治学》,吴寿彭译,商务印书馆1965年版,第55页。
② 本段引文均出自〔古希腊〕亚里士多德:《尼各马科伦理学》,苗力田译,中国社会科学出版社1990年版,第65—67页。
③ 〔古希腊〕亚里士多德:《政治学》,吴寿彭译,商务印书馆1981年版,第31—32页。
④ 〔美〕A·E·门罗编:《早期经济思想:亚当·斯密以前的经济文献选集》,蔡受百等译,商务印书馆1985年版,第26页。
⑤ 〔古希腊〕亚里士多德:《尼各马科伦理学》,苗力田译,中国社会科学出版社1990年版,第94页。

思想中占有极为重要的位置,甚至被认为是"一切德性的总汇"。亚里士多德继承了前人的思想,也认为,"公正不是德性的一个部分,而是整个德性"。① 而他把公正与数字比例联系起来,并进而论证了经济活动中公正原则的必要性,是独树一帜的。亚里士多德还把公正分为两类:一类表现在财物和荣誉等等的分配中,另一类则在交往中提供是非的标准。他明确地把"买卖、高利、抵押、借贷、寄存、出租"等等经济交往活动归之于后者,认为公正原则为其提供"是非的标准"。② 这也表明,公正作为经济活动中的伦理原则,并非亚里士多德偶尔提到的一个观点,而是深深植根于他的经济思想和伦理思想之中。

亚里士多德还分析了经济活动中道德败坏现象的根源。他说:"对毁约行为的起诉,对伪证行为的判罪,对富人的阿谀趋奉,等等,据说这些现象都是起因于私产。但是这些罪行系出于另一全不相干的原因——人性之不善。"③亚里士多德把人性善恶与经济活动中的道德现象联系起来,不无价值,但完全排斥了私有财产等物质资料生产方式的作用,即使在古希腊时代也未必会被人们所接受。

二、托马斯·阿奎那的经济伦理思想

托马斯·阿奎那是著名的中世纪的经院哲学家、伦理学家。他撰写了《神学大全》和《反异教大全》等著作,还极为详细地校订和注释了亚里士多德的著作。在托马斯之前,建立在柏拉图主义之上的教父哲学统治着基督教会,奥古斯丁被视为至高无上的权威与永不枯竭的思想源泉。13世纪,教父哲学受到强烈的冲击。托马斯抛弃了奥古斯丁及其追随者一直沿用的旧的柏拉图的理论,改用了当时兴起的亚里士多德主义,更新了理论体系,挽救了基督教所面临的信仰危机。在托马斯的经济伦理思想中,我们可以清晰地看到亚里士多德思想的影响。

欧洲中世纪长达千年,基督教神学统治着人们的思想,它被人们称为"黑暗的时代"。然而,即便如此,作为社会生存和发展基础的经济活动没有也不可能停止运行,也需要以一定的伦理规范来确定经济行为的准则。托马斯·阿奎那广泛吸收前人的观点,将圣经、教父的教义和亚里士多德的著述综合起来,从买卖交易中的欺骗、经商和高利贷的道德评价等方面展开了他的经济伦理思想。

公平价格,或曰公正价格,是交换公平的核心,它一直是中世纪经院哲学的中心议题。托马斯·阿奎那认为,"在商业(交换)的公正原则中,主要的考虑应当是物品的均等",而"物品的均等"是"用给它定的价格来衡量的"。在回答"一个人是否可以合法地按照高于物品所值的价格出卖该物品"问题时,他认为这种做法"因缺乏公正原则所需要的那种均等",④因而在道德上是应该否定的。然而,值得注意的是,托马斯·阿奎那在讨论公平价格时,论述有时是未完成的和相互矛盾的。而他一以贯之的经济伦理思想是反对在买卖交易中的欺骗行为,他明确地说:"为了达到高于公正价格的价格出卖物品的特殊目的而进行欺骗,是完全

① [古希腊]亚里士多德:《尼各马科伦理学》,苗力田译,中国社会科学出版社1990年版,第90页。
② 同上书,第92—93页。
③ [美]A·E·门罗编:《早期经济思想:亚当·斯密以前的经济文献选集》,蔡受百等译,商务印书馆1985年版,第23—24页。
④ 同上书,第46—47页。

有罪的。"①

托马斯·阿奎那不仅反对价格欺骗,也反对在商品的质量和数量方面的欺骗。他写道:"一件出售的物品如有以下三种缺陷之一,就构成了欺骗,是不道德的,也是非法的。第一种是关于物品之本质方面的,如果卖者知道他所出卖的物品中有缺陷,他就是进行欺骗,这个销售就是非法的。第二种缺陷是关于那种用量具来测认的数量方面的,如果一个人在出售物品时有意地使用较小的量具,他就是干着骗人的勾当,这样的销售也是非法的。第三种缺陷是关于质量方面的,诸如,把一个衰弱畜牲当做强壮的来卖;假如一个人有意地这样做,他就是在销售中干着骗人的勾当,因而这个销售就是非法的。"②这三种缺陷就是三种类型的商业欺诈,即挂羊头卖狗肉、缺斤少两和以次充好。托马斯·阿奎那对这些商业欺诈行为的谴责表明,不同时代的思想家在经济活动中具有某些共同的道德价值观。

如何对待经商活动?经商等于恶吗?亚里士多德两种方式致富的观点认为,依靠农、牧、渔、猎致富是自然的、合乎道德的,而依靠经商致富是不合自然的,是缺德的。托马斯,阿奎那继承了亚里士多德两种致富方式的划分,但对经商致富是否必然等于恶作了修正。他认为,"贸易活动之本身就被认为有点不光荣,因为它并不是在逻辑上必然地包含着光荣的或必需性的目的。不过,那种作为贸易活动之目的的获利,尽管它并不在逻辑上必然地包含着任何光荣的或必需性的东西,可是它也并不在逻辑上必然地包含着任何有罪的或违反道德的东西"。③ 这也就是说,经商并不必然地包含着善,也并不必然地包含着恶,"获利""能够被引导到某些必需性的甚或光荣的目的上去",使贸易活动成为合法。

托马斯·阿奎那还为商人在交易中获得"适当的赢利"进行伦理辩护。他指出:"有时有人用他在交易中获得的适度的赢利来维持他的家计,甚或去帮助穷苦的人,有时甚或有人为着公共的福利而致力于贸易活动,而如果他不去这样做的话,国家生活所需要的物品恐怕就会感到缺乏。因而,寻求赢利就不是作为目的,而是作为他的努力的报酬了。"④托马斯·阿奎那认为商人的"适当的赢利"是"他的努力的报酬",有利于国家、社会、他人以及经商者本人,因此不能在道德上加以否定。

在对高利贷的道德评价方面,托马斯·阿奎那坚持亚里士多德的观点,认为高利贷是不公正的。他指出:"贷出金钱以收取高利,就其本身来说是不公正的,因为这是一种把并不存在的东西去出卖的行为,由此,那种违背公正原则的不均等就明显地产生出来了。"放债取息在古希腊颇受指责,中世纪教会严禁僧侣放债取息,至公元 8 世纪,这一禁令扩大到了俗人。但是由于信贷关系已经发展,教会本身也在大量从事信贷业务,因此有必要对信贷活动的道德评价作出必要的修正。托马斯·阿奎那适应社会经济活动的发展,对高利贷进行道德谴责,但不全盘否定放债取息,他认为,"一个没有义务出借钱财的人,是可以对他所做的这种事情收受补偿的,但不应当索取得过多"。⑤ 这就是说,在某些情况下,借贷者获得适当的利

① [美]A·E·门罗编:《早期经济思想:亚当·斯密以前的经济文献选集》,蔡受百等译,商务印书馆 1985 年版,第 46 页。
② 同上书,第 49 页。
③ 同上书,第 55 页。
④ 同上注。
⑤ 同上书,第 61 页。

息在道德上还是被认可的。他还认为，"一个用某种合伙的方式把他的金钱委托给一个商人或匠人的人，并没有把金钱的所有权转让给后者，而是保留在他自己手里；这样，那个商人或匠人是在由金钱的所有者自担风险的情况下来从事贸易或使用它的。因此，他可以合法地对从金钱的利用中所产生的利益的一部分提出要求，因为这是来自他自己的财产的"。① 这里，托马斯·阿奎那没有区别贷款和投资、利息和利润，但是他对通过投资获得收益是持道德上的肯定态度的。

三、亚当·斯密的经济伦理思想

亚当·斯密是英国古典政治经济学家和伦理学家。在西方经济伦理思想的发展过程中，他的思想理论曾经产生了巨大的影响。1759 年，他发表了第一部著作《道德情操论》，一举成名。17 年之后，他又出版了《国民财富的性质和原因的研究》一书，从而奠定了他作为古典政治经济学最优秀的代表人物之一的地位。

亚当·斯密是从人类利己主义本能演绎出整个经济理论体系的。他写道："别的动物，一达到壮年期，几乎全都能独立，自然状态下，不需要其他动物的援助。但人类几乎随时随地都需要同胞的协助，要想仅仅依赖他人的恩惠，那是一定不行的。他如果能够刺激他们的利己心，使有利于他，并告诉他们，给他做事，是对他们自己有利的，他要达到目的就容易得多了。不论是谁，如果他要与旁人做买卖，他首先就要这样提议：请给我以我所要的东西吧，同时，你也可以获得你所要的东西。这句话是交易的通义。"② 亚当·斯密认为，人类所需要的相互帮助、彼此协作，是依照物物交易的方法，通过利己心的驱动而实现的。他还举例说："我们每天所需的食料和饮料，不是出自屠户、酿酒家或烙面师的恩惠，而是出于他们自利的打算。我们不说唤起他们利他心的话，而说唤起他们利己心的话。我们不说自己有需要，而说对他们有利。"③

亚当·斯密认为，个人对自身利益的追求，不仅不与社会利益冲突，而且与社会利益是一致的。追求个人利益，也推动了整个社会的发展。尽管人们在从事经济活动时，未必抱有促进社会利益的目的，但他受着一只"看不见的手"的指导，去尽力达到一个并非他本意要达到的目的。他追求自己的利益，往往使他能比在"真正出于本意的情况下更有效地促进社会的利益"。④ 这里的"看不见的手"是指商品交换中价值规律的作用，亚当·斯密认为，在价值规律的作用下，各人出于利己心，都不断地努力为他们自己所能支配的资本找到最有利的用途。"他们把过多资本投在此等用途，那么这些用途利润的降落，和其他各用途利润的提高，立即使他们改变这错误的分配。用不着法律干涉，个人的利害关系与情欲，自然会引导人们把社会的资本，尽可能按照最适于全社会利害关系的比例，分配到国内一切不同用途。"⑤从人的利己心出发，在"看不见的手"的作用下，亚当·斯密将个人利益与社会利益联

---

① ［美］A·E·门罗编：《早期经济思想：亚当·斯密以前的经济文献选集》，蔡受百等译，商务印书馆 1985 年版，第 65 页。
② ［英］亚当·斯密：《国民财富的性质和原因的研究》（简称《国富论》）上卷，郭大力、王亚南译，商务印书馆 1972 年版，第13—14 页。
③ 同上书，第 14 页。
④ 同上书，第 27 页。
⑤ 同上书，第 199 页。

经济伦理学

系了起来,并构成了他的经济思想的伦理基础。

从上述的伦理基础出发,亚当·斯密逻辑地引出了他为自由放任的经济制度及其运行机制的伦理辩护。他认为,一方面利己心是人的天性,是自然赋予的,追求个人利益成了自然之理,对追求个人利益的活动就不应限制,任何干预都是不自然的;另一方面,"看不见的手"必然引导利己心走向有利于社会利益的方向,因而任何干预都是多余的。他认为,代表国家的君主的义务主要是三条:一是"保护本国社会的安全,使之不受其他独立社会的暴行与侵略";二是"为保护人民不受社会中任何其他人的欺侮或压迫,换言之,就是设一个严正的司法行政机构";三是"建立并维持某些公共机关和公共工程"①。在这些义务中,没有国家对私人产业的监督和指导。亚当·斯密认为自由放任的经济,是自然发展的要求,是善的,国家没有必要也不可能对经济发展实行干预。亚当·斯密的这一理论对后人产生了重要影响,但到了 20 世纪 30 年代,主张国家干预的凯恩斯主义的崛起,使这一理论遇到了强有力的挑战。

马克思指出,亚当·斯密"对一切问题的见解都具有二重性"。②亚当·斯密在其经济学名著《国富论》中以利己心为轴心,演绎出他整个经济理论体系,而在其伦理学名著《道德情操论》中却以同情心为轴心,阐述他的道德理论。他继承了哈奇逊道德感学说,并吸取了休谟"同情论"的思想,系统地发挥了关于道德同情的理论。他写道:"无论人类如何被视为自私自利,然而,在他本性之中却很明显地存有几种原则,使他能关怀别人的祸福,而且以他人之能有幸福为自己生活所必需,虽然除了在看见他人幸福时感到欣慰外,他别无所得。怜悯心和同情心便属于这一类。……即使如凶顽毁法之流,社会上一向视之为元恶大凶,也并非完全没有这种天性。"③亚当·斯密认为同情心人皆有之,是人的天性,但他并不承认这是神启的,而是认为同情心是在一定的生活经验基础上形成的。通过以感觉为基础的想象,人们可以把自己置身于别人的处境中,设想自己正在忍受同样的痛苦。这种设身处地的想象,在某种程度上把自己变成同被同情对象一样的人,简直可以说同他融为一体,因而产生与被同情者同样的某些意识,甚至形成某些在程度上弱于被同情者的感觉。这就是亚当·斯密所说的"情感共鸣"。"情感共鸣"论继承了休谟的"同情是人性中的一个很强有力的原则"的思想,它并未构成亚当·斯密伦理思想的核心。"情感共鸣"论的重要性在于,亚当·斯密在此基础上,提出了判断人们行为和情感正当与否的方法,提出了道德原则形成过程的新见解。他认为,人们判断任何人的行为和指导行为的情感时,不仅要从行为动机上,也要从行为后果上,判断情感是否适宜及其与引起情感的原因之间的关系。这种方法在实际运用时,还必须与判断者的经验相联系。亚当·斯密甚至认为要把上述判断和评价标准运用到法律关系中去,用同情来确定处罚的正当与否。

亚当·斯密认为人是"经济人",是利己的,同时又认为人是道德人,具有同情心,是利他的,这两个相反的人性论命题似乎成为一个明显的矛盾。两百多年来,众多学者对此颇为关注。对此问题作出解答的人并没有取得共识,一个较为流行的答案是:亚当·斯密在其写作

---

① 〔英〕亚当·斯密:《国富论》上卷,郭大力、王亚南译,商务印书馆 1972 年版,第 254、272、284 页。
② 《马克思恩格斯全集》第 33 卷,人民出版社 2004 年版,第 136 页。
③ 周辅成编:《西方伦理学名著选辑》下卷,商务印书馆 1987 年版,第 177 页。

过程中,改变了他的观点,即亚当·斯密在撰写《道德情操论》时,持利他主义观点,而 17 年之后在撰写《国富论》时由于受到重农学派观点影响,则由利他主义改变为利己主义。德国的旧历史学派早在 19 世纪中叶就提出这一观点。

然而,这一观点是值得商榷的。从两本著作的写作来分析,两者都源于亚当·斯密在格拉斯哥大学的"道德哲学"讲稿。亚当·斯密从 1752 年至 1764 年被聘为该大学的"道德哲学"教授,当时的"道德哲学"包括社会科学多方面的问题,他在大学讲授的该课程的内容就包括神学、伦理学、法学和政治学四大部分。《道德情操论》是他讲稿中的伦理学部分经过加工而出版成书的,而《国富论》则基本上是在他的讲稿中的政治学部分的基础上写成的,出版的先后并非思想形成的先后,两者应分清。

另外,《国富论》出版后,《道德情操论》两次再版。亚当·斯密还在每次再版时,对该书进行补充、修正。这一史实也否定了在撰写《国富论》时,亚当·斯密已经抛弃了《道德情操论》中的观点。[1]

关于亚当·斯密经济伦理思想中利己与利他矛盾问题之争,绝非仅仅是学术之争,它对于现实生活中如何处理两者关系问题,使经济与伦理协调发展,有着重要意义。我们在注意亚当·斯密经济伦理思想矛盾时,也应看到他曾阐发了人对高尚道德的追求和对人的利己心的控制。他写道:"有完全道德的人……是一个能把对于别人的原始的和同情心的微妙感情和得到最完全控制的、原始的和自私的感情结合起来的一个人","理智、原则、良心"等是比"仁爱的火花""更大的力量和更强的动因",抵抗着"利己的强烈冲击"。[2] 澄清亚当·斯密经济伦理思想中的这一争论问题,能使我们认识到,只要采取自由放任政策,激动的利己主义会自然而然地引导着经济走向公平和繁荣,这样的观点只能是一个天真的幻想。

四、马克斯·韦伯的经济伦理思想

马克斯·韦伯是德国著名社会学家、历史学家和经济学家,在西方学术界有着广泛的影响。他一生致力于考察"世界诸宗教的经济伦理观",并首先提出了"经济伦理"概念。他的主要著作有《新教伦理与资本主义精神》、《世界伦理的经济伦理学》、《经济与社会》等。

韦伯认为,物质和精神是可以相互独立的,它们之间并不存在前者决定后者的问题,相反地,在现代资本主义问题上,倒是资本主义的精神导致了资本主义制度的产生。在《新教伦理与资本主义精神》中,韦伯力图论证伦理精神是引发社会经济变革的真正独立而又自发的动力。他写道:"虽然经济理性主义的发展部分地依赖理性的技术和理性的法律,但与此同时,采取某些类型的实际的理性行为却要取决于人的能力和气质。如果这些理性行为的类型受到精神障碍的妨害,那么,理性的经济行为的发展势必会遭到严重的、内在的阻滞。各种神秘的和宗教的力量,以及以它们为基础的关于责任的伦理观念,在以往一直都对行为发生着至关重要和决定性的影响。"[3] 具体说来,韦伯认为新教伦理对于西方近代资本主义

---

① 详见陈岱孙:《亚当·斯密思想体系中同情心和利己主义矛盾的问题》,《真理的追求》1990 年第 1 期,第 19—22 页。

② [英]亚当·斯密:《道德情操论》,1880 年英文版,第 152、137 页。

③ [德]马克斯·韦伯:《新教伦理与资本主义精神》,于晓、陈维纲译,生活·读书·新知三联书店 1987 年版,第 15—16 页。

制度的形成和发展起着"至关重要和决定性的影响",他以加尔文派的教义为范例来进行分析。

加尔文新教伦理的中心是上帝预定论,即上帝早已按照自己的意旨,决定了要将谁收入他的救恩之中,给他以永恒的生命;决定了将谁贬入灭亡,给予永远的惩罚。但加尔文新教又认为,信奉上帝预定论并不排斥个人的道德努力,他写道:"在指出人在其所留存的东西中没有任何是善的时候,在指出最悲惨的必然性围绕着人的时候,仍然要教导人去热望他所没有的善和他所失去的自由;应当唤醒人用更踏实的勤奋而不是从假定人有最大的力量来克服怠惰。"①韦伯抓住这一特点,指出加尔文的新教伦理与其他宗教伦理相比,"增加了这样一种观念:必须在世俗活动中证明一个人的信仰。由此便给更为广大的具有宗教倾向的人带来一种明确的实行禁欲主义的诱引"。②

韦伯又指出,在加尔文新教伦理中,"善行不是用来购买救赎,而是用来消除罚入地狱的恐惧的技术性手段,在这个意义上,善行有时被看成对救赎是直接必须的"。③ 加尔文教徒为了使自己从被罚入地狱的恐惧中解脱出来,争取获救,便开始无休止地进行劳作和有条理地进行世俗活动。他们把世俗工作视为"神的召唤"或"天职",世俗的一切作为都是为了荣耀上帝的恩宠。这样,就把宗教伦理中的信念伦理与责任伦理互补交融地结合起来了。

信奉加尔文教的工人把劳动视为"天职",是最善的,是获得上帝恩宠的唯一手段,而雇主的商业活动也被解释成一种"天职","倘若财富意味着人履行其职业责任,则它不仅在道德上是正当的,而且是应该的,必须的"。④ 韦伯指出,"在清教徒的心目中,一切生活现象皆是由上帝设定的,而如果他赐予某个选民获利的机缘……虔信的基督徒理应服膺上帝的召唤,要尽可能地利用这天赐良机。要是上帝为你指明了一条路,沿循它你可以合法地谋取更多的利益(而不会损害你自己的灵魂或者他人),而你却拒绝它并选择不那么容易获利的途径,那么你会背离从事职业的目的之一,也就是拒绝成为上帝的仆人"。⑤ 工人劳动成为一种"天职",雇主的商业活动也是一种"天职",勤奋地努力工作被认为是一种美德。追求财富与金钱,不再等于罪恶,相应地,无止境地追求利润的活动逐渐被认可。新教伦理孕育了资本主义精神的产生。

加尔文等新教伦理鼓励人们勤奋地工作,使获利冲动合法化,并把它看作上帝的直接意愿,同时又"束缚着消费,尤其是奢侈品的消费"。⑥ "当消费的限制与这种获利活动的自由结合在一起的时候,这样一种不可避免的实际效果也就显而易见了:禁欲主义的节俭必然要导致资本的积累。强加在财富消费上的种种限制使资本用于生产性投资成为可能,从而也就自然而然地增加了财富。"⑦简言之,新教伦理直接推动了资本主义经济的发展。

韦伯认为,西方民族在经过宗教改革以后形成的新教伦理对近代资本主义的发展起了

---

① 周辅成编:《西方伦理学名著选辑》上卷,商务印书馆 1964 年版,第 492—493 页。
② [德]马克斯·韦伯:《新教伦理与资本主义精神》,于晓、陈维纲译,生活·读书·新知三联书店 1987 年版,第 93 页。
③ 同上书,第 88 页。
④ 同上书,第 127 页。
⑤ 同上注。
⑥ 同上书,第 134 页。
⑦ 同上书,第 135 页。

重大的促进作用,而中国等东方古老民族没有经过宗教改革的宗教伦理精神对这些民族的资本主义发展起了严重的阻碍作用。他认为中国的儒教是"理性地适应于此世",而新教是"理性地支配这个世界",儒家按"君子理想"培养出来的人是适应不了理性资本主义的各种要求的。尽管韦伯运用比较的方法,对这一观点作了较为充分的理论论证,但实践对他的这一观点还是提出了疑问。20世纪60年代以后,日本以及亚洲"四小龙"这些深受中国儒家伦理思想影响的国家和地区,经济迅速起飞,究其原因,儒家伦理思想功不可没。可见,韦伯的这一观点有失偏颇。

　　韦伯以其研究新教伦理对资本主义经济的产生和发展而闻名于世,他强调伦理精神的作用,但并未落入唯心主义的窠臼。他在《新教伦理与资本主义精神》里写道:"以对文化和历史所作的片面的唯灵论因果解释来替代同样片面的唯物论解释,当然也不是我的宗旨。""这里我们仅仅尝试性地探究了新教的禁欲主义对其他因素产生过影响这一事实和方向;尽管这是非常重要的一点,但我们也应当而且有必要去探究新教的禁欲主义在其发展中及其特征上,又怎样反过来受到整个社会条件,特别是经济条件的影响。"[①]我们从整体上把握韦伯的经济伦理思想时,也应充分注意到这一点。

経済伦理学

① ［德］马克斯·韦伯:《新教伦理与资本主义精神》,于晓、陈维纲译,生活·读书·新知三联书店1987年版,第143—144页。

216

主要参考文献

［英］亚当·斯密:《国民财富的性质和原因的研究》,郭大力、王亚南译,商务印书馆 1972 年版。

［英］穆勒:《功用主义》,唐钺译,商务印书馆 1957 年版。

［德］马克斯·韦伯:《新教伦理与资本主义精神》,于晓、陈维纲译,生活·读书·新知三联书店 1987 年版。

［美］丹尼尔·贝尔:《资本主义文化矛盾》,赵一凡等译,生活·读书·新知三联书店 1989 年版。

［美］麦金泰尔:《德性之后》,龚群等译,中国社会科学出版社 1995 年版。

［英］汤因比:《历史研究》,曹末风等译,上海人民出版社 1966 年版。

［美］约瑟夫·P·德马科等编:《现代世界伦理学新趋向》,石毓彬等译,中国青年出版社 1990 年版。

［美］库尔特·勒布、托马斯·盖尔·穆尔编:《施蒂格勒论文精粹》,吴珠华译,商务印书馆 1999 年版。

［美］A·E·门罗编:《早期经济思想:亚当·斯密以前的经济文献选集》,蔡受百等译,商务印书馆 1985 年版。

［英］琼·罗宾逊等:《现代经济学导论》,陈彪如译,商务印书馆 1985 年版。

［美］阿马蒂亚·森:《伦理学与经济学》,王宇、王文玉译,商务印书馆 2000 年版。

［德］P·科斯洛夫斯基:《资本主义的伦理学》,王彤译,中国社会科学出版社 1996 年版。

［德］P·科斯洛夫斯基:《伦理经济学原理》,孙瑜译,中国社会科学出版社 1997 年版。

［美］P·T·诺兰等:《伦理学与现实生活》,姚新中等译,华夏出版社 1988 年版。

［美］戴维·J·弗里切:《商业伦理学》,杨斌等译,机械工业出版社 1999 年版。

［美］P·普拉利:《商业伦理》,洪成文译,中信出版社 1999 年版。

［美］弗朗西斯·福山:《信任》,彭志华译,海南出版社 2001 年版。

［法］爱弥尔·涂尔干:《职业伦理与公民道德》,渠东、付德根译,上海人民出版社 2001 年版。

［美］理查德·帕斯卡尔等:《日本的管理艺术》,张宏译,科技文献出版社 1987 年版。

［日］涩泽荣一:《商务圣经》,宋文等译,九洲图书出版社 1994 年版。

［日］中江兆民:《一年有半,续一年有半》,杨扬译,商务印书馆 1997 年版。

［美］理查德·T·德·乔治:《经济伦理学》,李布译,北京大学出版社 2002 年版。

［美］乔治·恩德勒:《面向行动的经济伦理学》,高国希、吴新文等译,上海社会科学院出版社 2002 年版。

周辅成编:《西方伦理学名著选辑》,商务印书馆 1964 年版。

万俊人：《现代西方伦理学史》，北京大学出版社 1992 年版。

梁漱溟：《中国文化要义》，学林出版社 1987 年版。

胡寄窗：《中国经济思想史简编》，中国社会科学出版社 1981 年版。

赵靖主编：《中国经济思想通史》第 1 卷，北京大学出版社 1991 年版。

陆晓禾：《走出"丛林"——当代经济伦理学漫话》，湖北教育出版社 1999 年版。

陈泽环：《功利·奉献·生态·文化》，上海社会科学院出版社 1999 年版。

王小锡等主编：《现代经济伦理学》，江苏人民出版社 2000 年版。

叶敦平等：《经济伦理的嬗变与适应》，上海教育出版社 1998 年版。

万俊人：《道德之维——现代经济导论》，广东人民出版社 2000 年版。

厉以宁：《经济学的伦理问题》，生活·读书·新知三联书店 1995 年版。

王小锡：《经济伦理与企业发展》，南京师范大学出版社 1998 年版。

周祖城：《企业伦理学》，清华大学出版社 2005 年版。

刘光明：《经济运行与伦理》，人民出版社 1997 年版。

强以华：《经济伦理学》，湖北人民出版社 2001 年版。

张鸿翼：《儒家经济伦理》，湖北教育出版社 1989 年版。

乔洪武：《正谊谋利——近代西方经济伦理思想研究》，商务印书馆 2002 年版。

晏辉：《市场经济的伦理基础》，山西教育出版社 1999 年版。

周中之：《全球化背景下的中国消费伦理》，人民出版社 2012 年版。

陈为民主编：《儒家伦理与现代企业精神的承接》，中国社会出版社 1997 年版。

高兆明：《制度公正论》，上海文艺出版社 2001 年版。

何建华：《经济正义论》，上海人民出版社 2004 年版。

刘伟、梁钧平：《经济与伦理》，北京教育出版社 1999 年版。

傅静坤：《二十世纪契约法》，法律出版社 1997 年版。

张国华主编：《市场经济是法治经济》，天津人民出版社 1995 年版。

吴晓波：《大败局》，浙江人民出版社 2001 年版。

谭道明主编：《企业管理概论》，武汉大学出版社 1996 年版。

李明显：《西方经济组织理论与中国外贸体制》，经济科学出版社 1998 年版。

杨天宇：《经济制度批判》，中国社会科学出版社 2000 年版。

范剑平主编：《居民消费与中国经济发展》，中国计划出版社 2000 年版。

严文华等：《跨文化企业管理心理学》，东北财经大学出版社 2000 年版。

毕继万：《跨文化语言交际》，外语教学与研究出版社 1999 年版。

周晓虹：《现代广告战略与战术》，中国青年出版社 1994 年版。

吴新文：《国外企业伦理学：三十年透视》，《国外社会科学》1996 年第 3 期。

刘国光：《加强企业伦理建设是建立社会主义市场经济体制的需要》，《哲学研究》1997 年第 6 期。

陈岱孙：《亚当·斯密思想体系中同情心和利己主义矛盾的问题》，《真理的追求》1990 年第 1 期。

赵修义：《试论节俭之德及其现代意义》，《毛泽东邓小平理论研究》1996 年第 4 期。

周中之：《消费的伦理评价与当代中国社会的发展》，《毛泽东邓小平理论研究》1999 年第 6 期。

周中之：《经济伦理学学科的建构》，《江苏社会科学》2000 年第 3 期。

后　记

　　中国自改革开放以来,经济与伦理的关系问题不仅具有强烈的现实意义,而且具有深刻的理论意义。进入 20 世纪 90 年代以后,随着中国社会主义市场经济体制的建立和发展,经济与伦理关系的研究也进入了学科层面,经济伦理学应运而生。90 年代中期以后,我们致力于经济伦理学的学科研究。1997 年,我们与叶敦平教授、姚俭建教授合作撰写了学术专著《经济伦理的嬗变与适应》,获得了有关专家学者的较高评价。同时,我们撰写了一系列经济伦理学研究论文,在全国核心期刊和重要报纸的理论版上发表,其中包括《经济伦理学学科的建构》、《全球化与中国经济伦理学的发展》、《消费的伦理评价与当代中国社会的发展》等。中国人民大学复印资料收录了有关论文,高等学校文科学报文摘摘录了有关论文的观点。《消费的伦理评价与当代中国社会的发展》一文荣获上海市邓小平理论研究优秀论文奖。特别是《当代中国消费的伦理评价和经济评价》,经国际权威专家的评审,入选 2000 年在巴西圣保罗举行的世界第二届经济伦理学代表大会的交流论文。作为正式的中国代表,作者在会上宣读了论文。澳大利亚、英国等国际经济伦理学著名专家学者对论文给予了充分的肯定和好评。英国剑桥的国际经济伦理学权威学术杂志《欧洲经济伦理学评论》在 2001 年第 2 期刊登了该论文。

　　在上述研究成果的基础上,我们撰写了这本专著型的教材。这本教材的内容是原有研究成果的扩充、提高和深化,是凝结我们多年来研究心血的专著,并且具有一定的前瞻性和体系性。它对经济伦理学的基本问题作了较为充分的论证,将思辨性、操作性和现实性融为一体。它有较强的通用性,既适用于高等院校经济类、管理类、哲学类专业的学生,也适用于非上述专业的大学生,并且可作为从事经济管理工作人员进修提高的理论读物。

　　在写作过程中,我们得到了国内经济伦理学专家学者的大力帮助。1999 年 11 月 15日,在上海师范大学举行的"经济伦理学与二十一世纪中国的发展"学术研讨会上,华东师范大学的赵修义教授、朱贻庭教授,上海社会科学院的陆晓禾研究员、陈泽环研究员,复旦大学的高国希博士,上海财经大学的陈新汉教授、徐大建教授等专家学者对经济伦理学学科的框架和内容发表了很好的意见,对本书写作思路的形成起了良好的启发作用,在此表示衷心的感谢!

　　本书获得了上海普通高校"九五"重点教材项目资助,同时也得到了上海师范大学的资助。周中之撰写了第一、二、八、九、十、十一、十二章,高惠珠撰写了第三、四、五、六、七章,上海师范大学伦理学专业 2000 级研究生吴亮、苏令银分别参加了"广告伦理"和"消费伦理"部分章节初稿的撰写工作，金燕同学做了部分资料工作。上海师范大学教务处彭锦辉同志为此书的出版也做了许多具体工作，在此一并表示感谢！

作者
于 2002 年初春

再 版 后 记

　　时间过得真快,《经济伦理学》一书已经出版 12 年了。12 年来,我们国家的经济发展水平有了显著的提高,国民经济生产总值已经进入了世界的前列,人民的生活状况也有了很大的变化。手机、电脑等各种数码产品琳琅满目,在社会生活中已经成为普通的消费品,轿车已经走进了都市普通的家庭,以至于居住小区里车满为患,令人唏嘘不已。在未进入 21 世纪前,又有多少人会想到变化和发展会如此惊人呢! 但不可回避的是,道德失范、诚信缺失的问题在当代中国发展中依然是突出的问题。要治理这些突出问题,经济伦理学的理论工作者和实践工作者深感肩上的重任。我们于 2004 年、2008 年、2012 年分赴澳大利亚墨尔本、南非开普敦、波兰华沙参加了国际经济伦理学代表大会(ISBEE),并在会上作为中国代表发言。在这个被称之为四年一次的国际经济伦理学"奥林匹克大会"上,来自全世界几十个国家的几百名不同肤色的专家、学者讨论、交流经济伦理学的前沿问题,使我们开阔了眼界,收获颇多。同时,中国的经济奇迹引起了全世界的瞩目,中国经济伦理学的研究进展为国际经济伦理学界所关注,这更鞭策我们必须不辱使命,在中国经济伦理学的研究中更加奋发努力,辛勤耕耘。

　　2004 年以后,本教材先后获得了上海市优秀教材奖、上海市优秀教学成果奖。2012 年,"经济伦理学"课程经过多年的努力,终于进入了"上海市精品课程"的行列。2013 年,成为"上海市高校共享课程"。科研上,这些年来我们主持并完成了多个有关经济伦理研究的科研项目,其中包括国家社科基金项目"全球化背景下中国消费伦理观念的变革",出版了专著《全球化背景下的中国消费伦理》。在学术期刊和大报理论版上发表了 40 篇论文,并产生了良好的学术反响,论文被《新华文摘》、《高等学校文科学术文摘》、《人大复印资料》全文转载或论点摘编。另外,作为中国经济伦理学会副会长、上海师大经济伦理研究中心主任的周中之教授还组织召开了两次大型学术研讨会。一次是"和谐社会视野中的经济伦理全国学术研讨会"(2007 年),另一次是"经济伦理与社会发展——第 19 次中韩伦理学国际学术研讨会"(2011 年),在学术界产生较大影响的同时,也为教材的修改提供了不少有益的帮助。

　　为了适应当代中国社会经济伦理建设的新形势,反映我们对经济伦理学研究的新成果,并根据"经济伦理学"课程教学的要求,我们对这本教材进行了修订。修订的主要内容为:

　　(1) 充实和撰写了"分配伦理"的内容。分配正义是当代中国社会的热点问题,也是经济伦理学研究和教学的重点问题。原有教材中篇幅较少,内容较单薄。修改后,将"分配伦理"单列为一章,内容增加不少,同时在全书中的地位也提高了。

再版后记

（2）调整了章节的顺序，使之更合理。经济活动有生产、分配、交换、消费四个环节，修改后的教材按四个环节的顺序，将"生产伦理"、"分配伦理"、"交换伦理"、"消费伦理"依次排在一起，紧密相连，逻辑性强，更有利于学习。原来的"经济活动伦理——公关、契约、谈判伦理"调整到"企业伦理"中，内容也顺畅。

（3）根据21世纪前十年经济伦理学研究新发展的状况，增写了相关内容充实进"导论"相关部分。同时对一些时间较早的案例做了删减处理。

周中之撰写和修改了导论与第一、六、七、十、十一、十二章，高惠珠撰写和修改了第二、三、四、五、八、九章。

本次修订主要由周中之、高惠珠两位作者完成，周中之统稿。上海大学博士生张杰做了资料校对等工作，在此表示衷心感谢！

作者
于2014年初伏